职业教育创新融合系列教材
职业本科教育装备制造类专业系列教材

工程力学

宋晓明　主编
董英娟　荆成虎　副主编
邹克武　主审

化学工业出版社

·北京·

内 容 简 介

本书以高等职业院校技术技能人才培养目标和规格为依据，充分考虑现代职业教育的特点，强化力学概念、淡化学科体系、突出工程应用，内容包括：静力学、材料力学、课程实验和课程设计等。书中列举了大量典型实例，对分析问题解决问题的方法进行了总结，精选了大量习题供学生练习。为方便教学，配套电子课件和习题参考答案（可到 QQ 群 410301985 下载）。

本书可作为职业本科院校机械类和近机械类专业工程力学课程的教学用书，也可作为高职高专院校、成人高校、应用型本科院校相关专业教材，还可供有关工程技术人员参考。

图书在版编目（CIP）数据

工程力学/宋晓明主编. —北京：化学工业出版社，2024.3
ISBN 978-7-122-44964-1

Ⅰ.①工⋯ Ⅱ.①宋⋯ Ⅲ.①工程力学 Ⅳ.①TB12

中国国家版本馆 CIP 数据核字（2024）第 043265 号

责任编辑：韩庆利　刘　苏
责任校对：王　静　　　　　装帧设计：史利平

出版发行：化学工业出版社
　　　　　（北京市东城区青年湖南街 13 号　邮政编码 100011）
印　　刷：三河市航远印刷有限公司
装　　订：三河市宇新装订厂
787mm×1092mm　1/16　印张 15　字数 378 千字
2024 年 6 月北京第 1 版第 1 次印刷

购书咨询：010-64518888　　　　　售后服务：010-64518899
网　　址：http://www.cip.com.cn
凡购买本书，如有缺损质量问题，本社销售中心负责调换。

定　　价：49.00元　　　　　　　　版权所有　违者必究

前言

本教材根据《国家职业教育改革实施方案》(国发〔2019〕4号)、《国务院关于加快发展现代职业教育的决定》及《职业教育专业目录(2021年)》等有关文件精神,结合编者多年教学经验编写而成,可供高等职业院校机械类、近机械类专业使用。

本书主要特点如下:

(1) 坚持为国育人,将素质教育与教材内容有机融合,注重工匠精神、责任意识、团队协作精神培养。

(2) 将静力学、材料力学内容有机地结合在一起,对传统学科型教材进行了有效整合,尽量避免内容之间不必要的交叉和重叠,淡化学科体系,减少教学学时,提高课堂教学效率。

(3) 基本知识点的选取以"必须"、"够用"为度,没有过多的理论推导;为体现高等职业教育的特点,本书选取了许多工程中的例题和习题,以培养学生分析问题和解决实际问题的能力。

(4) 本书在叙述上力求通俗易懂,深入浅出,对于各种基本概念与基本原理的阐述力求简明扼要。

(5) 为适应实践教学的需要,在书后增加了基本实验和结合工程实际的课程设计,以提高学生的实践动手能力和工程素养。

(6) 全书采用新的国家标准和法定计量单位。

参加本书编写的有河北石油职业技术大学宋晓明(单元一、七、十)、王雍钧(单元二、四)、陈文娟(单元三、十二)、郭姝萌(单元六、九)、董英娟(单元十三),河南工业大学荆成虎(单元五、十一),中石化石油机械股份有限公司承德江钻分公司张丽娜(单元八)。宋晓明任主编,负责全书的统稿,董英娟、荆成虎任副主编。河北石油职业技术大学邹克武教授仔细审阅了全书的文稿和图稿,提出了很多宝贵意见和建议,在此表示衷心的感谢。

由于编者水平有限,缺点在所难免,恳请广大读者批评指正。

编 者

目录

单元一　静力分析基础 — 1

课题一　静力分析基本概念 …………… 1
　一、力的概念 ………………………… 1
　二、力系 ……………………………… 2
　三、刚体的概念 ……………………… 2
　四、力矩的概念 ……………………… 2
　五、力偶的概念 ……………………… 3
课题二　静力分析基本公理 …………… 3
　一、二力平衡公理 …………………… 4
　二、加减平衡力系公理 ……………… 4
　三、作用与反作用公理 ……………… 4
　四、力的平行四边形公理 …………… 5
　五、三力平衡汇交定理 ……………… 5
课题三　约束与约束反力 ……………… 5
　一、柔体约束 ………………………… 6
　二、光滑接触面约束 ………………… 6
　三、光滑圆柱铰链约束 ……………… 7
　四、铰链支座约束 …………………… 7
课题四　受力分析与受力图 …………… 8
【习题】 …………………………………… 10

单元二　平面基本力系 — 13

课题一　平面汇交力系合成与平衡的
　　　　几何法 ………………………… 14
　一、平面汇交力系合成的几何法 …… 14
　二、平面汇交力系平衡的几何条件 … 14
课题二　平面汇交力系合成与平衡的
　　　　解析法 ………………………… 15
　一、力在坐标轴上的投影 …………… 15
　二、合力投影定理 …………………… 16
　三、平面汇交力系合成的解析法 …… 17
　四、平面汇交力系的平衡方程 ……… 18
课题三　平面力偶系 …………………… 19
　一、平面力偶系的合成 ……………… 19
　二、平面力偶系的平衡条件 ………… 19
【习题】 …………………………………… 20

单元三　平面任意力系 — 24

课题一　力向一点平移 ………………… 25
课题二　平面任意力系的简化 ………… 26
课题三　平面任意力系简化结果分析
　　　　合力矩定理 …………………… 27
课题四　平面任意力系的平衡方程及应用 … 28
课题五　刚体系统的平衡问题 ………… 33
课题六　考虑摩擦时的平衡问题简介 … 36
　一、滑动摩擦 ………………………… 36
　二、摩擦角和自锁现象 ……………… 38
课题七　滚动摩擦简介 ………………… 39
【习题】 …………………………………… 40

单元四　空间力系和重心 — 43

课题一　空间力系的平衡方程及应用 … 43
　一、力在空间直角坐标轴上的投影 … 43
　二、力对轴之矩 ……………………… 45
　三、合力矩定理 ……………………… 45
　四、空间力系的平衡方程式 ………… 46
课题二　重心和形心 …………………… 48
　一、重心的概念 ……………………… 48
　二、重心和形心的坐标公式 ………… 49
　三、分割法确定组合图形的形心 …… 50
【习题】 …………………………………… 51

单元五　杆件的轴向拉伸与压缩ーーーーー53

课题一　构件承载能力概述 …………… 53
　一、构件的承载能力 ………………… 53
　二、变形固体及其基本假设 ………… 54
　三、杆件变形的基本形式 …………… 55
课题二　轴向拉伸与压缩的概念 ……… 55
课题三　轴向拉伸与压缩时横截面上的
　　　　内力 ………………………… 56
　一、内力的概念 ……………………… 56
　二、截面法求轴力 …………………… 56
　三、轴力图 …………………………… 57
课题四　轴向拉伸与压缩时横截面上的
　　　　应力 ………………………… 58
　一、应力的概念 ……………………… 58
　二、横截面上的应力 ………………… 58
课题五　拉（压）杆的变形 …………… 59
　一、纵向变形，胡克定律 …………… 60
　二、横向变形，泊松比 ……………… 60
课题六　材料在拉伸时的力学性质 …… 62
　一、低碳钢的拉伸试验 ……………… 63
　二、灰铸铁的拉伸试验 ……………… 65
　三、其他材料拉伸时的力学性质 …… 66
课题七　材料在压缩时的力学性质 …… 67
　一、塑性材料 ………………………… 67
　二、脆性材料 ………………………… 67
课题八　拉（压）杆斜截面上的应力 … 68
　一、斜截面上的应力 ………………… 68
　二、切应力互等定理 ………………… 69
课题九　拉（压）杆的强度计算 ……… 69
课题十　应力集中的概念 ……………… 72
课题十一　简单拉（压）超静定问题 … 73
　一、超静定问题及其解法 …………… 73
　二、装配应力 ………………………… 75
　三、温度应力 ………………………… 76
课题十二　连接件的实用计算 ………… 77
　一、剪切的实用计算 ………………… 77
　二、挤压的实用计算 ………………… 78
　三、焊缝的实用计算 ………………… 79
【习题】 ………………………………… 81

单元六　圆轴扭转ーーーーー86

课题一　圆轴扭转时的内力 …………… 86
　一、扭矩和扭矩图 …………………… 86
　二、剪切胡克定律 …………………… 88
课题二　圆轴扭转时的应力和强度计算 … 88
　一、圆轴扭转时的应力 ……………… 88
　二、圆轴扭转时的强度计算 ………… 91
课题三　圆轴扭转时的变形和刚度计算 … 93
　一、圆轴扭转时的变形 ……………… 93
　二、圆轴扭转时的刚度计算 ………… 93
【习题】 ………………………………… 95

单元七　梁的弯曲强度ーーーーー99

课题一　概述 …………………………… 99
　一、平面弯曲的概念 ………………… 99
　二、梁的基本形式 …………………… 100
课题二　弯曲内力 ……………………… 101
　一、剪力和弯矩 ……………………… 101
　二、剪力图和弯矩图 ………………… 103
　三、剪力、弯矩与载荷集度之间的微分
　　　关系 ……………………………… 105
课题三　弯曲正应力 …………………… 107
　一、纯弯曲梁横截面上的正应力 …… 107
　二、惯性矩 …………………………… 111
　三、弯曲正应力强度条件及其应用 … 113
课题四　弯曲切应力简介 ……………… 117
　一、矩形截面梁 ……………………… 118
　二、工字形截面梁 …………………… 119
　三、其他横截面梁 …………………… 119
　四、弯曲切应力强度条件及其应用 … 120
课题五　提高梁弯曲强度的措施 ……… 122
　一、减小最大弯矩 …………………… 123
　二、提高弯曲截面系数 ……………… 124
　三、等强度梁 ………………………… 125
【习题】 ………………………………… 125

单元八　梁的弯曲刚度ーーーーー131

课题一　挠曲线近似微分方程 ………… 132
　一、挠度和转角 ……………………… 132
　二、挠度 y 与转角 θ 的关系 ……… 132
　三、挠曲线近似微分方程 …………… 133

课题二　积分法求梁的位移 …………… 134
　　课题三　叠加法求梁的位移 …………… 136
　　课题四　梁的刚度计算　提高梁弯曲刚度的
　　　　　　措施 ………………………………… 140
　　　一、梁的刚度计算 ……………………… 140
　　　二、提高梁刚度的措施 ………………… 142
　　课题五　简单超静定梁 …………………… 143
　　【习题】 ……………………………………… 145

单元九　应力状态分析和强度理论 ——————————————————— 148

　　课题一　点的应力状态 …………………… 148
　　　一、应力状态的概念 …………………… 148
　　　二、一点应力状态的研究方法 ………… 149
　　　三、主平面和主应力 …………………… 150
　　　四、应力状态的分类 …………………… 150
　　课题二　平面应力状态分析 ……………… 150
　　　一、解析法 ……………………………… 150
　　　二、图解法 ……………………………… 153
　　课题三　三向应力状态及最大切应力 …… 157
　　课题四　平面应力状态下的应力-应变
　　　　　　关系 ……………………………… 158
　　　一、广义胡克定律 ……………………… 159
　　　二、平面应力状态下的应力-应变关系 … 159
　　课题五　强度理论 ………………………… 161
　　【习题】 ……………………………………… 163

单元十　组合变形 ——————————————————————————— 167

　　课题一　拉伸（压缩）与弯曲的组合
　　　　　　变形 ……………………………… 168
　　　一、外力分析 …………………………… 168
　　　二、内力和应力分析 …………………… 168
　　　三、强度条件 …………………………… 169
　　课题二　弯曲与扭转的组合变形 ………… 171
　　【习题】 ……………………………………… 176

单元十一　压杆稳定 —————————————————————————— 180

　　课题一　压杆稳定的概念 ………………… 180
　　课题二　细长压杆的临界载荷 …………… 181
　　　一、两端铰支细长压杆的临界载荷 …… 181
　　　二、其他约束情况下细长压杆的临界
　　　　　载荷 ……………………………… 183
　　课题三　压杆的临界应力 ………………… 184
　　　一、细长压杆的临界应力 ……………… 184
　　　二、欧拉公式的适用范围 ……………… 185
　　　三、经验公式 …………………………… 185
　　课题四　压杆的稳定性计算 ……………… 187
　　课题五　提高压杆承载能力的措施 ……… 191
　　　一、合理选择材料 ……………………… 191
　　　二、减小压杆柔度 ……………………… 192
　　【习题】 ……………………………………… 193

单元十二　动载荷与交变应力简介 ———————————————————— 197

　　课题一　构件作匀加速直线运动或匀速
　　　　　　转动时的应力计算 ……………… 197
　　　一、构件作匀加速直线运动时的应力
　　　　　计算 ……………………………… 197
　　　二、构件作匀速转动时的应力计算 …… 198
　　课题二　构件受冲击时的应力 …………… 200
　　　一、冲击的概念 ………………………… 200
　　　二、冲击过程的假设 …………………… 201
　　　三、冲击应力的计算 …………………… 201
　　　四、提高构件承受冲击载荷能力的
　　　　　措施 ……………………………… 203
　　课题三　交变应力及其循环特征 ………… 204
　　　一、交变应力的概念 …………………… 204
　　　二、交变应力循环曲线的特征 ………… 205
　　　三、交变应力的类型 …………………… 205
　　课题四　疲劳破坏简介 …………………… 206
　　　一、疲劳破坏的特点 …………………… 206
　　　二、疲劳破坏发生的过程 ……………… 206
　　　三、提高构件疲劳强度的措施 ………… 207
　　【习题】 ……………………………………… 207

单元十三　课程实验与课程设计 ————————————————————— 210

　　课题一　设备简介 ………………………… 210
　　　一、液压式万能材料试验机 …………… 210

二、电子式万能材料试验机 …………… 211
三、电子扭转试验机 …………………… 212
课题二　基本实验 ………………………… 213
一、低碳钢、铸铁的拉伸和压缩试验 …… 213
二、扭转试验 …………………………… 215
三、弯曲正应力的测定 ………………… 216
四、弯扭组合变形时主应力的测定 ……… 217
五、实验报告的书写 …………………… 218
课题三　车床主轴设计 …………………… 219
一、设计要求 …………………………… 219
二、设计计算数据 ……………………… 219

附录　型钢规格表 ———————————————————————————— 222

参考文献 ———————————————————————————————— 231

单元一
静力分析基础

知识目标

理解静力分析基本概念
掌握静力分析基本公理
掌握常见的约束类型及其约束反力的确定方法
掌握受力分析的方法和具体步骤

技能目标

能熟练计算平面力矩/力偶矩
能把构件间常见的实际连接（接触）简化为常见约束类型
能熟练运用静力分析基本公理进行受力分析
能分析简化构件的实际受力状况，并画出相应的受力图

素养目标

培养学生探究问题、分析问题、解决问题的能力
培养学生理论联系实际的意识以及解决工程实际中力学问题的技能
培养学生树立正确的世界观和科学的思维能力

　　静力分析研究物体在力系作用下平衡的普遍规律。所谓平衡，是指物体相对于地球表面保持静止或作匀速直线运动的状态，它是机械运动的特殊情况。工程中有许多机器的零件和构件，它们在工作时处于平衡状态或近似地看作处于平衡状态，如机器的传动轴、机架、机床的主轴、起重机的起重臂等。为了合理地设计这些零件和构件的形状、尺寸，选用恰当的材料，需要对这些物体进行强度、刚度和稳定性的分析计算，这些问题的分析和解决都是以静力分析的基本知识作为基础的。

课题一　静力分析基本概念

一、力的概念

　　力的概念是人们在长期生活和生产实践中逐步形成的。经过科学抽象，建立了力的概念：力是物体间的相互机械作用，这种作用使物体的运动状态和形状发生改变。力使物体产生运动状态的改变，称为力的运动效应或称外效应；力使物体发生形状的改变，称为力的变

形效应或称内效应。

力对物体的效应取决于力的大小、方向和作用点，这三者称为力的三要素。

力的大小是指物体间相互作用的强弱程度，可以根据力的效应大小来测定。其计量单位在国际单位制中规定为 N（有时以 kN 为单位）。

力的方向，是指力作用的方位和指向。如重力的方向是"铅锤向下"。"铅锤"是重力的方位，"向下"是力的指向。

力的作用点，是指力作用的位置。实际上两个物体直接接触时，力的作用位置分布在一定的面积上，只有当接触面积相对较小时，才能抽象地将其看作集中于一点，这种力称为集中力。不能抽象地看作集中力的力称为分布力或分布载荷。如梁的自重、风力、水的压力等都是分布力或称分布载荷。对于分布载荷，单位长度上的载荷量或单位面积上的载荷量称为载荷集度。一段长度上或一块面积上载荷集度为等值的分布载荷，称为均布载荷。

图 1-1　力的表示

由于力既有大小，又有方向，所以力是矢量。它服从于矢量的运算法则。可以用一个带箭头的有向线段来表示，如图 1-1(a) 中所表示的力 F。有向线段的长度（按一定的比例）表示力的大小，线段的方位 θ 角和箭头的指向表示力的方向，线段的起点（或终点）表示力的作用点。当两物体间为拉力时，以线段的起点为作用点，如图 1-1(b) 中的 A 点，表示 F_A 的作用点。当两物体间为压力时，以线段的终点为作用点，如图 1-1(b) 中的 B 点，表示 F_B 的作用点。本书中，矢量均以黑斜体表示。

二、力系

作用于同一物体上的一群力称为一个力系。如果物体在一个力系作用下保持平衡，则称这一力系为平衡力系。平衡力系中的各个力对物体的外效应相互抵消。如果两个力系对同一物体的效应相同，则称这两个力系等效，或者说其中一个力系是另一个力系的等效力系。如果一个力与一个力系等效，则该力就称为这个力系的合力，而力系中的各个力称为此合力的分力。

三、刚体的概念

所谓刚体是指在力的作用下不变形的物体。实际上，任何物体在力的作用下或多或少都会产生变形的，如果物体变形很小，且变形对所研究问题的影响可以忽略不计，则可将物体抽象为刚体。但是，如果在所研究的问题中，物体的变形成为主要因素时，就不能再把物体看成刚体，而要看成变形体。静力分析中所研究的物体都抽象为刚体。

四、力矩的概念

若某物体具有一固定支点 O 点，受力 F 的作用线不通过固定支点 O 时，则物体将产生转动效应。其转动效应与力 F 的大小和 O 点到力 F 作用线的垂直距离 h 有关，用它们的乘

积来度量平面力对点 O 之矩，简称力矩，记作

$$M_O(\boldsymbol{F}) = \pm Fh$$

式中，h 称为力臂；O 点称为矩心，它可以是固定支点，在理论研究中也可以是某指定点。

力矩正负值一般规定为：产生逆时针转动效应的力矩取正值，反之取负值，如图 1-2 所示。

在平面问题中，力对点之矩只需考虑力矩的大小和转向，因此力矩是代数量。力矩的单位为 N·m 或 kN·m。

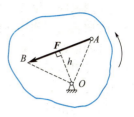

图 1-2　力对点的矩

五、力偶的概念

力偶和力是静力分析的两个基本要素。作用于刚体上大小相等、方向相反但不共线的两个力所组成的最简单的力系称为力偶，如图 1-3(a) 所示。力偶能使刚体产生纯转动效应，而不能产生移动效应。

力偶对刚体产生的转动效应，以力偶矩 M 来度量，记作

$$M = \pm Fd$$

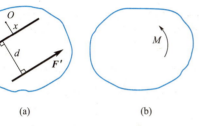

图 1-3　力偶的表示

式中，d 为两个力作用线之间的垂直距离，称为力偶臂。两力作用线所组成的平面称为力偶的作用面。规定：力偶使刚体作逆时针方向转动，力偶矩取正值，反之取负值。对于平面力偶而言，力偶矩 M 可认为是代数量，其绝对值等于力的大小与力偶臂的乘积。力偶矩的单位为 N·m 或 kN·m。衡量力偶转动效应的三个要素是：力偶矩的大小、力偶的转向和力偶的作用面。

平面力偶除了用力和力偶臂表示以外，也可以用一带箭头的弧线表示，M 表示力偶矩的大小，箭头表示力偶矩的转向，如图 1-3(b) 所示。

力偶具有如下性质。

① 力偶不能合成为一个力。力偶不能用一个力来代替，也不能用一个力来平衡，只能用反向的力偶来平衡。

② 力偶对其所在平面内任一点的力矩都等于一个常量，其值等于力偶矩本身的大小，而与矩心的位置无关。

在图 1-3(a) 所示的力偶平面内任取一点 O 为矩心。设 O 点与力 $\boldsymbol{F}$ 的垂直距离为 x，则力偶的两个力对于 O 点的矩之和为

$$-Fx + F'(x+d) = -Fx + F(x+d) = Fd$$

由此可知，力偶对于刚体的转动效应完全决定于力偶矩，而与矩心位置无关。

课题二　静力分析基本公理

静力分析基本公理是人类在长期生活和生产实践中积累的经验的总结，又经过实践的反复检验，证明是符合客观实际的普遍规律而建立的基础理论。

一、二力平衡公理

作用在同一刚体上的两个力,使刚体保持平衡的必要与充分条件是:这两个力大小相等,方向相反,作用在同一条直线上。

工程中经常遇到不计自重、只受两个力作用而平衡的构件,称为二力构件,当构件为杆状时,又习惯称为二力杆。根据二力平衡公理,作用于二力构件(二力杆)上的这两个力的作用线必定沿着两个力作用点的连线,且大小相等,方向相反。

需要指出的是,上述平衡条件只适用于刚体。对于变形体,上述条件是必要的,但不是充分的。如图 1-4 所示的绳索,当承受大小相等、方向相反的拉力时可以平衡[图 1-4(a)];但当承受大小相等、方向相反的压力时,则不能保持平衡[图 1-4(b)]。

图 1-4　变形体平衡

二、加减平衡力系公理

在刚体上作用有某一力系时,若再加上或减去一个平衡力系,并不改变原力系对刚体的作用效应。

根据这一公理,可以得到作用于刚体上的力的一个重要性质——力的可传性原理,即作用于刚体上的力,可以沿着其作用线任意移动,而不改变力对刚体的作用效应。

设作用于小车上 A 点的力为 F,如图 1-5(a) 所示。

图 1-5　力的可传性原理

在力的作用线上任取一点 B,在 B 点沿力 F 的作用线加上一对相互平衡的力 F_1 和 F_2,且令其大小都等于 F,这样并不改变原来的力 F 对小车的效应。由 F、F_1、F_2 组成的力系中,F 与 F_2 也是一个平衡力系。若将这两个力从图 1-5(b) 中减去,得到图 1-5(c) 所示状态,同样不改变力 F_1 对小车的效应。于是可知 F_1 与 F 对小车的效应相同,即 F_1 与 F 具有相同的作用线、相同的大小和相同的方向。这就相当于把作用于 A 点的力 F 沿着作用线移到了任取的一点 B。

三、作用与反作用公理

两物体之间相互作用的力,总是同时存在,两者大小相等、方向相反、沿同一条直线,分别作用在两个物体上。

该公理表明,两个物体之间所发生的机械作用一定是相互的,即作用力与反作用力必须同时成对出现,同时存在也同时消失。这种物体之间的相互作用力关系是分析物体受力时必须遵循的原则,它为研究由一个物体过渡到多个物体组成的物体系统问题提供了基础。

四、力的平行四边形公理

作用于刚体上某点 A（或作用线交于 A 点）的两个力 F_1、F_2，可以合成为一个力，这个力称为 F_1 和 F_2 的合力。合力的大小、方向、作用线由以这两个力为邻边所组成的平行四边形的对角线来确定。

设在刚体上某点 A 作用有 F_1、F_2 两个力，如图 1-6(a) 所示，则其合力 F 的大小、方向是以 F_1、F_2 为邻边作出的平行四边形的对角线来表示。用矢量式表示为

$$F = F_1 + F_2$$

即合力 F 等于 F_1 和 F_2 两个分力的矢量和。

力的平行四边形的作图法，可用更简单的作图法代替，如图 1-6(b) 所示。只要以力矢量 F_1 的终点 B，作为力矢量 F_2 的起点，连接 F_1 的起点 A 与 F_2 的终点 C，即代表合力 F。三角形 ABC 称为力三角形。用力三角形求合力的方法称为力三角形法则。如果先作 F_2，再作 F_1，则并不影响合力的大小和方向。

五、三力平衡汇交定理

作用于刚体上同一平面内的三个不平行的力，如果使刚体处于平衡，则这三个力的作用线必定汇交于一点。

此定理很容易证明。设作用在刚体上同一平面内有三个力 F_1、F_2、F_3，如图 1-7 所示。力 F_1 和 F_2 的作用线相交于 B 点。根据力的可传性原理，将 F_1 和 F_2 分别沿作用线移到 B 点，将两个力合成，其合力 F 必通过两力的交点，并在两力所作用的平面上。这时，刚体就可看成受 F 和 F_3 两个力作用，当刚体处于平衡时，此二力必等值、反向、共线。既然 F 通过 B 点，则 F_3 也必通过 B 点，亦即 F_1、F_2、F_3 三个力的作用线必汇交于 B 点。

图 1-6 两力合成

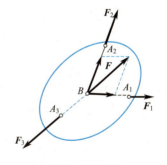

图 1-7 三力平衡

课题三 约束与约束反力

对物体的运动起限制作用的其他物体，称为该物体的约束。如吊车钢索上悬挂的重物，钢索是重物的约束；搁置在墙上的屋架，墙是屋架的约束，等等，这些约束分别阻碍了被约束物体沿着某些方向的运动。约束作用于被约束物体上的力称为约束反力。约束反力属于被动力，是未知的力，它的方向总是与物体的运动趋势方向相反，作用在约束与被约束物体的接触点上。

在静力分析中,主动力往往都是已知的力,因此,对约束反力的分析就成为物体受力分析的重点。工程实践中,物体间的连接方式是很复杂的,为了分析和解决实际计算问题,必须将物体间各种复杂的连接方式抽象为几种典型的约束类型。下面介绍几种常见的约束类型,指出如何判断约束反力的某些特征。

一、柔体约束

绳索、胶带、链条等柔性体都属于这类约束。由于柔体约束只限制物体沿着柔体伸长方向的运动,承受拉力,不能承受压力或弯曲,所以柔体的约束反力必定是沿着柔体的中心线且背离被约束物体的拉力。如图 1-8(a) 钢绳吊起钻杆,钢绳对钻杆的约束反力为 F_A。

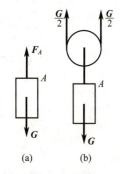

图 1-8 钢绳吊起钻杆

在工程实际中,对于柔体约束,还要根据不同的工作原理,结合工程实际,进行具体分析,以便正确地判断柔体的约束反力。下面分为三种情况来分析:

一是滑轮,如图 1-8(b) 所示,绳索和滑轮之间光滑无摩擦,滑轮两侧绳索的拉力相等,皆为 $\dfrac{G}{2}$。

二是带轮,如图 1-9 所示,胶带和带轮之间是依靠摩擦来传递运动的。分析带轮 A 两侧的约束反力时,都是拉力,但大小不等。在安装胶带时,胶带中有一个初拉力 F_0。带轮旋转后,紧边拉力为 $F_1 > F_0$,松边拉力为 $F_2 < F_0$,但 $F_2 > 0$ 仍为拉力,而不是压力。当 $F_2 \leq 0$ 时,胶带将打滑不能传递运动。

图 1-9 带轮

三是链轮,如图 1-10 所示自行车链条和链轮之间是依靠啮合来传递动力和运动的,啮合拉紧的一边为拉力,脱离啮合的一边放松不受力,如图 1-10(b) 所示。

图 1-10 链轮

二、光滑接触面约束

当表面非常光滑(摩擦可以忽略不计)的平面或曲面构成对物体运动限制时,称为光滑接触面约束。这类约束不限制物体沿约束表面切线方向及脱离支承面的任何方向的位移,但沿接触面法线向支承面内的位移受到了限制。因此,光滑接触面约束的约束反力通过接触点沿着公法线方向并指向被约束物体,为压力,常用 F_N 来表示,如图 1-11 所示。

图 1-11 光滑接触面约束

三、光滑圆柱铰链约束

图 1-12 中两个构件 A、B 的连接是通过圆柱销钉 C 或圆柱形轴来实现的，这种使构件只能绕销轴转动的约束称为圆柱铰链约束。这类约束能够限制构件沿垂直于销钉轴线方向的相对位移。若将销钉和销孔间的摩擦略去不计而视为光滑接触，则这类铰链约束称为光滑铰链约束。若构成铰链约束的两个构件都是可以运动的，这种约束称为中间铰链约束，简图表示为图 1-12(b)。

图 1-12 中间铰链约束

由于销钉和销孔之间看成光滑接触，根据光滑接触面约束反力的特点，销钉对构件的约束反力应沿着接触点处的公法线方向，且通过销孔的中心[图 1-13(a)]。但接触点的位置不能预先确定，它随着构件的受力情况而变化。为计算方便，约束反力通常用经过构件销孔中心 O 点的两个正交分力 F_x 和 F_y 来表示，如图 1-13(b) 所示。

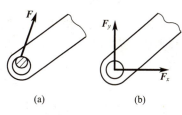

图 1-13 铰链受力

四、铰链支座约束

1. 固定铰链支座

用圆柱铰链连接的两个构件，如果其中一个固结于基础或机器上，则该约束称为固定铰链支座，简称固定铰链或固定支座，如图 1-14(a) 所示。其简图如图 1-14(b) 所示。固定铰链支座的约束反力的方向也不能确定，仍表示为正交的两个分力 F_{Ax} 和 F_{Ay} [图 1-14(c)]。

图 1-14 固定铰链支座

当中间铰链或固定铰链约束的两构件中有二力构件时,二力构件的约束反力满足二力平衡条件,方向是确定的,沿两约束反力作用点的连线。

如图 1-15(a) 所示结构,AB 杆中点作用力 F,杆 AB、BC 不计自重。BC 杆为二力杆,B、C 两端为中间铰链和固定铰链约束,约束反力的方向不能任意假设,只能沿 B、C 两点的连线,见图 1-15(b)。

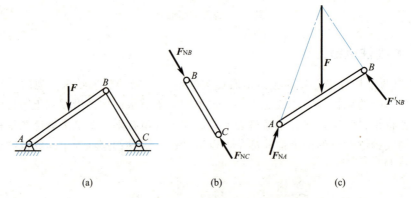

图 1-15 二力构件和三力构件

杆 AB 在 A、B 两点受力并受主动力 F 作用,是三力构件,符合三力平衡汇交定理,其受力图如图 1-15(c) 所示。在画 BC 杆和 AB 杆受力图时应注意,中间铰链 B 必须按作用与反作用公理画其受力图。固定铰链支座 A 可用图 1-15(c) 所示的三力平衡汇交定理确定约束反力的方位,力的指向可任意假设,也可用互相垂直的两个分力表示。

2. 活动铰链支座

如果将铰链支座用几个辊轴或滚柱支承在光滑面上,这种约束称为活动铰链支座约束,又称辊轴约束,如图 1-16(a) 所示,常用于桥梁、屋架等结构中。其简图如图 1-16(b) 所示。

图 1-16 活动铰链支座

这类支座不能限制被约束物体沿光滑支承面移动,只能限制构件沿垂直于支承面方向移动,因而活动铰链支座约束反力的方向垂直于支承面且过销孔中心,指向不能确定,可任意假设,如图 1-16(b) 所示。

课题四　受力分析与受力图

在解决工程实际问题时,一般都需要分析物体受到哪些力作用,即对物体进行受力分析,受力分析时所研究的物体称为研究对象。为了把研究对象的受力情况清晰表示出来,必须将所确定的研究对象从周围物体中分离出来，单独画出简图，然后将其他物体对它作用的所有主动力和约束力全部表示出来，这样的图称为受力图或分离体图。具体步骤如下。

① 根据题意选择合适的研究对象，它可以是一个物体，也可以是几个物体的组合，或者是整个物体系统。

② 根据外加载荷以及研究对象与周围物体的接触联系，在分离体图上画出主动力和约束反力。画约束反力时要根据约束类型和性质画出相应的约束反力的作用位置和作用方向。

③ 在物体受力分析时，应根据静力分析基础公理和力的性质，如二力平衡公理、三力平衡汇交定理、作用与反作用公理以及力偶平衡的性质等，来正确判断约束反力的作用位置和作用方向。

画受力图是对物体进行力学计算的重要基础，也是取得正确解答的第一关键问题。如果受力图画错了，必将导致分析和计算的错误。

【例 1-1】 水平梁 AB 两端用固定支座 A 和活动支座 B 支承，如图 1-17(a) 所示，梁在中点 C 处承受一斜向集中力 F，与梁成 α 角，若不考虑梁的自重，试画出梁 AB 的受力图。

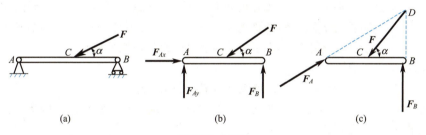

图 1-17 水平梁

解 取梁 AB 为研究对象。作用于梁上的力 F 为集中力，B 端是活动支座，它的支座反力 F_B 垂直于支承面铅垂向上，A 端是固定支座，约束反力用通过 A 点互相垂直的两个正交分力 F_{Ax} 和 F_{Ay} 表示。受力图如图 1-17(b) 所示。

梁 AB 的受力图还可以画成图 1-17(c) 所示的形式。根据三力平衡汇交定理，已知力 F 与 F_B 相交于 D 点，则其余一力 F_A 也必交于 D 点，从而确定约束反力 F_A 沿 A、D 两点连线。

【例 1-2】 如图 1-18(a) 所示的结构，由 AB 和 CD 两杆铰接而成，在 AB 杆上作用有载荷 F。设各杆自重不计，α 角已知，试分别画出 AB 和 CD 杆的受力图。

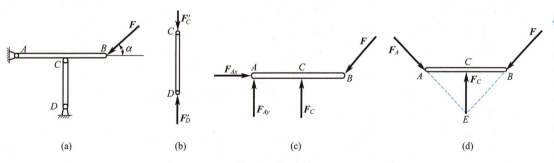

图 1-18 简易支架

解 首先分析 CD 杆的受力情况。由于 CD 杆自重不计，只有 C、D 两铰链处受力，因此，CD 杆为二力杆。在 C、D 处分别受 F'_C 和 F'_D 两力作用，根据二力平衡条件，$F'_C = F'_D$。

然后取 AB 杆为研究对象。AB 杆自重不计，AB 杆在主动力 F 作用下，有绕铰链 A 转动的趋势，但在 C 点有 CD 杆支承，给 CD 杆的作用力为 F_C'。根据作用与反作用公理，给 AB 杆的反作用力 F_C，$F_C = F_C'$。杆 AB 在 A 处为固定铰链支座，约束反力用两个正交分力 F_{Ax} 和 F_{Ay} 表示，如图 1-18(c) 所示。也可采用下述方法进行受力分析。由于 AB 杆在 F、F_C 和 F_A 三力作用下平衡，根据三力平衡汇交定理，F 和 F_C 二力作用线的交点为 E，F_A 的作用线也必通过 E 点，从而确定了铰链 A 的约束反力，如图 1-18(d) 所示。

习题

一、判断题

1. 刚体是指非常硬的物体。( )
2. 物体在两个等值、反向、共线力的作用下一定处于平衡状态。( )
3. 如果刚体在某个平衡力系作用下处于平衡，那么再加上一个平衡力系，该刚体仍处于平衡状态。( )
4. 二力平衡公理、加减平衡力系公理和力的可传性原理仅适用于一个刚体。( )
5. 只受两个力作用而平衡的构件称为二力杆。由于二力杆的两个力必沿这两个力作用点的连线，所以二力杆不一定是直杆，也可以是曲杆或其他刚性构件。( )
6. 分力一定小于合力。( )
7. 作用与反作用公理无论对刚体或变形体都是适用的。( )
8. 力偶无合力，它既不能与一个力等效，也不能用一个力来平衡。因此，通常将力与力偶同时看作力系的两个基本元素。( )
9. 力偶对其作用面内任一点的力矩恒等于该力偶的力偶矩，而与矩心位置无关。( )
10. 当受约束的物体在某些主动力的作用下处于平衡时，若将部分或全部约束撤去，代之以相应的约束反力，则物体平衡不受影响。( )

二、选择题

1. 下述公理中，只适用于刚体的是_____。
   A. 二力平衡公理   B. 力的平行四边形公理   C. 作用与反作用公理
2. 一刚体受两个作用在同一直线上指向相反的力 F_1 和 F_2 的作用，它们之间的大小关系为 $F_1 = 2F_2$，则这两个力的合力 R 的矢量表达式为_____。
   A. $R = F_1 - F_2$ B. $R = F_2$ C. $R = F_1 + F_2$
3. 力对某点的力矩不为零的条件是_____。
   A. 作用力不等于零   B. 力臂不为零   C. 作用力和力臂均不为零
4. 一个力矩的矩心位置发生变化，一定会使_____。
   A. 力矩的大小改变，正负不变   B. 力矩的大小和正负都可能改变
   C. 力矩的大小不变，正负改变
5. 力对刚体的作用效果取决于_____。
   A. 力的大小   B. 力的大小和方向
   C. 力的大小、方向和作用线
6. 在一条绳索中间挂一很小的重物，两手拉紧绳索两端，若不计绳索自重并不考虑绳索被拉断，在水平方向上_____。
   A. 绳索能拉成水平直线   B. 绳索不可能拉成水平直线

C. 可能拉成水平直线，也可能拉不直，主要看拉力大小

7. 如图 1-19 所示，刚架在 C 点受水平力 **P** 作用，则支座 A 的约束反力的方向应_____。

　　A. 沿水平方向　　　　　　B. 沿铅垂方向　　　　　C. 沿 AD 连线方向

8. 如图 1-19 所示，将力 **P** 沿其作用线由 C 点移到 D 点，则 A、B 两支座处的约束反力_____。

　　A. 只有 A 处反力不变　　　B. 只有 B 处反力不变　　C. 都不改变

9. 如图 1-20 所示，将力 **F** 沿其作用线由 D 点移到 E 点，则 A、B、C 三铰链处的约束反力_____。

　　A. 只有 C 处反力不变　　　B. 都不改变　　　　　　C. 都会改变

10. 如图 1-21 所示，作用在直角弯杆 B 端的力偶（**F**，**F**′）的力偶矩为 M，该力偶对 A 点的矩_____。

　　A. 与结构尺寸 a、b 有关　　B. 与结构尺寸 a、b 无关　C. 仅与尺寸 a 有关

图 1-19　题二、7（8）图　　　　图 1-20　题二、9 图　　　　图 1-21　题二、10 图

三、作图题

1. 画出图 1-22 中 AB 杆的受力图。物体的重力除标出者外均忽略不计。

图 1-22　题三、1 图

2. 画出图 1-23 中各组成构件的受力图。

图 1-23 题三、2 图

单元二
平面基本力系

知识目标

了解平面基本力系的分类
理解平面汇交力系合成与平衡的几何法
掌握平面汇交力系合成与平衡的解析法
掌握平面力偶系的合成与平衡条件

技能目标

能熟练计算平面力的投影
能够分析列出平面汇交力系的平衡方程,并进行求解
能够分析列出平面力偶系的平衡方程,并进行求解

素养目标

培养学生分析问题、解决问题的能力
完成知识和技能目标,培养独立思考和严谨认真的工作态度
培养学生精益求精的科学态度

作用在物体上的各个力的作用线若都处于同一平面内,则这些力所组成的力系称为平面力系。本单元只讨论平面力系中的两种最基本的力系:平面汇交力系和平面力偶系。

平面力系中所有力的作用线均汇交于一点时,称为平面汇交力系。例如图 2-1 所示的起重机吊钩,在吊起主轴时,吊钩上所受的力都在同一平面内,且汇交于 C 点,即组成一个平面汇交力系。

作用于刚体上同一平面内的若干个力偶,称为平面力偶系。如图 2-2 所示的汽车发动机汽缸盖,用多轴钻床同时钻孔时,作用在汽缸盖上的力系为平面力偶系。

图 2-1 起重机吊钩

图 2-2 多轴钻床

课题一　平面汇交力系合成与平衡的几何法

一、平面汇交力系合成的几何法

设在物体上的 O 点作用有 F_1、F_2、F_3 和 F_4 组成的一个平面汇交力系，若 $F_1=F_2=100\text{N}$，$F_3=150\text{N}$，$F_4=200\text{N}$，各力的方向如图 2-3（a）所示，求合力 F_Σ 的大小和方向。

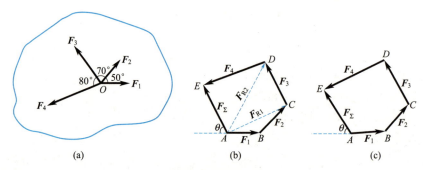

图 2-3　平面汇交力系的合成

解　选一比例尺，应用力三角形法则，先将 F_1、F_2 合成合力 F_{R1}，如图 2-3（b）所示，再把 F_{R1} 与 F_3 合成合力 F_{R2}，最后将力 F_{R2} 和 F_4 合成合力 F_Σ，即 F_1、F_2、F_3 和 F_4 所组成的汇交力系的合力。用比例尺量得 $F_\Sigma=170\text{N}$，用量角器量得 $\theta=54°$。

实际作图时，不必画出虚线所示的 F_{R1}、F_{R2}，而可直接依次作矢量 $\overline{AB}$、$\overline{BC}$、$\overline{CD}$、$\overline{DE}$ 分别代表 F_1、F_2、F_3、F_4 作出一个力多边形。最后从 F_1 力的始端 A 点连接 F_4 力的末端 E 得矢量 $\overline{AE}$，这个力多边形的封闭边 $\overline{AE}$ 就是合力 F_Σ。这种求合力的方法，称为力多边形法则。

应该指出，由于力系中各力的大小和方向已经给定，画力多边形时，可以改变力的次序，只改变力多边形的形状，而不影响所得合力的大小和方向。但应注意，各分力矢量必须首尾相接，各分力箭头沿力多边形一致方向绕行。而合力的指向应从第一个力矢量的起点指向最后一个力矢量的终点，形成力多边形的封闭边。

上述方法可以推广到若干个汇交力的合成。由此可知，平面汇交力系合成的结果是一个合力，它等于原力系中各力的矢量和，合力的作用线通过各力的汇交点。这种关系可用矢量式表达为

$$F_\Sigma = F_1 + F_2 + F_3 + \cdots + F_n = \sum F_i$$

二、平面汇交力系平衡的几何条件

在图 2-3 中，平面汇交力系 F_1、F_2、F_3、F_4 已经合成为一个合力 F_Σ，即力 F_Σ 与原力系等效。若在该力系中另加一个力 F_5，使其与力 F_Σ 等值、反向、共线，则根据二力平衡公理可知，物体处于平衡状态，即 F_1、F_2、F_3、F_4、F_5 成为平衡力

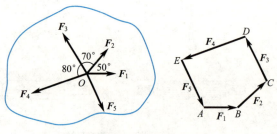

图 2-4　平面汇交力系平衡的几何条件

系（图 2-4）。如作出该力系的力多边形，将成为一个封闭的力多边形。即最后一个力的终点与第一个力的起点相重合，亦即该力系的合力为零。因此，平面汇交力系平衡的必要与充分条件为力系的合力等于零；其几何条件是：力系中各力所构成的力多边形自行封闭。用矢量式表达为

$$F_\Sigma = 0 \text{ 或 } \sum F_i = 0$$

【例 2-1】 支架 ABC 由横杆 AB 与支承杆 BC 组成，如图 2-5(a) 所示。A、B、C 处均为铰链连接，销钉轴 B 上悬挂重物，其重力 $G=5\text{kN}$，杆重不计，试求两杆所受的力。

图 2-5 支架

解 由于 AB、BC 杆自重不计，杆端为铰链，故均为二力杆件，两端所受力的作用线必通过直杆的轴线。

取销钉轴 B 为研究对象，其上除作用有重力 G 外，根据作用与反作用关系，还有 AB、BC 杆的约束反力 F_1、F_2，这三个力组成平面汇交力系，受力图如图 2-5(b) 所示。当销钉轴平衡时，三力组成一封闭的力三角形，如图 2-5(c) 所示。

由平衡几何关系求得

$$F_1 = G\cot 30° = \sqrt{3}G = 8.66\text{kN}$$
$$F_2 = G/\sin 30° = 2G = 10\text{kN}$$

应用汇交力系平衡的几何条件求解的步骤如下。

① 根据题意，确定一物体为研究对象。通常是选既作用有已知力，又作用有未知力的物体。
② 分析该物体的受力情况，画出受力图。
③ 应用平衡几何条件，求出未知力。先作出封闭力多边形，然后根据几何关系求解。

课题二 平面汇交力系合成与平衡的解析法

一、力在坐标轴上的投影

为了应用解析法研究力系的合成与平衡问题，先引入力在坐标轴上投影的概念。

设力 F 作用于物体的 A 点[图 2-6(a)]。在力 F 作用线所在的平面内取直角坐标系 Oxy，从 F 的两端 A 和 B 分别向 x 轴作垂线，得到垂足 a 和 b。线段 ab 是力 F 在 x 轴上的投影，用 F_x 表示。力在坐标轴上的投影是代数量，其正负号规定如下：若由 a 到 b 的方向与 x 轴的正方向一致时，力的投影取正值；反之，取负值。同样，从 A 点和 B 点分别向 y 轴作垂线，得到力 F 在 y 轴上的投影 F_y，即线段 $a'b'$。显然

$$F_x = F\cos\alpha$$
$$F_y = F\cos\beta = F\sin\alpha$$

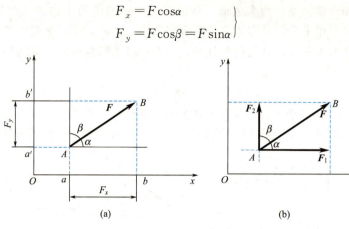

图 2-6 力的投影和分解

式中 α、β 分别是力 F 与 x、y 轴的夹角。如果把力 F 沿 x、y 轴分解,得到两个正交分力 F_1、F_2[见图 2-6(b)]。

注意:力的投影与力的分力是不相同的,投影是代数量,而分力是矢量;投影无所谓作用点,而分力必须作用在原来力的作用点上;在确定投影时,都是按照从力的两个端点向投影轴作垂线,所得垂足之间的线段表示其大小,而确定分力时,都是按照力的平行四边形公理来确定分力的大小。只有在直角坐标系中,才有分力的大小,等于对应坐标轴上的投影的绝对值。

二、合力投影定理

设有一平面汇交力系,在求此力系合力时,所作出的力多边形为 $abcde$,如图 2-7(a)所示,在其平面内取直角坐标系 Oxy,从力多边形各顶点分别作 x 轴和 y 轴的垂线,求得分力 F_1、F_2、F_3、F_4 和合力 F_R 在 x 轴上的投影 F_{1x}、F_{2x}、F_{3x}、F_{4x} 和 F_{Rx},在 y 轴上的投影为 F_{1y}、F_{2y}、F_{3y}、F_{4y} 和 F_{Ry}。从图上可见

$$F_{Rx} = F_{1x} + F_{2x} + F_{3x} + F_{4x} = \sum F_x$$
$$F_{Ry} = F_{1y} + F_{2y} + F_{3y} + F_{4y} = \sum F_y$$

上式说明,合力在任一轴上的投影,等于各分力在同一轴上投影的代数和。这就是合力投影定理。

图 2-7 合力投影定理

三、平面汇交力系合成的解析法

设有平面汇交力系 F_1、F_2、$\cdots$、F_n，各力在直角坐标轴 x、y 上的投影分别为 F_{1x}、F_{2x}、$\cdots$、F_{nx} 及 F_{1y}、F_{2y}、$\cdots$、F_{ny}，合力 F_R 在 x、y 轴上的投影分别为 F_{Rx}、F_{Ry}。根据合力投影定理有

$$F_{Rx}=F_{1x}+F_{2x}+F_{3x}+F_{4x}+\cdots+F_{nx}=\sum F_x$$

$$F_{Ry}=F_{1y}+F_{2y}+F_{3y}+F_{4y}+\cdots+F_{ny}=\sum F_y$$

知道了合力 F_R 的两个投影 F_{Rx}、F_{Ry}，就不难求出合力的大小和方向，见图 2-7(b)。合力 F_R 的大小为

$$F_R=\sqrt{F_{Rx}^2+F_{Ry}^2}=\sqrt{(\sum F_x)^2+(\sum F_y)^2} \tag{2-1}$$

合力的方向可由方向余弦确定：设 F_R 与 x、y 轴的夹角分别为 α、β，则

$$\cos\alpha=\frac{F_{Rx}}{F_R}=\frac{\sum F_x}{F_R},\ \cos\beta=\frac{F_{Ry}}{F_R}=\frac{\sum F_y}{F_R}$$

通常用合力 F_R 与 x 轴所夹锐角的正切来确定合力的方向，比用方向余弦更为简便。

$$\tan\theta=\left|\frac{F_{Ry}}{F_{Rx}}\right|=\left|\frac{\sum F_y}{\sum F_x}\right|$$

【例 2-2】 如图 2-3 所示，在物体的 O 点作用有四个平面汇交力。已知 $F_1=100\mathrm{N}$，$F_2=100\mathrm{N}$，$F_3=150\mathrm{N}$，$F_4=200\mathrm{N}$，F_1 水平向右，试用解析法求其合力。

解 取直角坐标系 Oxy 如图 2-8(a) 所示。根据图 2-3 所给的角度在图上标出各力与坐标轴的夹角，于是有

$$F_{Rx}=\sum F_x=F_1+F_2\cos50°-F_3\cos60°-F_4\cos20°$$
$$=(100+100\times0.6428-150\times0.5-200\times0.9397)\mathrm{N}=-98.66\mathrm{N}$$

$$F_{Ry}=\sum F_y=0+F_2\sin50°+F_3\sin60°-F_4\sin20°$$
$$=(100\times0.766+150\times0.866-200\times0.342)\mathrm{N}=138.1\mathrm{N}$$

从 F_{Rx}、F_{Ry} 的代数值可见，F_{Rx} 沿 x 轴的负向，F_{Ry} 沿 y 轴的正向，见图 2-8(b)。合力的大小为

$$F_R=\sqrt{F_{Rx}^2+F_{Ry}^2}=\sqrt{(-98.66)^2+(138.1)^2}\mathrm{N}=169.7\mathrm{N}$$

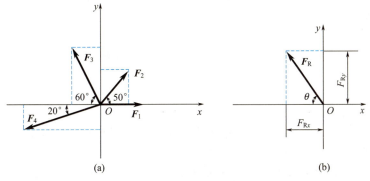

图 2-8 汇交力系求合力

确定合力的方向

$$\tan\theta=\left|\frac{F_{Ry}}{F_{Rx}}\right|=\frac{138.1\mathrm{N}}{98.66\mathrm{N}}=1.4$$

所以
$$\theta = 54°28'$$

四、平面汇交力系的平衡方程

平面汇交力系平衡的充分和必要条件是力系的合力等于零。从式(2-1)可知，要使合力 $F_R=0$，必须是

$$\left.\begin{array}{l}\sum F_x=0\\ \sum F_y=0\end{array}\right\} \qquad (2-2)$$

上式说明，力系中所有力在每个坐标轴上投影的代数和都等于零。这就是平面汇交力系平衡的解析条件。式(2-2)称为平面汇交力系的平衡方程。这两个独立的方程可以求解两个未知量。

【例 2-3】 简易起重机装置如图 2-9 所示。重物 $G=20\text{kN}$ 用钢绳挂在支架的滑轮 B 上，钢绳的另一端接在绞车 D 上。若各杆的重量及滑轮的摩擦和半径均略去不计，求当重物处于平衡状态时拉杆 AB 及支杆 CB 所受的力。

图 2-9 简易起重机

解 (1) 取研究对象 钢绳和各杆所受的力都是通过销钉 B 作用的，重物的重力和钢绳的拉力都作用在滑轮 B 上，因滑轮半径不计，所有力可视为汇交于销钉 B 上，故以销钉 B 为研究对象。

(2) 画受力图 因 AB 和 CB 是不计重量的直杆，仅在杆的两端受力，均为二力杆，故它们的内力作用线必沿直杆的轴线方向，支杆 CB 的反力 F_C 和拉杆 AB 的反力 F_A。重物的重力 G 和绞车钢绳的拉力 F（与 G 等值）均沿钢绳，为拉力。

(3) 选取投影轴 取坐标轴 xBy [图 2-9(a)]，这样一方面各力的投影都很容易求，另一方面把 x 轴取在一个未知力的作用线上，这个未知力在 y 轴上的投影便等于零，于是在 y 轴投影式的方程中就只有一个未知数，可不必解联立方程。

(4) 列平衡方程并求解

$$\sum F_y=0 \quad -F_C\cos 60°+F\cos 30°+G=0$$
$$\sum F_x=0 \quad F_C\cos 30°-F_A-F\cos 60°=0$$

解得

$$F_A=54.64\text{kN}$$
$$F_C=74.64\text{kN}$$

最后确定 F_A 和 F_C 的方向。由于求出的 F_A 和 F_C 都是正值，故原先假设的方向是正确的。注意到图中所画的力是滑轮受的力，根据作用与反作用公理，可知 BC 杆受压力，AB 杆受拉力。若解出的结果为负值，则说明力的实际方向与原假设的方向相反。

【例 2-4】 铰链四杆机构 $ABCD$，由三根不计重量的直杆组成，如图 2-10(a) 所示。在销钉 B 上作用一力 F_1，销钉 C 上作用一力 F_2，方位如图所示。若 $F_1=100\text{N}$，求平衡力 F_2 的大小。

解 (1) 取研究对象 由于未知力 F_2 作用在销钉 C 上，若先取 C 为研究对象，都是

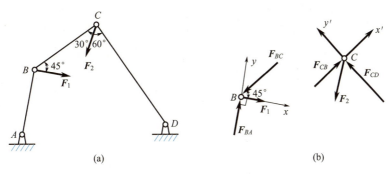

图 2-10 铰链四杆机构

未知力,无法求解,故应先取作用有主动力的销钉 B 为研究对象,然后再取销钉 C 为研究对象。

(2) 画受力图 由题意可知,由于外力作用在销钉轴上,各杆重量不计,故各杆均为二力杆件。受力图如图 2-10(b) 所示。

(3) 选投影轴 如图 2-10(b) 所示,将投影轴取在与未知力垂直的方向上,未知力在该轴上的投影等于零,一个方程只含一个未知力,可不解联立方程。

(4) 列平衡方程并求解

销钉 B: $\qquad \sum F_x = 0 \qquad F_1 - F_{BC}\cos 45° = 0$

解得 $\qquad F_{BC} = F_1/\cos 45° = 100/0.707 = 141.4\text{N}$

销钉 C: $\qquad \sum F_{x'} = 0 \qquad F_{CB} - F_2\cos 30° = 0$

解得 $\qquad F_{CB} = F_2\cos 30°$

由于 $\qquad F_{CB} = F_{BC}$

所以 $\qquad F_2 = F_{CB}/\cos 30° = 141.4/0.866 = 163.3\text{N}$

求得销钉轴 C 处的平衡力 $F_2 = 163.3\text{N}$。

课题三　平面力偶系

一、平面力偶系的合成

如果作用于刚体上的一群力偶具有共同的作用面,则称这一群力偶为平面力偶系。力偶既然没有合力,那么其作用效应完全取决于力偶矩,所以平面力偶系合成的结果是一个合力偶(证明从略)。设物体仅受平面力偶系 M_1、M_2、…、M_n 的作用,其合力偶矩 M 等于力偶系中各力偶矩的代数和。即

$$M = M_1 + M_2 + M_3 + \cdots + M_n = \sum M_i$$

二、平面力偶系的平衡条件

刚体上作用平面力偶系,如果力偶系中各力偶对刚体作用的外效应互相抵消,即合力偶矩等于零,则刚体处于平衡状态;反之亦然。因而得到平面力偶系平衡的必要与充分条件是力偶系中各力偶矩的代数和等于零。即

$$\sum M_i = 0 \qquad (2-3)$$

式(2-3) 称为平面力偶系的平衡方程。

【例 2-5】 图 2-11(a) 所示梁 AB 上作用一力偶，其力偶矩 $M=100\text{N}\cdot\text{m}$，梁长 $l=5\text{m}$，不计梁的自重，求 A、B 两支座的约束反力。

图 2-11 简支梁

解 取梁 AB 为研究对象。B 端为活动铰链支座，约束反力沿支承面公法线指向受力物体。由力偶性质可知，力偶只能与力偶平衡，因此 A、B 两端反力必组成力偶与 M 平衡，受力图如图 2-11(b) 所示。列平衡方程

$$\sum M_i = 0 \qquad F_B l - M = 0$$

得

$$F_A = F_B = \frac{M}{l} = 20\text{N}$$

【例 2-6】 减速器如图 2-12(a) 所示。已知输入轴的力偶矩为 $M_1=1\text{kN}\cdot\text{m}$。输出轴的力偶矩为 $M_2=2.5\text{kN}\cdot\text{m}$。$A$、$B$ 两处用螺栓固定。设 AB 间距离 $d=50\text{cm}$，箱体重量不计。试求螺栓 A、B 与支承面所受的力。

图 2-12 减速器

解 取减速器为研究对象。作用于减速器上有两个力偶，其力偶矩分别为 M_1 和 M_2，还受螺栓与支承面的约束反力 F_A 和 F_B。按力偶的平衡条件，F_A 与 F_B 必组成一个力偶，即 $F_A = -F_B$，受力图如图 2-12(b) 所示。这样减速器在三个力偶作用下处于平衡。

由于 $|M_2| > |M_1|$，可判断箱体有逆时针方向转动趋势，故地脚螺栓和地面给箱体的约束反作用力 F_A 和 F_B 组成一力偶必定是顺时针转向，以平衡 M_1 和 M_2 的合力偶。

由平面力偶系的平衡条件

$$\sum M_i = 0 \qquad M_2 - M_1 - F_A d = 0$$

解得

$$F_A = F_B = \frac{M_2 - M_1}{d} = \frac{2.5 - 1}{0.5}\text{kN} = 3\text{kN}$$

根据作用与反作用公理可知，A 处支承面受压力，B 处螺栓受拉力，大小均为 3kN。

习题

一、判断题

1. 作用于刚体上的各力的作用线都汇交于一点的力系称为平面汇交力系。（   ）
2. 用几何法求平面汇交力系的合力的理论依据是力的平行四边形公理。（   ）
3. 力 F 在两个相互垂直的 x、y 轴方向上的分力和投影是没有区别的。（   ）

4. 如果两个力的大小相等，则它们在同一轴上的投影也一定相等。（　　）

5. 平面汇交力系的合力等于各力的矢量和，合力的作用线通过汇交点。（　　）

6. 若平面汇交力系的各力在任意两个互不平行的轴上投影的代数和为零，则此力系一定平衡。（　　）

7. 已知作用于刚体上的所有力在某一轴上投影的代数和为零，则这些力的合力为零，刚体处于平衡状态。（　　）

8. 力与某轴平行时，若力的指向与坐标轴同向，则该力在坐标轴上的投影等于力的大小。（　　）

二、选择题

1. 同一平面内的三个力作用于刚体上，使刚体平衡的条件是平面内的三个力_____。

　A. 作用线汇交于一点　　　　　B. 所构成的力三角形自行封闭

　C. 作用线共线

2. 力与力偶对刚体的作用效果是_____。

　A. 都能使刚体转动　　　B. 相同的　　　　　C. 不同的

3. 力 F 对 O 点之矩和力偶对于作用面内任一点之矩，它们与矩心位置的关系是_____。

　A. 力 F 对 O 点之矩与矩心位置有关；力偶对于作用面内任一点之矩与矩心位置无关

　B. 都与矩心位置有关　　　C. 都与矩心位置无关

4. 如图 2-13 所示的四个力，下列它们在 x 轴上的投影计算式中，_____是正确的。

　A. $F_{1x} = -F_1 \sin\alpha_1$　　　　　B. $F_{2x} = -F_2 \cos\alpha_2$

　C. $F_{3x} = -F_3 \sin\alpha_3$　　　　　D. $F_{4x} = F_4 \cos\alpha_4$

5. 图 2-14 所示的圆盘之所以处于平衡状态，是因为_____。

　A. 力偶 M 与力 F 平衡　　　B. 力偶 M 与力 F 对圆心的力矩 $F \cdot r$ 等效

　C. 支座 A 处的约束反力 F_A 与已知力 F 和力偶 M 组成一平衡力系

图 2-13　题二、4 图　　　　　　　　图 2-14　题二、5 图

6. 图 2-15 所示三种情况中，若不计梁的自重，各力偶对 O 点的力偶矩和各力偶对 x、y 轴的投影分别是_____。

图 2-15　题二、6 图

A. 各力偶对 O 点的力偶矩不同，但对 x、y 轴的投影相同

B. 各力偶对 O 点的力偶矩相同，但对 x、y 轴的投影不同

C. 各力偶对 O 点的力偶矩相同，对 x、y 轴的投影也相同

三、计算题

1. 支架由 AB 与 AC 杆组成（杆重不计），A、B、C 三处均为铰链。A 点悬挂重物受重力 **W** 作用。试求图 2-16 中 AB 及 AC 杆所受的力。

图 2-16　题三、1 图

2. 如图 2-17 所示，电动机重 W＝5kN，放置在支架 ABC 上，支架由 AB 与 BC 杆组成，A、B、C 处均为铰链。不计各杆自重，求 BC 杆的受力。

3. 电缆盘受重力 W＝20kN，外径 D＝1.2m，要越过 h＝0.2m 的台阶，如图 2-18 所示。试求作用的水平力 F 应多大？若作用力 F 方向可变，则求使电缆盘能越过台阶的最小力 F 的大小和方向。

4. 起重机构中 AB、AC 杆用铰链支承在可旋转的立柱上，如图 2-19 所示，并在 A 点用铰链相互联接。在 A 点装有滑轮，由绞车 D 引出钢索，经滑轮 A 吊起重物。如重物重力 W＝2kN，滑轮的尺寸和各构件间的摩擦及重力均忽略不计。试求杆 AB、AC 所受的力。

图 2-17　题三、2 图　　图 2-18　题三、3 图　　图 2-19　题三、4 图

5. 如图 2-20 所示，将重力为 W 的球放在光滑的水平面上，球上系两绳 AB 及 AC，两绳都通过球心并绕过滑轮 B 及 C，两端分别悬挂重力为 G_1 和 G_2 的重物，且 $G_2 > G_1$。试求平衡时绳 AC 与水平线所成的角 α 及球对水平面的压力 F_N。绳索 AB 水平。

6. 门式刚架 ACB 受集中载荷 F 作用，如图 2-21 所示，其中 A、B 二处均为固定支座，C 处为中间铰链。若不计各杆自重，且 F 及 l 均为已知，求 A、B 二处的约束反力。

7. 已知梁 AB 上作用一力偶，力偶矩为 M，梁长为 l。求图 2-22 (a)、(b)、(c) 三种情况下，支座 A 和 B 的约束反力。

图 2-20 题三、5 图

图 2-21 题三、6 图

(a)

(b)

(c)

图 2-22 题三、7 图

8. 如图 2-23 所示用多轴钻床在一工件上同时钻出 4 个直径相同的孔，每一钻头作用于工件的钻削力偶矩的估计值为 $M=15\text{N}\cdot\text{m}$。求作用于工件的总的钻削力偶矩。如工件用两个圆柱销钉 A、B 来固定，$b=0.2\text{m}$。设钻削力偶矩由销钉的反力来平衡，求销钉 A、B 反力的大小。

9. 图 2-24 所示三铰拱，在构件 CB 上作用一力偶 M [图 (a)] 或力 F [图 (b)]。问当求铰链 A、B、C 的约束反力时，能否将力偶 M 或力 F 分别移到构件 AC 上？为什么？用受力分析图分别说明之。

图 2-23 题三、8 图

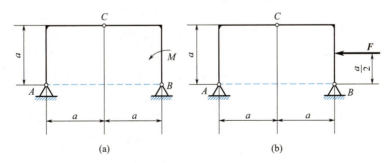

图 2-24 题三、9 图

单元三
平面任意力系

 知识目标

理解力向一点平移的问题
掌握平面任意力系的简化方法
掌握合力矩定理
掌握平面任意力系的平衡方程及应用
理解刚体系统的平衡问题
了解考虑摩擦时的平衡问题

 技能目标

能够进行平面任意力系的简化
能熟练运用合力矩定理
能熟练列出平面任意力系的平衡方程，并进行求解
能对刚体系统进行平衡问题的求解

 素养目标

培养学生自主学习的能力
培养学生树立正确的世界观和科学的思维能力
培养学生的创新精神、实践能力和职业素养

在工程实际中，经常遇到平面任意力系的问题，即作用在物体上的力都分布在同一平面内，或近似地分布在同一平面内，但它们的作用线是任意分布的。例如图 3-1 所示屋架的受力，其中 Q 为屋顶载荷，P 为风载，R_A 和 R_B 为约束力，这些力组成的力系即为平面任意力系。

当物体所受的力对称于某一平面时，也可以简化为平面力系的问题来研究。例如，图 3-2 所示均匀装载沿直线行驶的货车，如果不考虑路面不平引起的摇摆和侧滑，则其自重与

图 3-1 屋架

图 3-2 货车

货重之和 G、所受风阻力 F、地面对车轮的约束力（考虑摩擦之后）R_A、R_B 等力组成的力系便可作为平面任意力系来处理。

课题一　力向一点平移

作用于刚体上的力，可以沿其作用线任意移动，而不改变对刚体作用的外效应。但是，当力平行于原来的作用线移动时，便会改变对刚体的外效应。

如图 3-3(a) 所示，作用在刚体 A 点的力 F_A，在刚体上任取一点 B，在新作用点 B 加上大小相等、方向相反且与力 F_A 平行的两个力 F_B 和 F_B'，如图 3-3(b) 所示。根据加减平衡力系公理，力 F_A、F_B 和 F_B' 对刚体的作用与原力 F_A 对刚体的作用等效。在力系 F_A、F_B 和 F_B' 中，F_A 和 F_B' 组成一个力偶，用 M 表示，如图 3-3(c) 所示。因此，作用于 A 点的力 F_A 平行移至 B 点后，变成一个力和一个力偶 M，其力偶矩等于 F_A 对 B 点之矩

$$M = M_B(F_A) = F_A d$$

式中，d 为力 F_A 对 B 点的力臂。

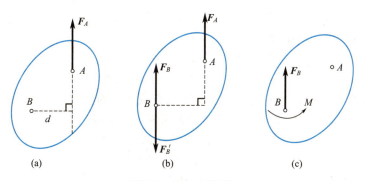

图 3-3　力向一点平移

上述结果可以推广为一般结论，即作用在刚体上的力，可以平行移动到刚体内任意一点，但必须同时附加一个力偶，其力偶矩等于原来的力对新作用点之矩。

力向一点平移的结果，很好地揭示了力对刚体作用的两种外效应。如将作用在静止的自由刚体某点上的力，向刚体的质心平移，所得到的力将使刚体平动；所得到的附加力偶则使刚体绕质心转动。对于非自由刚体，也有类似的情形。如图 3-4(a) 所示，攻螺纹时，如果用一只手扳动扳手，则作用在扳手 AB 一端的力 F，与作用在点 C 的一个力 F' 和一个力偶 M 等效，见图 3-4(b)。力偶 M 使丝锥转动，而力 F' 却往往是丝锥弯曲或折断的主要原因。因此，钳工在攻螺纹时，切忌用单手操作，必须用两手握扳手，而且用力要相等。

图 3-4　攻螺纹受力分析

此外，在平面内的一个力和一个力偶，可以用一个力来等效替换。

课题二　平面任意力系的简化

设刚体上作用一平面任意力系 F_1、F_2、…、F_n，在力系的作用面内任取一点 O，O 点称为简化中心，见图 3-5(a)。

图 3-5　平面任意力系的简化

应用力向一点平移的方法，将力系中的每一个力向 O 点平移，得到一平面汇交力系和一平面力偶系，如图 3-5(b) 所示。其中平面汇交力系中各个力的大小和方向，分别与原力系中对应的各个力相同，但作用线相互平行；而平面力偶系中各个力偶的力偶矩，分别等于原力系中各个力对简化中心的力矩。

$$F_1' = F_1,\ F_2' = F_2,\ \cdots,\ F_n' = F_n$$
$$M_1 = M_O(F_1),\ M_2 = M_O(F_2),\ \cdots,\ M_n = M_O(F_n)$$

简化后的平面汇交力系和平面力偶系又可以合成一个合力和一个合力偶，如图 3-5(c) 所示。其中 F_R' 为简化后平面汇交力系各力的矢量和。即

$$F_R' = \sum_{i=1}^n F_i' = \sum_{i=1}^n F_i \tag{3-1}$$

F_R' 称为原力系的主矢。设 F_{Rx}' 和 F_{Ry}' 分别为主矢 F_R' 在 x、y 轴上的投影，根据汇交力系简化的结果，得到

$$F_{Rx}' = \sum_{i=1}^n F_{xi},\ F_{Ry}' = \sum_{i=1}^n F_{yi} \tag{3-2}$$

F_{xi} 和 F_{yi} 分别为力 F_i 在 x 和 y 轴上的投影。式(3-2) 表示平面任意力系的主矢在 x、y 轴上的投影，等于力系中各个分力在 x、y 轴上投影的代数和。

根据式(3-2)，很容易求得主矢 F_R' 的大小和方向。

$$\left.\begin{array}{l} F_R' = \sqrt{F_{Rx}'^2 + F_{Ry}'^2} \\ \tan\alpha = \dfrac{F_{Ry}'}{F_{Rx}'} \end{array}\right\} \tag{3-3}$$

图 3-5(c) 中所示之 M_O 为简化后平面力偶系的合力偶，其力偶矩为各个分力偶的力偶矩之和，它等于原力系中各个力对简化中心之矩的代数和，称之为原力系对简化中心的主矩。

$$M_O = \sum_{i=1}^n M_i = \sum_{i=1}^n M_O(F_i) \tag{3-4}$$

综上所述，平面任意力系向作用面内任意一点 O 简化，一般可以得到一个力和一个力偶。该力作用于简化中心，其大小及方向等于原力系的主矢；该力偶之矩等于原力系对简化

中心的主矩。

由于主矢 F'_R 只是原力系的矢量和，它完全取决于原力系中各力的大小和方向，因此，主矢与简化中心的位置无关；而主矩 M_O 等于原力系中各力对简化中心之矩的代数和，选择不同位置的简化中心，各力对它的力矩也将改变，因此，主矩与简化中心的位置有关，故主矩 M_O 右下方标注简化中心的符号。

必须指出，力系向一点简化的方法是适用于任何复杂力系的普遍方法。下面用力系向一点简化的结论来分析一种典型的约束——固定端约束。

固定端约束是工程中常见的一种约束。例如，夹紧在卡盘上的工件，固定在刀架上的车刀，插入地下的电线杆等（图 3-6），这些物体所受的约束都是固定端约束。图 3-7(a) 所示为固定端约束的简化表示法。这种约束的特点是：限制物体受约束的一端既不能向任何方向移动，也不能转动。物体插入部分受的力分布比较复杂，但不管它们如何分布，当主动力为一平面力系时，这些约束反力也为平面力系，如图 3-7(b) 所示。若将此力系向 A 点简化，则得到一约束反力 F_A 和一约束反力偶 M_A。约束反力 F_A 的方向预先无法判定，通常用互相垂直的两个分力 F_{Ax}、F_{Ay} 表示；约束反力偶矩 M_A 的转向，通常假设逆时针转向，如图 3-7(c) 所示。

图 3-6　固定端约束实例

图 3-7　固定端约束的简化表示法及受力分析

课题三　平面任意力系简化结果分析　合力矩定理

平面任意力系向任一点简化，其简化结果为一个作用线通过简化中心的主矢 F'_R 和一个主矩 M_O。由此可以看到，平面任意力系经过简化可能得到下面四种结果。

① $F'_R=0$，$M_O=0$，在这种情况下力系平衡。关于平衡问题，在后面还要进一步讨论。

② $F'_R\neq0$，$M_O=0$，此时力系简化为一个力，即力系合成一个合力。此合力的作用线通过简化中心，合力的大小、方向由力系的主矢决定。

③ $F'_R=0$，$M_O\neq0$，此时力系简化为一个力偶，即力系合成一个合力偶，其力偶矩等于原力系对简化中心的主矩。在这种情况下，力偶对其作用面内任一点的矩恒等于力偶矩，

而与矩心的位置无关，即无论力系向哪一点简化都是一个力偶矩保持不变的力偶，而且力偶矩等于主矩。所以，当力系简化为一个力偶时，简化结果与简化中心的选择无关。

④ $F'_R \neq 0$，$M_O \neq 0$，此时力系简化为一个力和一个力偶。在这种情况下，根据力向一点平移的方法，这个力和力偶还可以继续合成为一个合力 F_R（图3-8），其作用线离 O 点的距离为

$$h = \frac{M_O}{F'_R} = \frac{M_O}{F_R} \tag{3-5}$$

用主矩 M_O 的转向来确定合力 F_R 的作用线在简化中心 O 点的哪一侧。

图3-8 力系简化为合力

如图3-8所示，平面任意力系的合力 F_R 对简化中心 O 的矩为

$$M_O(F_R) = F_R h = M_O$$

利用公式(3-4)和式(3-5)，得

$$M_O(F_R) = \sum_{i=1}^{n} M_O(F_i) \tag{3-6}$$

式(3-6)表明，平面任意力系的合力对平面内任意一点之矩，等于该力系中各个力对同一点之矩的代数和。这一结论称为平面任意力系的合力矩定理。

应用合力矩定理，有时可以使力对点之矩的计算更为简便。例如，为求图3-9中作用在支架上 C 点的力 F 对 A 点之矩，可以将力 F 沿水平和垂直方向分解为两个分力 F_x 和 F_y，然后由合力矩定理得

$$M_A(F) = M_A(F_x) + M_A(F_y) = -(F\cos\alpha)b + (F\sin\alpha)a$$

图3-9 合力矩定理应用

此外，应用合力矩定理还可以确定合力作用线的位置。

课题四 平面任意力系的平衡方程及应用

根据平面任意力系向任一点简化的结果，如果作用在刚体上的平面力系的主矢和对于任一点的主矩不同时为零时，则力系可能合成一个力或一个力偶，这时的刚体不能保持平衡。

因此，要使刚体在平面任意力系作用下保持平衡，力系的主矢和对任意一点的主矩必须同时等于零。反之，当平面任意力系的主矢和主矩同时等于零时，力系一定平衡。所以，平面任意力系平衡的必要和充分条件是：力系的主矢和力系对于任意点的主矩同时等于零。即

$$F'_R = \sqrt{(\sum F'_x)^2 + (\sum F'_y)^2} = 0$$

$$M_O(F_R) = \sum_{i=1}^{n} M_O(F_i) = 0$$

此平衡条件用解析式表示为

$$\left.\begin{array}{l}\sum F_x=0\\ \sum F_y=0\\ \sum M_O(F)=0\end{array}\right\} \tag{3-7}$$

式(3-7) 称为平面任意力系的平衡方程，其中前两式称为投影方程，后一式称为力矩方程。于是，平面任意力系平衡的必要和充分条件是，力系的各个力在直角坐标系中各坐标轴上投影的代数和分别都等于零，以及力系的各个力对任意点力矩的代数和也等于零。

注意：坐标轴和简化中心（或矩心）是可以任意选取的。在应用平衡方程解题时，为使计算简化，通常将矩心选在两未知力的交点上；坐标轴则尽可能选取与该力系中多数未知力的作用线垂直，避免解联立方程。列力矩方程时 $\sum M_O(F)=0$ 可简写为 $\sum M_O=0$。

式(3-7) 是平面任意力系平衡方程的基本形式。除了上述基本形式外，平面任意力系的平衡方程还可以表示为其他形式，通常称它们为二力矩式和三力矩式。

（1）二力矩式

$$\left.\begin{array}{l}\sum F_x=0\,(\text{或}\sum F_y=0)\\ \sum M_A=0\\ \sum M_B=0\end{array}\right\} \tag{3-8}$$

使用条件：A、B 两点连线不能与 x 轴（或 y 轴）垂直。

（2）三力矩式

$$\left.\begin{array}{l}\sum M_A=0\\ \sum M_B=0\\ \sum M_C=0\end{array}\right\} \tag{3-9}$$

使用条件：A、B、C 三点不能在同一直线上。

注意：不论选用哪种形式的平衡方程，对于同一平面力系来说，最多只能列出三个独立的平衡方程，因而只能求出三个未知量。选用力矩式方程，必须满足使用条件，否则所列平衡方程将不都是独立的。

【例 3-1】 承受均布载荷的三脚架结构，其下部牢固地固定在地基内，因而可视为固定端，如图 3-10(a) 所示。若已知：$P=200\text{N}$，$q=200\text{N/m}$，$a=2\text{m}$。求固定端的约束反力。

图 3-10　三脚架结构

解 (1) 选择研究对象、分析受力 以解除固定端约束后的三脚架结构为研究对象，其受力有主动力 P、q，q 为分布载荷的集度。当考察平衡时，分布载荷可以用一集中力 $Q=qa$ 等效替代。除主动力外，固定端处还受有约束反力和约束反力偶。由于方向未知，用两个任意假设的正交分力 F_{Ax} 和 F_{Ay} 表示约束反力，约束反力偶假设为正方向，即逆时针方向。于是，分离体受力图如图 3-10(b) 所示。

(2) 建立平衡方程并求解

$$\sum F_x = 0 \quad F_{Ax} = 0$$
$$\sum F_y = 0 \quad F_{Ay} - P - qa = 0$$
$$\sum M_A(F) = 0 \quad M_A - Pa - qa\left(\frac{a}{2}\right) = 0$$

由此解得

$$F_{Ax} = 0$$
$$F_{Ay} = P + qa = 200 + 200 \times 2 = 600\text{N}$$
$$M_A = Pa + \frac{qa^2}{2} = 200 \times 2 + \frac{200 \times 2^2}{2} = 800\text{N} \cdot \text{m}$$

(3) 结果验算 为验算上述结果的正确性，可验算作用在结构上的所有力对其平面内任意点之矩的代数和是否等于零。例如，对于 B 点：

$$\sum M_B(F) = M_A + F_{Ax}\left(\frac{3a}{2}\right) - \frac{qa^2}{2} - Pa = Pa + \frac{qa^2}{2} + 0 - \frac{qa^2}{2} - Pa = 0$$

可见所得结果是正确的。

注意：求固定端的约束反力时，除了 F_{Ax}、F_{Ay} 之外，还有约束反力偶 M_A。

【**例 3-2**】 梁 AD 用三根连杆支承，受载如图 3-11(a) 所示。已知 $P=20\text{kN}$，$Q=20\text{kN}$，$M=30\text{kN} \cdot \text{m}$，试求三根连杆的约束反力。

图 3-11 梁

解 (1) 选择研究对象、分析受力 取梁 AD 为研究对象。三根连杆均为二力杆，设各杆的约束反力为 F_1、F_2 和 F_3。于是，梁的受力图如图 3-11(b) 所示。

(2) 列平衡方程 因 F_2 和 F_3 相互平行，所以，可选垂直于这两个力的 y 轴为投影轴，投影轴方程中只出现一个未知力 F_1。

$$\sum F_y = 0 \quad -P\cos 45° - F_1\cos 45° - Q = 0$$
$$\sum M_C = 0 \quad M + P \times 2 + F_1 \times 1 - Q\sin 45° \times 1 - F_3\cos 45° \times 2 = 0$$
$$\sum F_x = 0 \quad F_2\sin 45° + F_3\sin 45° - Q\sin 45° = 0$$

解得

$$F_1 = -48.28\text{kN}, \quad F_2 = 14.64\text{kN}, \quad F_3 = 5.36\text{kN}$$

从计算结果得出，连杆 1 的值为负，表示受压，而连杆 2、3 受拉。

(3) **结果验算** 为校核上述结果的正确性，验证 $\sum M_D = 0$ 是否成立。

$$\sum M_D = M + P \times 4 + F_1 \times 3 + F_2 \cos 45° \times 2 + Q \sin 45° \times 1$$
$$= 30 + 20 \times 4 - 48.28 \times 3 + 14.64 \cos 45° \times 2 + 20 \sin 45° \approx 0$$

可见上述结果是正确的。

【例 3-3】 图 3-12(a) 为红旗牌 W-613 型铲车简图。起重架由固定铰链支座 O 和油缸 AB 支承，油缸用来调节起重架的位置。已知最大起重力 $W = 50 \text{kN}$，尺寸如图 3-12(b) 所示，单位为 mm，试求倾斜油缸活塞杆的拉力 F 以及支座 O 的反力。

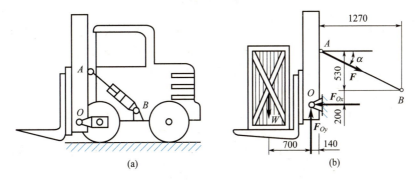

图 3-12 红旗牌 W-613 型铲车

解 取铲斗和重物为研究对象。倾斜油缸活塞杆简化为二力杆。画出分离体受力图如图 3-12(b) 所示。铰链 O 为两个未知力的交点，可取为矩心，力矩方程中将只包含一个未知力 F。求出活塞杆拉力 F 后，再列出两个投影方程，可求出支座 O 的反力。平衡方程如下

$$\sum M_O = 0 \quad W \times 0.7 - F \cos \alpha \times (0.53 + 0.2) - F \sin \alpha \times 0.14 = 0$$

式中

$$\tan \alpha = \frac{530}{1270} = 0.417, \quad \alpha = 22.65°$$

$$\sin \alpha = 0.385, \quad \cos \alpha = 0.923$$

代入数据，得

$$F = 48.1 \text{kN}$$

$$\sum F_x = 0, \quad F \cos \alpha - F_{Ox} = 0$$

$$F_{Ox} = 44.4 \text{kN}$$

$$\sum F_y = 0, \quad F_{Oy} - W - F \sin \alpha = 0$$

$$F_{Oy} = 68.5 \text{kN}$$

为检查上述结果是否正确，验证 $\sum M_A(F) = 0$ 是否满足

$$\sum M_A = W \times 0.84 - F_{Ox} \times 0.73 - F_{Oy} \times 0.14 = 50 \times 0.84 - 44.4 \times 0.73 - 68.5 \times 0.14 \approx 0$$

可见，上述结果是正确的。

从以上例题可见，解题所用平衡方程是由一个力矩方程和两个投影方程组成，另取矩心列力矩方程来校核所得结果的正确性。

【例 3-4】 图 3-13(a) 所示为一桥梁桁架简图。已知 $Q = 400 \text{N}$，$P = 1200 \text{N}$，$a = 4 \text{m}$，$b = 3 \text{m}$。求 1、2、3、4 杆所受的力。

解 桁架中各杆的两端均为铰链约束，而且载荷均作用在铰接处（称为节点），故所有杆均为二力杆。

计算桁架内力的方法有两种。一种是取节点为对象，称为"节点法"。一种是截取桁架的一部分为对象，称为"截面法"。由于节点受力为平面汇交力系，有两个独立的平衡方程，

图 3-13 桁架

因此，每次所选择的节点上所受的未知力不能超过两个。而用截面法截出桁架的一部分所受力系为平面任意力系，只能提供三个独立的平衡方程，因此，用截面将桁架截开时，所出现的未知量不应大于三个。截面法用于只需要求桁架中某几根杆的受力。

本例的解题过程如下。

(1) 考虑整体平衡求约束反力 根据图 3-13(a) 所示受力图，列平衡方程

$$\sum F_x = 0 \quad -F_{Ax} + Q = 0$$
$$\sum F_y = 0 \quad F_{Ay} + F_{By} - P = 0$$
$$\sum M_A(F) = 0 \quad -P(2a) - Q(b) + F_{By}(3a) = 0$$

由此解得

$$F_{Ax} = Q = 400\text{N}$$
$$F_{By} = \frac{2Pa + Qb}{3a} = 900\text{N}$$
$$F_{Ay} = P - F_{By} = 300\text{N}$$

(2) 应用截面法求指定杆的受力 对于本例中的问题，因为只要求部分杆的受力，所以采用截面法更好些。先用 n—n 截面从 1、2、3 杆处将桁架截开，假设各杆均受拉力。于是，以左部分桁架为研究对象的分离体受力图如图 3-13(b) 所示。

取未知力交点为矩心，列二力矩式平衡方程

$$\sum F_y = 0, \quad F_{Ay} - F_2 \sin\alpha = 0$$
$$\sum M_D(F) = 0, \quad F_1(b) - F_{Ax}(b) - F_{Ay}(a) = 0$$
$$\sum M_G(F) = 0, \quad -F_3(b) - F_{Ay}(2a) = 0$$

其中 $\sin\alpha = 3/5$。将 a、b 及 F_{Ax}、F_{Ay} 代入后，解得

$$F_1 = \frac{F_{Ax}b + F_{Ay}a}{b} = 800\text{N}$$
$$F_2 = \frac{F_{Ay}}{\sin\alpha} = 500\text{N}$$
$$F_3 = -\frac{2aF_{Ay}}{b} = -800\text{N}$$

其中负号表示 F_3 的实际方向与假设方向相反，而所设各杆均受拉力，故负号表示受压力。

为求 4 杆的受力，可用 m—m 截面将 1、2、4、5 杆截开，考虑节点 G 处的受力，亦假设各杆均受拉。于是，节点 G 的受力图如图 3-13(c) 所示。由 y 方向力的平衡方程有

$$\sum F_y = 0 \quad F_4 - P + F_2' \sin\alpha = 0$$

其中 $F_2' = F_2$。由此解得

$$F_4 = P - F_2 \sin\alpha = 900\text{N（拉）}$$

最后需要指出的是，求桁架杆受力的节点法和截面法是互相补充的。在桁架的受力计算中，一般采用节点法求得每根杆的受力，而截面法则可用以对某些杆受力进行校核。

课题五　刚体系统的平衡问题

前面所讨论的平衡问题仅限于单个刚体。在工程中常遇到几个刚体通过约束所组成的刚体系统的平衡问题。当刚体系统平衡时，组成刚体系统的每个刚体必然处于平衡状态。一般情况下，将刚体系统中所有单个刚体的独立平衡方程数相加，得到的刚体系统独立平衡方程的总数，若少于刚体系统未知量的总数时，属于静不定问题，若等于刚体系统未知量总数时，则属于静定问题。对静定刚体系统平衡问题，可选择整个系统为研究对象，也可选择其中几个或某单体刚体为研究对象。其选择原则是：能利用平衡方程确定某些未知量的部分，应先行考虑。此外，在选择平衡方程时，应尽可能避免联立方程。下面举例说明刚体系统平衡问题的求解方法。

【例 3-5】　图 3-14(a) 为一个三铰拱的示意图。所谓三铰拱，就是由 AC、BC 两部分用铰链 C 连接，并用铰链 A 与 B 固定于支座上。设拱本身的重量不计，拱上作用有力 P 及 Q。求 A、B 支座处的约束反力以及 C 处两部分相互作用的力。

图 3-14　三铰拱

解　如果拱的两部分不用铰链连接，而为一整体，那么，仅根据拱的平衡方程，不能求解 A、B 两点约束反力的大小和方向，因为平面任意力系只能列三个平衡方程，能求解三个未知力，中间没有铰链的整体有四个未知力，属于静不定问题。现在，加上中间铰链 C 之后，可以分别考虑两部分列出六个平衡方程，正好可以求解 A、B、C 三点作用力的大小和方向，但需要解联立方程。

先取整个系统为研究对象，受力图如图 3-14(a) 所示

$$\sum M_A(F)=0 \quad Q(l-b)-Pa+2F_{By}l=0 \tag{a}$$

从而解得

$$F_{By}=\frac{Pa-Q(l-b)}{2l}$$

$$\sum F_y=0 \quad F_{Ay}+F_{By}-P=0 \tag{b}$$

得

$$F_{Ay}=P-F_{By}=P-\frac{Pa-Q(l-b)}{2l}=\frac{P(2l-a)+Q(l-b)}{2l}$$

$$\sum F_x = 0 \quad F_{Ax} + F_{Bx} - Q = 0 \qquad (c)$$

再取左半拱 AC 为研究对象

$$\sum M_C(F) = 0 \quad P(l-a) + F_{Ax}l - F_{Ay}l = 0 \qquad (d)$$

得到

$$F_{Ax} = F_{Ay} - \frac{P(l-a)}{l} = \frac{Pa + Q(l-b)}{2l}$$

以此代入式(c)，就得到

$$F_{Bx} = Q - F_{Ax} = \frac{Q(l+b) - Pa}{2l}$$

$$\sum F_x = 0, \; F_{Ax} + F_{Cx} = 0 \qquad (e)$$

$$F_{Cx} = -F_{Ax} = -\frac{Pa + Q(l-b)}{2l}$$

$$\sum F_y = 0 \quad F_{Ay} + F_{Cy} - P = 0 \qquad (f)$$

$$F_{Cy} = P - F_{Ay} = P - (P - F_{By}) = F_{By} = \frac{Pa - Q(l-b)}{2l}$$

上述结果也可以用整个系统以及右半拱的六个方程来求解。

【**例 3-6**】 图 3-15(a) 所示多跨梁，由 AB 梁和 BC 梁用中间铰 B 连接而成。C 端为固定端，A 端由活动铰支座支承。已知 $M = 20\text{kN}\cdot\text{m}$，$q = 15\text{kN/m}$。试求 A、B、C 三点的约束反力。

图 3-15 多跨梁

解 若取整体为研究对象，由于包括固定端约束和活动铰支座，无法求出某个未知力。故应将梁拆开分别进行分析，并且先取未知力较少的梁为研究对象。

(1) 先取 AB 梁为研究对象，受力如图 3-15(b) 所示，均布载荷 q 可用集中力 Q 表示。

$$\sum M_B(F) = 0 \quad -3R_A + Q \times 1 = 0$$

解得

$$R_A = \frac{Q}{3} = 10\text{kN}$$

$$\sum F_y = 0 \quad R_A + F_{By} - Q = 0$$

解得

$$F_{By} = Q - R_A = 20\text{kN}$$

(2) 再取 BC 梁为研究对象，受力如图 3-15(c) 所示，图中，F_{By}' 为 F_{By} 的反作用力，所以 $F_{By}' = F_{By}$。

$$\sum F_y = 0 \quad F_{Cy} - F_{By} = 0$$

得到

$$F_{Cy} = F_{By} = 20\text{kN}$$

$$\sum M_B(F) = 0 \quad M_C + M + 2F_{Cy} = 0$$

解得

$$M_C = -M - 2F_{Cy} = -60\text{kN}\cdot\text{m}$$

负值表示 C 端约束反力偶的实际方向是顺时针。

本题还可先取 AB、再取整体为研究对象，得到同样的结果。

【例 3-7】 曲柄连杆式压榨机中的曲柄 OA 上作用一力偶，其力偶矩 $M=500\text{N}\cdot\text{m}$，如图 3-16(a)。已知 $OA=r=0.1\text{m}$，$BD=DC=ED=a=0.3\text{m}$，机构在水平面内，在图示位置平衡，此时 $\theta=30°$，求水平压榨力 **P**。

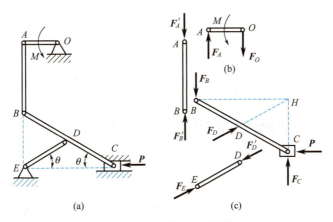

图 3-16 曲柄连杆式压榨机

解 本题属于求机构平衡时主动力之间的关系问题，不必求出许多约束反力。通常按传动顺序依次选取研究对象，逐步求得主动力之间应满足的关系式。

先选 OA 杆为研究对象，它受力偶作用，杆 AB 为二力杆，受力如图 3-16(b) 所示。

$$\sum M_i = 0 \quad M - rF_A = 0$$

$$F_A = \frac{M}{r}$$

再取 BC 为研究对象，受力如图 3-16(c) 所示。为使方程中只出现一个未知力，选择两未知力的交点 H 为矩心，列平衡方程

$$\sum M_H(F) = 0 \quad 2a\cos\theta F_B - 2a\sin\theta P = 0$$

$$P = F_B \cot\theta$$

而

$$F_B = F_A$$

故

$$P = F_A \cot\theta = \frac{M}{r}\cot\theta$$

这就说明，适当地选用力矩方程和恰当的选择矩心，可以使计算简便。

根据以上例题分析，现将刚体系统平衡问题的解法及特点总结如下。

1. 正确选择研究对象

① 如果整个系统的外约束力未知数不超过三个，或者虽然超过三个，但考虑整体平衡可以求出某些未知约束力时，则先以整体为研究对象。

② 若整个系统的外约束力未知数超过三个，而且必须将系统拆开才能求出全部未知约束时，则一般先以受力最简单而且独立平衡方程的个数与未知力的个数相等的刚体或某些刚体为研究对象。

③ 当机构平衡时，求作用在机构上主动力的关系，通常按传动顺序将机构拆开，分别选为研究对象，通过求连接点的力，逐步求得主动力之间应满足的关系式。

2. 受力分析

① 首先从二力构件入手，可使受力图比较简单，有利于解题。

② 按照约束的性质，画出相应的约束反力，不画研究对象的内力。
③ 两物体间的相互作用力应符合作用与反作用规律。

3. 列平衡方程，求未知量

① 列平衡方程时，尽量避免在方程中出现不需要求的未知量。为此，选择两个未知力的交点为矩心列力矩方程，投影方程所选的坐标轴应与较多的未知力垂直。

② 解题时最好用文字符号进行运算，得到结果时再代入已知数据，这样可以避免由于数据运算引起的运算错误。

③ 求出未知量后，可再列一个平衡方程，将上述计算结果代入，检查结果的正确性。

课题六　考虑摩擦时的平衡问题简介

考虑摩擦时物体的平衡问题，与前面不考虑摩擦时的平衡问题在分析方法上有相似之处，即物体平衡时，其上所受的力应满足平衡条件；其解题方法和步骤也大体相同。只是在画受力图时必须考虑摩擦力，摩擦力的方向与相对滑动趋势的方向相反。

一、滑动摩擦

当两接触物体之间有滑动趋势时，物体接触表面产生的摩擦力称为静滑动摩擦力，简称静摩擦力。当两接触物体之间发生相对滑动时，物体接触表面产生的摩擦力称为动滑动摩擦力，简称动摩擦力。静摩擦和动摩擦统称为滑动摩擦。

当物体在静滑动摩擦中处于平衡状态时，摩擦力的数值在一定的范围内变化，即 $0 \leqslant F_S \leqslant F_{max}$，因此，物体的受力亦在确定的范围内保持平衡，静摩擦力的大小由平衡方程确定。当物体处于即将滑动而尚未滑动的临界状态时，静摩擦力达到最大值，称为最大静摩擦力。大量实验证明，最大静摩擦力 F_{Smax} 与接触面间的正压力 F_N 成正比，即

$$F_{Smax} = f_S F_N \tag{3-10}$$

式(3-10)称为静摩擦定律，式中 f_S 称为静摩擦系数，其大小与两接触面的材料及表面情况（粗糙度、干湿度、温度）有关，与接触面积的大小无关。

动摩擦力与静摩擦力不同，它的大小不存在变化范围。动摩擦力的大小与接触面间的正压力的大小也成正比。F_d 代表动摩擦力的大小，则有

$$F_d = f F_N \tag{3-11}$$

式中，f 称为动摩擦系数。动摩擦系数与静摩擦系数性质基本一样，但动摩擦系数比静摩擦系数要小，多数材料的动摩擦系数随相对滑动速度的增大而减小，当速度变化不大时可以认为是常数。

【例 3-8】　电工攀登电杆用的套钩如图 3-17(a) 所示。若套钩与电杆间的摩擦系数 $f_S = 0.5$，套钩尺寸 $b = 100\text{mm}$，套钩重量不计。试求电工安全操作时脚蹬处到电杆中心的最小距离 l_{min}。

解　取套钩为研究对象。由于套钩与电杆之间只在 A、B 两点接触，又因套钩有下滑趋势，故 A、B 二处的摩擦力均向上。于是，套钩的分离体受力图如图 3-17(b) 所示。

设 l 已达最小值 l_{min}，套钩处于将动未动的临界状态，所以 A、B 二处的摩擦力均达到了最大值，即

图 3-17 套钩

$$\left.\begin{array}{l}F_A = f_S F_{NA} \\ F_B = f_S F_{NB}\end{array}\right\} \quad (a)$$

套钩受力为平面任意力系，其平衡方程可写为

$$\left.\begin{array}{l}\sum F_x = 0 \quad F_{NB} - F_{NA} = 0 \\ \sum F_y = 0 \quad F_A + F_B - P = 0 \\ \sum M_C(F) = 0 \quad F_{NA} b + F_B \dfrac{d}{2} - F_A \dfrac{d}{2} - P l_{min} = 0\end{array}\right\} \quad (b)$$

将式(a)代入式(b)后，得到

$$l_{min} = \dfrac{b}{2 f_S} = \dfrac{100\,\text{mm}}{2 \times 0.5} = 100\,\text{mm}$$

由式(b)可以看出，维持套钩平衡所需的摩擦力是一定值，脚蹬处离电杆中心愈远，法向反力 F_{NA}、F_{NB} 愈大、愈安全，所以上面求出的距离 l 是最小值。当 $l \geqslant 100\,\text{mm}$ 时，套钩在摩擦力作用下保持平衡；当 $l < 100\,\text{mm}$ 时，套钩下滑。而且这一距离与人体重量无关。

【例 3-9】 制动器的构造简图如图 3-18(a)所示。已知制动轮与制动块之间的静摩擦系数为 f_S，鼓轮上挂一重物，重力为 G，几何尺寸如图所示。求制动所需最小的力 F_{min}。

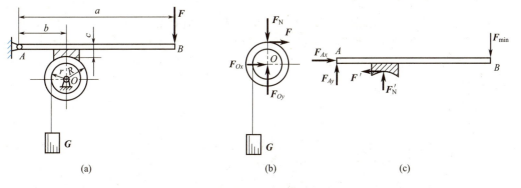

图 3-18 制动器

解 制动块与制动轮之间的摩擦力与正压力大小有关，即与制动力 F 的大小有关。如果制动力太小，则二者之间的摩擦力不能形成足够大的力偶矩以平衡重物产生的力偶矩，因而达不到制动的目的。

先取制动轮和鼓轮为研究对象。受力如图 3-18(b) 所示，列平衡方程

$$\sum M_O(F)=0 \quad Gr-FR=0$$

解得

$$F=\frac{r}{R}G$$

再取制动杆（含制动块）为研究对象。设制动力的最小值为 $F_{\min}$，如图 3-18(c) 所示，临界状态的力矩平衡方程为

$$\sum M_A(F)=0 \quad F'_N b-F'c-F_{\min}a=0$$

这时摩擦力达到最大值，即

$$F'=F=\frac{r}{R}G=F'_N f_S$$

解得

$$F_{\min}=\frac{Gr}{aR}\left(\frac{b}{f_S}-c\right)$$

二、摩擦角和自锁现象

将一物块放在粗糙的水平面上，物块的重力为 G，且受一水平推力 F_P 的作用，此两主动力的合力为 F。当物块保持静止时，水平支承面对物块作用的法向约束力为 F_N，静摩擦力为 F_S，二者的合力 F_R 称为全约束反力，简称全反力。根据二力平衡原理，主动力的合力 F 与全反力 F_R 大小相等，方向相反，且作用在同一直线上。设全反力 F_R 与法线方向的夹角为 α，如图 3-19(a) 所示。

图 3-19 摩擦角

若增大推力 F_P，静摩擦力 F_S 也随着增大，夹角 α 也相应增大；当物块达到临界平衡状态时，静摩擦力达到最大值 $F_{S\max}$，此时全反力 F_R 与法线间的夹角也达到最大值 ϕ_m，ϕ_m 称为摩擦角，如图 3-19(b) 所示。由该图知

$$\tan\phi_m=\frac{F_{S\max}}{F_N}=\frac{f_S F_N}{F_N}=f_S \tag{3-12}$$

即摩擦角的正切等于静滑动摩擦系数。

在图 3-19(b) 中，若连续改变推力 F_P 在水平面内的方向，则全反力 F_R 的方向也随之改变。假定两物体接触面沿任意方向的静摩擦系数 f_S 都相等，这样，在物块处于临界平衡状态下，全反力 F_R 的作用线将画出一个以接触点 A 为顶点、顶角为 $2\phi_m$ 的空间正圆锥面，此圆锥面形成的圆锥称为摩擦锥。摩擦锥是全反力 F_R 在三维空间内的作用范围，即全反力 F_R 的作用线不可能超过这个摩擦锥的范围，如图 3-20 所示。

图 3-20 摩擦锥

当物体处于平衡状态时，静摩擦力的大小总是介于零和静摩擦力的最大值之间，因而全反力 F_R 与法线间的夹角 α 也总是小于或等于摩擦角 ϕ_m，即 $\alpha \leqslant \phi_m$。

所以，如果作用在物体上的全部主动力的合力 F，不论其大小如何，只要其作用线位于摩擦角（锥）之内，物体便处于平衡状态，这种现象称为自锁现象。

这是因为全反力 F_R 总能与主动力的合力 F 平衡。也就是说，当合力 F 增大时，法向反力 F_N 也随之增大，最大静摩擦力 $F_{Smax} = f_S F_N$，也按比例增加，因而力 F 在接触面公切线方位的分力不会大于最大静摩擦力，所以物体保持平衡状态。反之，主动力合力 F，不论其大小如何，只要合力 F 的作用线位于摩擦角（锥）之外，物体都不能保持静止。这是因为全反力 F_R 作用线不可能超出摩擦角之外与主动力合力 F 构成平衡力系，如图 3-21 所示。这种与主动力大小无关，而只与摩擦角 ϕ_m 有关的平衡条件称为自锁条件。

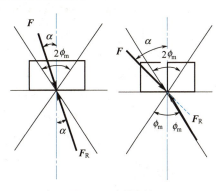

图 3-21　自锁条件

例如螺旋千斤顶举起重物后不会自行下落就是自锁现象。工程中常用自锁原理设计某些机构和夹具。而在另一些情况下，则要避免自锁现象发生，如变速箱中滑移齿轮的拨动就绝对不允许自锁，否则变速箱将无法正常工作。

课题七　滚动摩擦简介

由实践知道，滚动比滑动省力，所以在工程实际中常用滚动代替滑动。例如，搬运重物时，在物体下面垫上管子；机器中用滚动轴承代替滑动轴承等，都是以滚代滑的应用实例。下面通过简单的实验来说明物体滚动时存在的阻力和它的特征。

设有一车轮置于水平地面上，如果车轮和地面都是刚体，则车轮与地面的接触就成为一点，如图 3-22(a) 所示，在这种情况下，即使力 P 再小，车轮也不能平衡。因为此时力 P 对接触点的力矩不等于零。而实际上，只有当力 P 达到一定值时，车轮才开始滚动。这是因为车轮与地面都不是刚体，它们的接触不再是一点，而是一段弧线；地面对车轮的约束力，就分布在这段弧线上而组成平面任意力系；于是产生了对滚动的阻力，如图 3-22(b) 所示。平面任意力系可以简化为一个力及一个力偶。如果以轮心 O 下面的一点 A 为简化中心，并且把简化到这一点上的力仍以 F_N 与 F 表示，则地面对车轮的约束力简化为 F_N、F 以及力偶 M_f，如图 3-22(c) 所示。当轮子平衡时，可写出三个平衡方程

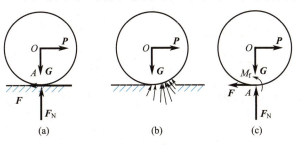

图 3-22　滚阻力偶

$$\sum F_x = 0 \quad P - F = 0$$
$$\sum F_y = 0 \quad F_N - G = 0$$
$$\sum M_A = 0 \quad -Pr + M_f = 0$$

M_f 称为滚阻力偶。可以看到，当 P 逐渐增大时，F 和 M 都随之增大，并且都有极限值。当 F 达到极限值 F_N 时，轮子开始滑动，当 M 达到它的极限值 M_f 时，轮子开始滚动。实践证明，滚阻力偶矩的极限值 M_f 与正压力 F_N 成正比，即

$$M_f = \delta F_N$$

式中比例常数 δ 称为滚阻摩擦系数，它的大小和材料的硬度、湿度、温度等有关。可以看到，滚阻摩擦系数 δ 与摩擦系数 f_S 相当；不过，f_S 是一个量纲为 1 的常数，而 δ 则是具有长度的量纲，有一定的物理意义。如果把图 3-22(c) 中的正压力 F_N 与滚阻力偶合成，其结果只是把 F_N 向滚动方向移动一个距离 d，$d = \dfrac{M}{F_N}$。当轮子开始滚动时，这个移动的距离就等于 $\dfrac{M_f}{F_N}$，即 δ。于是得到：滚阻摩擦系数 δ，就是当轮子即将滚动时，正压力 F_N 从轮心下一点向滚动方向移动的距离，如图 3-23 所示。当滚动阻力可以忽略不计时，相当于把重物放在一个理想光滑面上。

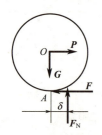

图 3-23 滚阻摩擦系数

习题

一、判断题

1. 各力作用线任意分布的力系称为平面任意力系。（   ）
2. 平面任意力系简化的主要依据是力的平移定理。（   ）
3. 平面任意力系简化的结果是得到一个主矢和一主矩。（   ）
4. 某平面任意力系向 A、B 两点简化后，其主矩皆为零，即 $M_A = M_B = 0$，则此力系为平衡力系。（   ）
5. 某平面任意力系向点 A 简化的主矢为零，而向另一点 B 简化的主矩为零，则此力系必然是平衡力系。（   ）
6. 固定端约束的约束反力只有两个正交的分力。（   ）
7. 作用在一个刚体上的平面力系平衡时，最多可列出三个独立的平衡方程，故可解三个未知量。（   ）
8. 为了便于解题，列方程时，坐标轴最好与多数未知力平行或垂直，矩心最好取在未知力的交点上。（   ）

二、计算题

1. 梁 AB 长 $l = 3$m，载荷分布如图 3-24 所示，$q = 20$kN/m，求分布力合力 Q 的大小和其作用线的位置 x。

2. 一梁的支承及载荷如图 3-25 所示。已知 $P = 1.5$kN，$q = 0.5$kN/m，$M = 2$kN·m，

图 3-24 题二、1图

图 3-25 题二、2图

$a=2\mathrm{m}$。求支座 B、C 所受的力。

3. 试求图 3-26 所示各梁的支座反力,已知 F、a,且 $M=Fa$。

图 3-26　题二、3 图

4. 试求图 3-27 所示各梁的支座反力,已知 $F=qa$,$M=qa^2$。

图 3-27　题二、4 图

5. 试求图 3-28 所示梁的支座反力。

6. 支架结构和载荷如图 3-29 所示,已知 $M=Ga$,杆件自重不计,求 A 及 BC 杆所受的力。

7. 图 3-30 所示为汽车起重机平面简图。已知车重 $G_Q=26\mathrm{kN}$,臂重 $G=4.5\mathrm{kN}$,起重机旋转及固定部分的重量 $G_W=31\mathrm{kN}$。试求图示位置汽车不致翻倒的最大起重量 G_P。

图 3-28　题二、5 图　　　图 3-29　题二、6 图　　　图 3-30　题二、7 图

8. 试求图 3-31 所示多跨梁在 A、B、C、D 处的约束反力。已知:$M=6\mathrm{kN\cdot m}$,$q=1\mathrm{kN/m}$,$a=2\mathrm{m}$。

9. 一梁由支座 A 以及 BE、CE、DE 三杆支承,如图 3-32 所示。已知 $q=0.5\mathrm{kN/m}$,$a=2\mathrm{m}$,求各杆内力。

10. 如图 3-33 所示人字梯置于光滑地面上,梯上有一重 W 的人站在 H 点。已知 l、a、h、α,不计梯子自重,求绳索张力及 B、C 的约束反力。

11. 已知构架尺寸如图 3-34 所示,不计杆重。设 CD 杆的 D 端作用力 P,求 A、B 支座反力及三根杆的受力。(1) 力 P 铅锤向下;(2) 力 P 水平向右。

12. 构架的载荷和尺寸如图 3-35 所示。已知 $P=12\mathrm{kN}$,求支座 A、B 的约束反力及 BE 杆所受的力。

13. 桥梁桁架受力如图 3-36 所示。若已知 $P=40\mathrm{kN}$,$a=2\mathrm{m}$,$h=3\mathrm{m}$,求 1、2、3 杆的受力。

图 3-31 题二、8 图
图 3-32 题二、9 图
图 3-33 题二、10 图
图 3-34 题二、11 图
图 3-35 题二、12 图
图 3-36 题二、13 图

14. 塔式桁架受力如图 3-37 所示。若 P、a、h 等均为已知，求 1、2、3 杆的受力。

15. 重为 W 的工件被夹钳依靠 D、E 处的摩擦力夹紧而提起，有关尺寸如图 3-38 所示，单位为 cm，夹钳自重不计。试求提升工件时夹钳在 D 和 E 处对工件的压力为多大？摩擦系数的最小值应为多少？

16. 如图 3-39 所示，已知鼓轮半径 $r=15$cm，制动轮半径 $R=25$cm，重物 $G=1000$N，$a=100$cm，$b=40$cm，$c=50$cm，制动轮与制动块间的摩擦系数为 0.6。当重物不致落下时，求力 F 的最小值。

图 3-37 题二、14 图

图 3-38 题二、15 图

图 3-39 题二、16 图

单元四
空间力系和重心

知识目标
理解力对轴之矩的概念
掌握空间力系的平衡方程及应用
掌握重心和形心的坐标公式
掌握分割法确定组合图形的形心

技能目标
具有空间力系平衡方程式的分析能力
能够熟练运用分割法确定组合图形的形心

素养目标
培养学生团队合作的能力
培养学生树立正确的世界观和科学的思维能力
培养学生独立思考的能力和创新精神的探索意识

在工程实际中,经常遇到物体所受力的作用线不在同一平面内,而是空间分布的,这些力所构成的力系称为空间力系。

与平面力系一样,空间力系按各力作用线的分布情况,可分为空间汇交力系、空间平行力系与空间任意力系。本单元将讨论力在空间直角坐标轴上的投影,力对轴之矩的概念与运算,以及空间力系平衡问题的求解方法,并由空间平行力系导出重心的概念及求重心位置的方法。

课题一 空间力系的平衡方程及应用

一、力在空间直角坐标轴上的投影

1. 直接投影法

如图 4-1(a) 所示,若已知力 F 与 x、y、z 轴的夹角 α、β、γ,则力 F 在坐标轴上的投影为

$$\left.\begin{aligned} F_x &= \pm F\cos\alpha \\ F_y &= \pm F\cos\beta \\ F_z &= \pm F\cos\gamma \end{aligned}\right\} \tag{4-1}$$

投影与坐标轴正向相同时取正号，反之取负号。

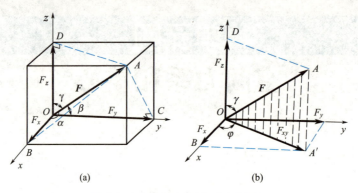

图 4-1 力在空间直角坐标轴上的投影

2. 二次投影法

当力与坐标轴的夹角不是全部已知时，可采用二次投影法。即先将力投影到某一坐标平面上得到一个投影值，然后再将该投影进一步投影到坐标轴上。如图 4-1(b) 所示，若已知力 F 与 z 轴的夹角 γ，同时力 F 在 xOy 面上的投影 F_{xy} 与 x 轴的夹角为 φ，则力 F 在各坐标轴上的投影为

$$F \Rightarrow \begin{cases} F_z = F\cos\gamma \\ F_{xy} = F\sin\gamma \end{cases} \Rightarrow \begin{cases} F_x = F_{xy}\cos\varphi = F\sin\gamma\cos\varphi \\ F_y = F_{xy}\sin\varphi = F\sin\gamma\sin\varphi \end{cases} \tag{4-2}$$

反过来，如果已知力 F 在 x、y、z 三个坐标轴上的投影 F_x、F_y、F_z，力 F 的大小和方向为

$$F = \sqrt{F_x^2 + F_y^2 + F_z^2} \tag{4-3}$$

$$\cos\alpha = \frac{F_x}{F}, \cos\beta = \frac{F_y}{F}, \cos\gamma = \frac{F_z}{F} \tag{4-4}$$

【**例 4-1**】 已知圆柱斜齿轮所受的总啮合力 $F=1410\text{N}$，齿轮压力角 $\alpha=20°$，螺旋角 $\beta=25°$[图 4-2(a)]。试计算齿轮所受的圆周力 F_t，轴向力 F_a 和径向力 F_r。

图 4-2 圆柱斜齿轮受力

解 取坐标系如图 4-2(a) 所示，使 x、y、z 三个轴分别沿齿轮的轴向、圆周的切线方向和径向，先把总啮合力 F 向 z 轴和 Oxy 坐标平面投影 [图 4-2(b)]，得

$$F_z = F_r = -F\sin\alpha = -1410\sin20° \approx -482\text{N}$$

力 F 在 Oxy 平面上的分力 F_{xy}，其大小为

$$F_{xy}=F\cos\alpha=1410\cos20°\approx1325\text{N}$$

再把力 F_{xy} 投影到 x、y 轴 [图 4-2(c)]，得

$$F_x=F_a=-F_{xy}\sin\beta=-1325\sin25°\approx-560\text{N}$$
$$F_y=F_t=-F_{xy}\cos\beta=-1325\cos25°\approx-1200\text{N}$$

二、力对轴之矩

在工程中，常遇到刚体绕定轴转动的情况。为度量力对转动刚体的作用效应，引入力对轴之矩的概念。

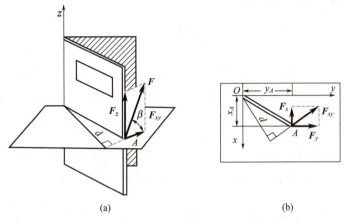

图 4-3 力对轴之矩

以关门动作为例。图 4-3(a) 中门的一边有固定轴 z，在 A 点作用一力 F，将该力分解为两个相互垂直的分力 F_z 和 F_{xy}，由经验可知，力 F_z 不能使门绕 z 轴转动，所以分力 F_z 对 z 轴之矩为零；只有分力 F_{xy} 才能使门绕 z 轴转动，即 F_{xy} 对 z 轴之矩就是力 F 对轴之矩。

设 d 为 z 轴与 xOy 平面的交点 O 到力 F_{xy} 作用线的垂直距离。则力 F 对 z 轴之矩为

$$M_z(F)=M_O(F_{xy})=\pm F_{xy}d \tag{4-5}$$

上式表明：力对轴之矩是代数量，其大小等于此力在垂直于该轴平面上的投影对该轴与此平面的交点之矩。其正负号可规定为：从 z 轴正向看，力矩沿逆时针方向转动为正，顺时针方向转动为负。也可按右手定则来确定其正负号：四指为力矩的转动方向，拇指与坐标轴一致为正，反之为负。当力的作用线与转轴平行或与转轴相交时，力对该轴之矩等于零。

三、合力矩定理

合力矩定理在空间力系中仍然适用。

设有一空间力系 F_1、F_2、…、F_n，其合力为 F_R，则合力 F_R 对某轴之矩等于各分力对同轴力矩的代数和。即

$$M_z(F_R)=\sum M_z(F) \tag{4-6}$$

【例 4-2】 计算图 4-4 所示手摇曲柄上的力 F 对 x、y、z 轴之矩。已知 $F=100\text{N}$，$\alpha=60°$，$AB=200\text{mm}$，$BC=400\text{mm}$，$CD=150\text{mm}$，A、B、C、

图 4-4 手摇曲柄

D 与 xAy 处于同一水平面上。

解 力 F 在 x、y、z 轴上的投影为

$$F_x = F\cos\alpha, \quad F_y = 0, \quad F_z = -F\sin\alpha$$

F 对 x、y、z 轴的力矩为

$$M_x(F) = -F_z(AB+CD) = -100\sin 60°(200+150) \approx -30310 \text{N} \cdot \text{mm}$$
$$M_y(F) = -F_z BC = -100\sin 60° \times 40 \approx -34640 \text{N} \cdot \text{mm}$$
$$M_z(F) = -F_x(AB+CD) = -100\cos 60°(200+150) \approx -17500 \text{N} \cdot \text{mm}$$

四、空间力系的平衡方程式

1. 空间任意力系的平衡条件与平衡方程式

某物体上作用有一个空间任意力系 F_1、F_2、$\cdots$、F_n。若物体在空间任意力系作用下平衡，则物体既不能沿 x、y、z 三轴方向移动，也不能绕 x、y、z 三轴转动。即力系中各力在三个坐标轴上投影的代数和分别等于零，对三个坐标轴取力矩的代数和也分别等于零。由此得空间任意力系的平衡方程式为

$$\left.\begin{array}{lll} \sum F_x = 0 & \sum F_y = 0 & \sum F_z = 0 \\ \sum M_x(F) = 0 & \sum M_y(F) = 0 & \sum M_z(F) = 0 \end{array}\right\} \quad (4\text{-}7)$$

利用该六个独立平衡方程式可以求解六个未知量。

2. 空间平行力系的平衡方程式

设某物体受一空间平衡力系作用，令 z 轴与该力系的各力平行，则有 $\sum F_x \equiv 0$，$\sum F_y \equiv 0$ 和 $\sum M_z(F) \equiv 0$。因此，空间平行力系只有三个平衡方程式，即

$$\sum F_z = 0 \quad \sum M_x(F) = 0 \quad \sum M_y(F) = 0 \quad (4\text{-}8)$$

因为只有三个独立的平衡方程式，故它只能解三个未知量。

3. 空间汇交力系的平衡方程式

若空间直角坐标系的坐标原点取在空间汇交力系的汇交点上，则

$$\sum M_x(F) = \sum M_y(F) = \sum M_z(F) \equiv 0$$

因此，空间汇交力系只有三个平衡方程式，即

$$\sum F_x = 0, \sum F_y = 0, \sum F_z = 0 \quad (4\text{-}9)$$

4. 轴承约束

机器中都有旋转轴，轴被轴承所支承，所以轴承是轴的约束。轴承分为向心轴承和推力轴承。

（1）向心轴承　图 4-5 所示为向心轴承的平面简图。轴承限制了轴在垂直于轴线平面内的径向移动，但不能限制轴在轴承内沿轴线移动和绕轴线转动。于是约束反力只有一个力 F_N，该力通过轴心，方向不定。这个力也可以用两个相互垂直的正交分力来表示。通常用空间力 F_x 和 F_z 来表示 [图 4-5(b)]。

（2）推力轴承　图 4-6 所示为推力轴承的平面简图。与向心轴承相似的是，轴承同样限制了轴在垂直其轴线平面内的径向移动；与向心轴承不同的

图 4-5　向心轴承

是，轴承还限制了轴沿轴线方向的移动。于是约束反力通过轴心 O 点用三个互相垂直的正交分力来表示，如图 4-6(b) 中 F_x、F_y 和 F_z 所示。

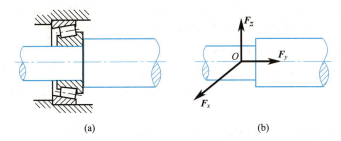

图 4-6 推力轴承

【例 4-3】 有一起重绞车的鼓轮轴如图 4-7 所示。已知 $W=10\text{kN}$，$b=c=300\text{mm}$，$a=200\text{mm}$，大齿轮半径 $R=200\text{mm}$，齿轮的啮合力 F_n 作用在最高点 E 处，压力角 $\alpha=20°$，鼓轮半径 $r=100\text{mm}$，A、B 两端为向心轴承，试求齿轮的啮合力 F_n 以及 A、B 两轴承的约束反力。

图 4-7 鼓轮轴

解 取鼓轮轴整体为研究对象，其上作用啮合力 F_n、起重物重力 W 和轴承 A、B 处的约束反力 F_{Ax}、F_{Az}、F_{Bx}、F_{Bz}，如图 4-7 所示。该力系为空间任意力系，列平衡方程式如下

$\sum F_x=0 \qquad F_{Ax}+F_{Bx}+F_n\cos\alpha=0$ \qquad (a)

$\sum F_z=0 \qquad F_{Az}+F_{Bz}-F_n\sin\alpha-W=0$ \qquad (b)

$\sum M_x(F)=0 \qquad F_{Az}(a+b+c)-W(a+b)-F_n\sin\alpha\times a=0$ \qquad (c)

$\sum M_y(F)=0 \qquad F_n\cos\alpha\times R-W\times r=0$ \qquad (d)

$\sum M_z(F)=0 \qquad -F_n\cos\alpha\times a-F_{Ax}(a+b+c)=0$ \qquad (e)

由式(d) 解得 $F_n=5.32\text{kN}$，分别代入式 (c)、(e) 得

$$F_{Az}=6.7\text{kN}, F_{Ax}=-1.25\text{kN}$$

由式(a)、(b) 解得 $F_{Bx}=-3.75\text{kN}$，$F_{Bz}=5.12\text{kN}$

图 4-8 平面解法投影图

在机械工程中，尤其是对轴类零件进行受力分析时，常将空间受力图投影到三个坐标平面上，得到三个平面力系，分别列出它们的平衡方程，同样可以解出所有未知量，这种方法称为空间问题的平面解法。

【例 4-4】 用平面解法解例题 4-3。

解 （1）取鼓轮轴为研究对象，并画出在三个坐标平面上受力的投影图（见图 4-8），空间力系的问题就可转化成三个平面力系问题。

（2）按平面力系的解题方法，逐个列平

衡方程

xz 平面 $\quad \sum M_A(F)=0 \quad F_n\cos\alpha \times R - W \times r = 0$

yz 平面 $\quad \sum M_B(F)=0 \quad F_{Az}(a+b+c)-W(a+b)-F_n\sin\alpha \times a = 0$

$\quad\quad\quad\quad \sum F_z = 0 \quad F_{Az}+F_{Bz}-F_n\sin\alpha - W = 0$

xy 平面 $\quad \sum M_B(F)=0 \quad -F_n\cos\alpha \times a - F_{Ax}(a+b+c) = 0$

$\quad\quad\quad\quad \sum F_x = 0 \quad F_{Ax}+F_{Bx}+F_n\cos\alpha = 0$

从方程可以看出，结果与上题相同，所以在轮轴上受力情况比较复杂时，可以应用平面解法较为方便。

【例 4-5】 某传动轴如图 4-9(a) 所示。已知带紧边拉力 $F_T = 5\text{kN}$，松边拉力 $F_t = 2\text{kN}$，带轮直径 $D = 0.16\text{m}$，齿轮分度圆直径 $d_0 = 0.1\text{m}$，压力角 $\alpha = 20°$，求齿轮圆周力 F_τ、径向力 F_r 和轴承的约束反力。

图 4-9 传动轴

解 取传动轴整体为研究对象，画出它的投影图如图 4-9(b) 所示。按平面力系列方程进行计算

xz 平面 $\quad \sum M_A = 0 \quad (F_T - F_t)\dfrac{D}{2} - F_\tau \dfrac{d_0}{2} = 0$

yz 平面 $\quad \sum M_B = 0 \quad -400F_{Az}+200F_r - 60(F_T+F_t) = 0$

$\quad\quad\quad\quad \sum F_z = 0 \quad F_{Az}+F_{Bz}-F_r-F_T-F_t = 0$

xy 平面 $\quad F_{Ax}=F_{Bx}=\dfrac{F_\tau}{2}$

注意：由于压力角 $\alpha = 20°$，所以 $F_r = F_\tau \tan\alpha$。解上述方程得

$F_\tau = 4.8\text{kN}, F_r = 1.747\text{kN}, F_{Ax}=F_{Bx}=2.4\text{kN}, F_{Az}=-0.176\text{kN}, F_{Bx}=8.57\text{kN}$

课题二 重心和形心

一、重心的概念

重心是工程力学中一个重要的概念，在许多力学问题中，物体重心的位置对物体的平衡或运动状态有重要影响。如起重机吊起重物时，吊钩必须位于被吊重物重心上方，才能使起吊过程保持物体的平衡稳定；机械设备中高速旋转的构件，如电动机转子、砂轮、飞轮等都

要求它的重心位于转动轴线上,否则机器会产生剧烈振动,甚至引起破坏,造成事故。所以,重心与平衡稳定、安全生产有着密切的关系。另外,有的机械利用重心的偏移来满足生产上的需要,提高劳动生产率,如振动打夯机、混凝土捣实机等。因此,在工程实际中常要求计算或测定物体重心的位置。

地球上的物体的重力就是地球对它的引力,如将物体分割成许多微小体积,各微小体积都受到地球的引力,这些力可近似地认为组成一个空间平行力系,该力系的合力 W 称为物体的重力。无论物体怎样放置,这些平行力的合力作用点,总是物体内的一个确定点,这个点叫做物体的重心。

二、重心和形心的坐标公式

如图 4-10 所示,物体重为 $G=\sum(\Delta G_k)$,若重力作用点的坐标为 $C(x_C、y_C、z_C)$,根据合力矩定理,重力对 y 轴取矩,则有

$$Gx_C=\sum(\Delta G_k)x_k$$

所以

$$x_C=\frac{\sum(\Delta G_k)x_k}{G}$$

同理,对 x 轴取矩,则有 $y_C=\frac{\sum(\Delta G_k)y_k}{G}$

若将物体连同坐标系绕 x 轴逆时针方向转过 90°,再对 x 轴取矩,则可得

$$z_C=\frac{\sum(\Delta G_k)z_k}{G}$$

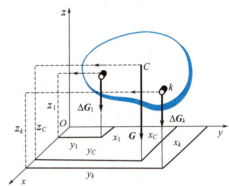

图 4-10 重心坐标

点 C 为重力作用点,就是物体的重心。x_C、y_C、z_C 即为重心的坐标公式。

若物体为均质体,密度为 ρ,V 为物体的体积,V_k 为某一小块物体的体积。则 $G=\rho gV$,$\Delta G_k=\rho g\Delta V_k$,代入重心坐标公式并消去 ρg(g 为重力加速度),可得

$$x_C=\frac{\sum(\Delta V_k)x_k}{V},y_C=\frac{\sum(\Delta V_k)y_k}{V},z_C=\frac{\sum(\Delta V_k)z_k}{V} \tag{4-10}$$

可见,均质物体的重心完全取决于物体的形状。于是,均质物体的重心也就改称为形心。

如果物体不仅是均质,而且是等厚薄平板,式(4-10) 中消去板厚,厚度取在 z 轴方向,则其形心坐标为

$$x_C=\frac{\sum(\Delta A_k)x_k}{A},y_C=\frac{\sum(\Delta A_k)y_k}{A} \tag{4-11}$$

式(4-11) 写成

$$x_C=\frac{\int_A x\mathrm{d}A}{A},y_C=\frac{\int_A y\mathrm{d}A}{A} \tag{4-12}$$

引入记号 $S_x=\int_A y\mathrm{d}A$,$S_y=\int_A x\mathrm{d}A$,式(4-12) 变为

$$x_C=\frac{S_y}{A},y_C=\frac{S_x}{A} \tag{4-13}$$

S_x 和 S_y 分别称为平面图形对于 x 轴和 y 轴的面积矩或静矩。

关于静矩和形心，注意以下几点。

① 根据静矩的定义，同一图形对于不同的坐标轴，静矩各不相同。而且静矩可能为正、负或零。如图 4-11 所示矩形，$S_{x1}>0$，$S_{x2}<0$。

② 由式(4-13)可知，若坐标轴通过形心，则图形对该轴的静矩等于零。图 4-11 中 $S_{x3}=S_y=0$。

③ 若图形对于某一轴的静矩等于零，则该轴必通过形心。

图 4-11 静矩

三、分割法确定组合图形的形心

对于一些常见的简单图形，如圆形、矩形、三角形、正方形等，其形心都是熟知的。根据这些简单图形的形心，利用式(4-11)即可确定由这些简单图形组成的组合图形的形心，即将组合图形分割成几个简单图形，这种方法称为分割法。

对于由规则图形中去掉一部分或几部分而形成的组合图形，也可应用式(4-11)确定其形心坐标，只是将所去掉部分的面积视为负值。这种方法称为负面积法。基本形体形心位置见表 4-1。

【例 4-6】 试求打桩机中偏心块（图 4-12）的形心。已知 $R=10\text{cm}$，$r_2=3\text{cm}$，$r_3=1.7\text{cm}$。

图 4-12 偏心块

表 4-1 基本形体形心位置

图 形	形心位置	图 形	形心位置
三角形	$y_C=\dfrac{h}{3}$ $A=\dfrac{1}{2}bh$	抛物线面	$x_C=\dfrac{1}{4}l$ $y_C=\dfrac{3}{10}b$ $A=\dfrac{1}{3}hl$
梯形	$y_C=\dfrac{h(a+2b)}{3(a+b)}$ $A=\dfrac{h}{2}(a+b)$	扇形	$x_C=\dfrac{2r\sin\alpha}{3\alpha}$ $A=\alpha r^2$ 半圆的 $\alpha=\dfrac{\pi}{2}$ $x_C=\dfrac{4r}{3\pi}$

解 将偏心块看成三部分组成：

(1) 半圆面 A_1，半径为 R，　　$A_1=\dfrac{\pi R^2}{2}=157\text{cm}^2$，$x_1=0$

$$y_1=\dfrac{4R}{3\pi}=\dfrac{40}{3\pi}\text{cm}=4.24\text{cm}$$

(2) 半圆面 A_2，半径为 r_2，$A_2=\dfrac{\pi r_2^2}{2}=14\text{cm}^2$，$x_2=0$

$$y_2 = \frac{-4r_2}{3\pi} = \frac{-4\times 3}{3\pi} \text{cm} = -1.27\text{cm}$$

(3) 挖去圆面 A_3，半径为 r_3，$A_3 = -\pi r_3^2 = -9.1\text{cm}^2$

$$y_3 = 0$$

因为 y 轴为对称轴，重心 C 必在 y 轴上，所以 $x_C = 0$。应用式(4-11)可得

$$y_C = \frac{\sum A_k y_k}{A} = \frac{A_1 y_1 + A_2 y_2 + A_3 y_3}{A_1 + A_2 + A_3} = \frac{157\times 4.24 - 14\times 1.27}{157 + 14 - 9.1} = 4\text{cm}$$

习题

1. 变速箱中间轴装有两标准直齿圆柱齿轮，其分度圆半径 $r_1 = 100\text{mm}$，$r_2 = 72\text{mm}$，啮合点分别在两齿轮的最低与最高位置，如图 4-13 所示，轮齿压力角 $\alpha = 20°$，在齿轮 1 上的圆周力 $F_1 = 1.58\text{kN}$。试求当轴平衡时作用于齿轮 2 上的圆周力 F_2 与 A、B 轴承的反力。

2. 图 4-14 所示为一绞车。已知 $G = 2\text{kN}$，试问垂直作用于手柄的 F 力应多大才能保持平衡？再求两轴承 A、B 的约束反力。

图 4-13 题 1 图   图 4-14 题 2 图

3. 图 4-15 为传动轴。已知 $F_T = 2F_t$，$F_r = 1\text{kN}$，齿轮压力角 $\alpha = 20°$，$R = 500\text{mm}$，$r = 300\text{mm}$，$a = 500\text{mm}$，求圆周力 F_τ 及 A、B 轴承的约束反力。

4. 图 4-16 为一电动卷扬机，鼓轮半径 $r = 10\text{cm}$，带轮半径 $R = 20\text{cm}$，起吊重物 $G = 10\text{kN}$。设胶带紧边拉力为松边拉力的两倍，求胶带拉力及 A、B 两轴承的反力。

图 4-15 题 3 图

图 4-16 题 4 图

5. 试求图 4-17 中各图形的形心位置。设 O 点为坐标原点。

6. 求图 4-18 所示平面图形的形心。

图 4-17 题 5 图　　　　图 4-18 题 6 图

单元五
杆件的轴向拉伸与压缩

知识目标

理解强度、刚度、稳定性等构件承载能力、轴向拉伸与压缩以及应力集中的概念
认识变形固体及其基本假设
掌握杆件变形的基本形式
掌握轴向拉伸与压缩时横截面上内力、应力的分析方法
掌握拉(压)杆的变形的分析方法
掌握材料在拉伸与压缩时的力学性质
理解拉(压)杆斜截面上应力的分析方法
掌握拉(压)杆的强度计算
掌握简单拉(压)超静定问题的求解以及连接件的实用计算

技能目标

能熟练计算轴向拉伸与压缩时横截面上的内力、应力
能熟练计算拉(压)杆的变形
具备拉(压)杆斜截面上的应力计算能力
能熟练进行拉(压)杆的强度计算
能求解简单拉(压)超静定问题
能进行连接件的实用计算

素养目标

培养学生分析问题、解决问题的能力
提升学生解决工程实际问题的技能水平
培养学生树立正确的世界观和科学的思维能力
培养学生的创新精神、实践能力和职业素养

课题一 构件承载能力概述

一、构件的承载能力

工程实际中,广泛地使用各种机械和工程结构,组成这些机械的零件和工程结构的元件,统称为构件。这些构件在工作时都要承受外力的作用。在静力学中,通过力的平衡关

系，已经解决构件外力的计算问题。但是，在外力的作用下，构件能否正常工作，还是一个有待进一步解决的问题。

要使构件正常工作，首先要求构件在一定的外力作用下不发生破坏。例如，起重机的钢丝绳不允许被重物拉断。有些构件，在外力的作用下出现永久变形，这时也不能正常工作。例如，机器中齿轮的轮齿，由于出现永久变形而失去其原正常齿形，不能正常啮合。这些破坏现象在工程中是不允许出现的。为了保证机器或结构能正常地工作，要求每个构件都有足够抵抗破坏的能力，即要求它们具有足够的强度。构件在外力作用下，还会出现弹性变形，弹性变形过大时，也会影响机器的正常工作。例如，机床的主轴在工作时如果出现过大的弹性变形，则要影响工件的加工精度；桥式起重机大梁在起吊载荷的作用下，如发生过大变形，则要影响起重机的平稳运行。这些现象在工程中也是不允许的。因此，在工作时也要求构件具有足够抵抗变形的能力，即要求它们具有足够的刚度。除此以外，有些构件在某些载荷作用下，还可能出现不能保持它原有平衡状态的现象。例如，一根受压的细长直杆，当沿杆轴方向的压力增大到一定数值时，若受到微小干扰，杆就会由原来的直线状态突然变弯。这种突然改变其平衡状态的现象，叫做丧失稳定，这也是工程中所不允许的。因此，对这一类构件，还要求它在工作时能保持原有的平衡状态，即要求其有足够的稳定性。

由此可知，在外力作用下的构件，要求能正常工作，一般必须满足强度、刚度和稳定性这三方面的要求。

构件的强度、刚度和稳定性统称为构件的承载能力。为提高构件的承载能力，采用优质材料，加大截面面积是可以满足的；但是，这样又会造成材料的浪费和结构的笨重。显然与降低消耗、减轻重量、节省资金相矛盾。研究构件承载能力的目的就是在保证构件既安全又经济的前提下，为构件选择合理的材料、确定合理的截面形状和几何尺寸提供必要的理论基础和计算方法。

二、变形固体及其基本假设

在静力学中，讨论外力作用下的物体平衡问题时，是把固体看成刚体，即不考虑固体形状和尺寸的改变。实际上，自然界中的任何固体在外力作用下，都或大或小地要发生变形。对于构件强度、刚度和稳定性的研究，都要与构件在外力作用下的变形相联系。因此，固体的可变形性质就成为重要的基本性质而不容忽视。也就是说，研究构件的承载能力时，所研究的对象不能再看成是刚体，而要看成为可变性固体；并且常把对所研究问题影响不大的一些次要因素加以忽略，只保留物体的某些主要性质。这样，就能使研究工作大为简化。为了便于研究，对变形固体加以简化，作如下假设。

（1）连续均匀假设　即认为物体在其整个体积内毫无空隙地充满了物质，各点处的力学性质是完全相同的。

由于构件的尺寸远远大于物体的基本粒子之间的间隙，这些间隙的存在以及由此而引起的性质的差异，在宏观的讨论中完全可以忽略不计。

由于采用了连续、均匀假设，可以从物体中截取任意微小的部分进行研究，并将其结果推广到整个物体；同时，也可以将那些用大尺寸试样在实验中获得的材料性质，用到任何微小部分上去。

（2）各向同性假设　即认为物体沿各个方向的力学性质都是相同的。

实际物体沿不同方向的性质并不完全相同。例如金属是由晶粒组成，沿不同方向晶粒的性质并不相同。但是由于构件中包含的晶粒极多，晶粒排列又无规则，在宏观研究中，物体的性质并不显示出方向的差别，因此可以看成是各向同性的。常用的工程材料如钢、塑料、玻璃以及浇灌很好的混凝土等，都可以认为是各向同性材料。如果材料沿不同方向具有不同的力学性质，如形成纤维组织的金属，纤维整齐的木材等，则称为各向异性材料。假设所研究的都是各向同性材料。在此假设上得出的结论，只能近似地应用在各向异性的材料上。

均匀连续、各向同性的变形固体，是对实际物体的一种科学抽象。实践表明，在此假设前提下所建立理论，基本上符合真实构件在外力作用下的表现，因此假设得以成立。

（3）弹性小变形　工程上常用材料在外力作用下将产生变形。试验指出，当外力不超过一定限度时，绝大多数材料在外力解除后都可以恢复原状。如果外力过大，超过一定限度，则外力除去后将留下一部分不能消失的变形。随外力除去而消失的变形称为弹性变形，而外力除去后不能消失的变形称为塑性变形，也称残余变形或永久变形。一般情况下，变形固体在外力作用下产生的变形与构件原有尺寸相比是很微小的弹性变形，称为弹性小变形。因此，在确定构件内力列平衡方程时，均略去不计，而按构件的原始尺寸进行分析计算。

三、杆件变形的基本形式

在机械和工程结构中，构件的几何形状是多种多样的，但杆件是最常见、最基本的一种构件。凡是一个方向的尺寸（长度）远大于其他两个方向尺寸（宽度和高度）的构件称为杆。垂直于杆件长度方向的截面，称为横截面。横截面中心线的连线，叫做杆的轴线。如杆的轴线是直线，此杆叫直杆；轴线为曲线时，则叫曲杆。各横截面尺寸不变的杆，叫等截面杆；否则是变截面杆。工程中比较常见的是等截面直杆，简称等直杆。大量的工程构件都可以简化为杆件，如机器中的传动轴，工程结构中的梁、柱等。

构件在工作时的受载荷情况是各不相同的，受载后产生的变形也是多种多样的。对于杆件来说，其受载后产生的基本变形形式有轴向拉伸和压缩、剪切和挤压、扭转、弯曲。其他一些复杂的变形可以由基本形式组合而成。本单元主要讨论轴向拉、压变形，其他变形将在以后各单元讨论。

课题二　轴向拉伸与压缩的概念

在工程实际中，发生轴向拉伸或压缩变形的杆件很多。例如图 5-1(a) 所示的螺栓连接结构，对其中的螺栓进行受力分析时，其受力如图 5-1(b)、(c) 所示。可见螺栓承受沿轴线方向作用的拉力，杆件沿轴线方向产生伸长变形。如图 5-2 所示，支架在载荷 G 作用下，AB 杆受拉、BC 杆受压。可见，AB 杆沿轴线方向产生伸长变形，BC 杆沿轴线方向产生缩

图 5-1　螺栓连接

图 5-2 支架

短变形。此外，如万能材料试验机的立柱、千斤顶的螺杆、桁架中的杆件等等，均为拉伸或压缩杆件的实例。

这些杆件的形状各有差异，加载方式也各不相同，但是若把杆件的形状和受力情况进行简化，均可画成图 5-3 所示的受力简图。这类杆件的受力特点是作用在杆件上的外力合力的作用线与杆件的轴线重合；变形特点是杆件产生沿轴线方向的伸长或缩短。这种变形形式称为轴向拉伸或轴向压缩。

图 5-3 轴向拉伸与压缩

课题三 轴向拉伸与压缩时横截面上的内力

一、内力的概念

研究构件承载能力时，把作用在整个构件上的载荷和约束反力统称为外力。物体的一部分与另一部分或质点之间存在相互的作用力，它维持构件各部分之间的联系及杆件的形状。构件在外力作用下而变形时，其内各部分之间的相互作用力也随之变化，这种因外力作用而引起的构件内部的相互作用力称为内力。内力在截面上是连续分布的，通常所称的内力是指该分布力系的合力或合力偶。

内力随着外力的增大而增加，但内力的增加是有一定限度的（与物体材料性质等因素有关），如果超过这个限度，构件就要发生破坏。因此，内力与构件的强度、刚度、稳定性等密切相关，内力分析是解决构件强度、刚度和稳定性的基础。

二、截面法求轴力

由于内力是物体内相邻部分之间的相互作用力，为了显示内力，可采用截面法。如图 5-4(a) 所示，杆件两端受拉力 F 作用，欲求其截面 m—m 上的内力，按照如下步骤进行。

图 5-4 截面法

① 假想用一平面沿 $m-m$ 处将杆截开，使其成为两部分。

② 保留其中任意一部分，弃去另一部分，并将弃去部分对留下部分的作用以分布在 $m-m$ 截面上各点的力来代替，其合力为 N，如图 5-4(b) 所示。由于外力 F 的作用通过杆件轴线，因此 N 的作用线也通过杆件轴线。所以，称内力的合力为轴力。

③ 考虑留下部分的平衡条件

$$\sum F_x = 0 \quad 有 \quad N = F$$

即截面 $m-m$ 上的轴力为 N，其大小等于 F，方向与 F 相反，作用线沿同一直线。用此方法，可求出任一截面上的内力。

若在分析时取右段为研究对象，则该杆所受的力为外力 F 和截开截面上所暴露出来的分布内力，该内力即左段杆对右段杆的作用力，设其合力为 N'。与上面一样，根据平衡条件，可求得

$$N' = F$$

即轴力 N' 的大小也等于 F，方向与 F 相反，作用线沿杆轴线。很明显，左段杆的轴力 N 与右段杆的轴力 N'，实为两段杆在同一截面 $m-m$ 处的相互作用力，它们是作用与反作用力的关系，所以必须是等值反向，沿同一条作用线。

为了研究方便，给轴力 N 规定一个符号：当轴力的方向与截面外法线方向一致，即轴力指向背离截面时，轴力取正号；反之，取负号。很明显，轴力为正时，杆件受拉，轴力为负时，杆件受压。这样，用截面法求内力时，无论留下哪一部分为研究对象，求得轴力的正负号都相同。因此，在以后的讨论中，不必区别 N 与 N'，一律表示为 N。

三、轴力图

图 5-4 中的杆件只在两端受拉力，每个截面上的轴力 N 都等于 F。在工程实际中，有些杆件往往承受多个轴向外力作用。在这种情况下，杆件中的轴力在不同截面上就会不相同。为了形象地表示轴力沿轴线的变化情况，可取平行于杆轴线的坐标轴为横坐标，并以横坐标 x 表示横截面的位置，垂直于杆轴线的纵坐标表示对应横截面上的轴力大小，并将正的轴力画在 x 轴的上方，负的轴力画在 x 轴的下方。由此作出的图形称为轴力图。

图 5-5 多力杆的轴力图

【例 5-1】 试画出图 5-5(a) 直杆的轴力图。

解 此直杆在 A、B、C、D 点承受轴向外力。先在 AB 段内取 1—1 截面，切开后保留左段［图 5-5(b)］，设截面的轴力 N_1 为正。由此段杆的平衡方程 $\sum F_x = 0$ 得

$$N_1 - 6 = 0$$
$$N_1 = 6\text{kN}$$

N_1 为正号，说明轴力的假设方向与实际相同。AB 段内任意截面的轴力都等于 6kN。

在 BC 段内取 2—2 截面，切开后保留左段 [图 5-5(c)]，仍假设截面的轴力 N_2 为正。由 $\sum F_x = 0$ 得

$$-6+18+N_2=0 \qquad N_2=-12\text{kN}$$

N_2 为负，说明轴力的假设方向与实际方向相反，轴力 N_2 应为负。BC 段内任一截面的轴力都等于 -12kN。

同理，CD 段内任一截面的轴力都是 -4kN。

然后以平行于杆轴的坐标轴 x 轴表示截面的位置，纵坐标表示各截面轴力，画出轴力图，如图 5-5(d) 所示。因为每段内轴力是不变的，故轴力图由三段水平线组成。由此图可以看出，数值最大的轴力发生在 BC 段内。

由此例可以看出，在利用截面法画轴力图时，总是假设在切开的截面上轴力为正，然后由 $\sum F_x = 0$ 求出轴力 N，如果 N 得正号，说明轴力是正的（拉力），如果 N 得负号，则说明轴力是负的（压力）。

课题四　轴向拉伸与压缩时横截面上的应力

一、应力的概念

在确定了拉伸或压缩杆件的轴力之后，还不能解决杆件的强度问题。例如，两根材料相同、粗细不等的杆件，在相同的拉力作用下，它们的内力是相同的。随着拉力的增加，细杆必然先被拉断。这说明，虽然两杆截面上的内力相同，但由于横截面尺寸不同致使内力分布集度并不相同，细杆截面上的内力分布集度比粗杆的内力集度大。所以，在材料相同的情况下，判断杆件破坏的依据不是内力的大小，而是内力分布集度，即内力在截面上各点处分布的密集程度。内力的集度称为应力，应力表示了截面上某点受力的强弱程度，应力达到一定程度时，杆件就发生破坏。

应力是矢量，通常可分解为垂直于截面的分量 σ 和切于截面的分量 τ。这种垂直于截面的分量 σ 称为正应力，切于截面的分量 τ 称为切应力。

在国际单位制中，应力的单位为 N/m^2，称为帕斯卡，或简称帕（Pa）。$1\text{Pa}=1\text{N/m}^2$。在工程实际中，这一数值太小，因此常用 kPa、MPa（N/mm^2）或 GPa 表示。$1\text{kPa}=10^3\text{Pa}$，$1\text{MPa}=10^6\text{Pa}$，$1\text{GPa}=10^9\text{Pa}$。

二、横截面上的应力

要确定拉（压）杆横截面上的应力，首先必须知道横截面上内力的分布规律。而内力的分布规律与变形有关。因此，先通过实验来观察杆件的变形情况。

取一等直杆，在其表面画出许多与轴线平行的纵线和与它垂直的横线 [图 5-6(a)]。在两端施加一对轴向拉力 F 之后，发现所有纵线的伸长都相等，而横线保持为直线，并仍与纵线垂直，如图 5-6(b) 所示。据此现象，如果把杆设想为由无数纵向纤维组成，根据各纤维的伸长都相

图 5-6　横截面上的正应力

同，可知它们所受的力也相等，如图 5-6(c) 所示。于是可作出如下假设：直杆在轴向拉压时，变形前为平面的横截面，在变形后仍保持为平面，且仍然垂直于杆的轴线。这个假设称为平面假设。

根据平面假设可知，内力在横截面上是均匀分布的。若杆轴力为 N，横截面面积为 A，则单位面积上的内力为

$$\sigma = \frac{N}{A} \tag{5-1}$$

式中，σ 为横截面上的正应力，其符号与轴力的符号相对应，即拉应力为正，压应力为负。

【例 5-2】 试求图 5-7 所示杆件各段横截面上的应力。已知 AB 段和 CD 段的横截面面积为 200mm^2、BC 段的横截面面积为 100mm^2，$F=10\text{kN}$。

图 5-7 圆截面杆

解 (1) 计算轴力，画轴力图。由截面法求得各段杆的轴力为

$$AB\text{ 段}：N_1 = F = -10\text{kN}（压力）$$
$$BC\text{ 段}：N_2 = F = 10\text{kN}（拉力）$$
$$CD\text{ 段}：N_3 = F = 10\text{kN}（拉力）$$

画轴力图如图 5-7(d) 所示。

(2) 计算各段横截面上的应力。

运用公式 $\sigma = \dfrac{N}{A}$ 求得

$$AB\text{ 段}：\sigma_1 = \frac{N_1}{A_{AB}} = \left(\frac{-10 \times 10^3}{200}\right)\text{MPa} = -50\text{MPa}（压应力）$$

$$BC\text{ 段}：\sigma_2 = \frac{N_2}{A_{BC}} = \left(\frac{10 \times 10^3}{100}\right)\text{MPa} = 100\text{MPa}（拉应力）$$

$$CD\text{ 段}：\sigma_3 = \frac{N_3}{A_{CD}} = \left(\frac{10 \times 10^3}{200}\right)\text{MPa} = 50\text{MPa}（拉应力）$$

结果表明，该杆的最大应力发生在 BC 段。

课题五 拉（压）杆的变形

直杆在轴向力的作用下，将引起轴向尺寸的伸长或缩短；与此同时，杆件的横向尺寸也会产生缩小或增大。前者称为纵向变形，后者称为横向变形。

一、纵向变形，胡克定律

设有一等直杆，杆的原长为 l，横截面面积为 A，在轴向拉力作用下，杆长由 l 变为 l_1（图 5-8），则

$$\Delta l = l_1 - l$$

称为杆的纵向变形或绝对伸长。

图 5-8 拉、压杆的变形

实验指出：在弹性范围内，杆的变形 Δl 与所加的轴向载荷 F 成正比，与试样的长度 l 成正比，而与试样的横截面面积 A 成反比。用数学表达式，即

$$\Delta l \propto \frac{Fl}{A}$$

由于轴向载荷 F 与轴力 N 相等，即 $N=F$，并引入比例常数 E，上式可写成

$$\Delta l = \frac{Nl}{EA} \tag{5-2}$$

这一比例关系称为胡克定律。

上式中的比例常数 E，称为材料的弹性模量，其数值随材料而异，可由试验确定。例如，钢，$E=200\text{GPa}$；铜，$E=100\text{GPa}$。材料的 E 值愈大，愈难被拉长（或压缩）。因此，要使同样长度和同样截面面积的钢杆与铜杆产生相同的伸长，对钢杆需要多加一倍的拉力。

由式(5-2)可以看出，乘积 EA 愈大，杆件的拉伸（或压缩）变形愈小。所以 EA 称为杆件的抗拉（压）刚度。

Δl 均匀发生于长度 l 上，它与杆件原长 l 有关。为了消除长度的影响，将绝对伸长 Δl 除以原长 l，得

$$\varepsilon = \frac{\Delta l}{l}$$

式中，ε 称为纵向相对变形或纵向线应变。

ε 是量纲为 1 的量，正值表示拉应变，负值表示压应变。若将 $\varepsilon = \frac{\Delta l}{l}$，$\sigma = \frac{N}{A}$ 代入式(5-2)中，可得胡克定律的另一表达式

$$\varepsilon = \frac{\sigma}{E} \text{ 或 } \sigma = E\varepsilon \tag{5-3}$$

二、横向变形，泊松比

当杆件受拉伸沿纵向伸长时，横向（垂直于杆轴方向）则缩短（图 5-8）；当杆件受压缩沿纵向缩短时，横向则伸长。

图 5-8 的受拉杆件，变形前横向尺寸为 a，变形后为 a_1，则横向绝对变形为

$$\Delta a = a_1 - a$$

为了消除杆件尺寸的影响，其横向线应变为

$$\varepsilon' = \frac{\Delta a}{a} = \frac{a_1 - a}{a}$$

试验表明：同一种材料，在弹性变形范围内，横向线应变与纵向线应变之比的绝对值为

常数，即

$$\nu = \left| \frac{\varepsilon'}{\varepsilon} \right| \qquad (5\text{-}4)$$

ν 称为材料的泊松比或横向变形系数。它是一个量纲为 1 的量，其值随材料而异，可由试验确定。因杆件轴向伸长时，其横向缩短；而轴向缩短时，横向伸长，ε' 与 ε 的符号恒相反，故有

$$\varepsilon' = -\nu\varepsilon \qquad (5\text{-}5)$$

弹性模量 E 和泊松比 ν 都是材料的弹性常数。

【例 5-3】 图 5-9(a) 所示为一阶梯形钢杆，AC 段的截面面积为 $A_{AB}=A_{BC}=500\text{mm}^2$；$CD$ 段的截面面积为 $A_{CD}=200\text{mm}^2$。杆的各段长度及受力情况如图所示。已知钢杆的弹性模量 $E=200\text{GPa}$，试求杆的总长度改变。

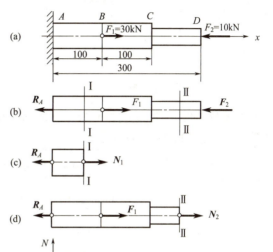

解 (1) 内力计算，画轴力图 为了运算方便，首先解除固定端的约束，并求出约束反力 R_A [图 5-9(b)]。由整个杆的平衡，

$$\sum F_x = 0 \qquad -R_A + F_1 - F_2 = 0$$

得 $\qquad R_A = 20\text{kN}$

用截面法求出各段轴力

$$N_1 = R_A = 20\text{kN}$$
$$N_2 = -F_2 = -10\text{kN}$$

画出轴力图，如图 5-9(e) 所示。

图 5-9 阶梯形钢杆

(2) 求杆的总长度改变 根据胡克定律求杆件的伸长，要求在某一长度 l 上的轴力保持不变，同时横截面积也保持不变。如果整个杆件的长度上不能满足此条件，则杆件的总长度改变就要分段求出，然后再代数相加。

全杆总的长度改变 Δl_{AD} 等于各段杆长度改变的代数和，即

$$\Delta l_{AD} = \Delta l_{AB} + \Delta l_{BC} + \Delta l_{CD} = \frac{N_1 l_{AB}}{EA_{AB}} + \frac{N_2 l_{BC}}{EA_{BC}} + \frac{N_2 l_{CD}}{EA_{CD}}$$

将有关数据代入，并考虑它们的单位和符号，即得

$$\Delta l_{AD} = \frac{1}{200 \times 10^3} \left(\frac{20 \times 10^3 \times 100}{500} - \frac{10 \times 10^3 \times 100}{500} - \frac{10 \times 10^3 \times 100}{200} \right) \text{mm} = -0.015\text{mm}$$

计算结果为负，说明整个杆是缩短的。

【例 5-4】 图 5-10(a) 所示桁架，AB 和 AC 杆均为钢杆，弹性模量 $E=200\text{GPa}$，$A_1=200\text{mm}^2$，$A_2=250\text{mm}^2$，$F=10\text{kN}$。试求节点 A 的位移（杆 AB 长度 $l_1=2\text{m}$）。

解 (1) 受力分析 取节点 A 作为研究对象。设杆 1、2 的轴力分别为 N_1 和 N_2，其方向如图 5-10(a) 所示。由平衡条件 $\sum F_y = 0$ 和 $\sum F_x = 0$ 得两杆的轴力分别为

$$N_1 = \frac{F}{\sin 30°} = 2F = 20\text{kN} \text{（拉）}$$
$$N_2 = N_1 \cos 30° = 1.73F = 17.3\text{kN} \text{（压）}$$

图 5-10 桁架

(2) 杆件变形计算 杆 1 沿轴线方向的伸长量为

$$\Delta l_1 = AA_1 = \frac{N_1 l_1}{E_1 A_1} = \left(\frac{20 \times 10^3 \times 2 \times 10^3}{200 \times 10^3 \times 200}\right) \text{mm}$$
$$= 1 \text{mm}$$

杆 2 沿轴线方向的缩短为

$$\Delta l_2 = AA_2 = \frac{N_2 l_2}{E_2 A_2} = \left(\frac{17.3 \times 10^3 \times 2\cos 30° \times 10^3}{200 \times 10^3 \times 250}\right) \text{mm}$$
$$= 0.6 \text{mm}$$

(3) 节点 A 的位移 由于 AB 杆的伸长和 AC 杆的缩短，使节点 A 位移至 A′点。变形后的 A′点，是以 B 点为圆心，$(l_1 + \Delta l_1)$ 为半径所作圆弧，与以 C 点为圆心，$(l_2 + \Delta l_2)$ 为半径所作圆弧的交点。但是，在小变形条件下，Δl_1 和 Δl_2 与杆的原长度相比很小，上述圆弧可近似用其切线代替，如图 5-10(b) 所示。因此，节点 A 的水平位移 δ_H 垂直位移 δ_V 分别为

$$\delta_H = AA_2 = \Delta l_2 = 0.6 \text{mm}$$

$$\delta_V = AA_3 = AE + EA_3 = \frac{\Delta l_1}{\sin\theta} + \frac{\Delta l_2}{\tan\theta} \approx \left(\frac{1}{0.5} + \frac{0.6}{0.577}\right) \text{mm} = 3 \text{mm}$$

节点 A 的总位移 δ_A 为

$$\delta_A = \sqrt{\delta_H^2 + \delta_V^2} = \sqrt{0.6^2 + 3^2} = 3.06 \text{mm}$$

课题六 材料在拉伸时的力学性质

构件的强度和变形不仅与构件的尺寸和所承受的载荷有关，而且还与构件所用材料的力学性质有关。所谓材料的力学性质是指材料在外力作用下其强度和变形方面所表现的各种性能，一般通过试验得到。

本节主要介绍材料在常温（就是指室温）、静载（速度平稳、载荷缓慢地逐渐增加）下的拉伸试验。这是材料力学性质试验中最常用的试验。

为便于比较试验所得到的结果，国家标准规定将试样做成一定的形状和尺寸。一种圆截面的拉伸试样如图 5-11 所示。在试样中间等直部分取一段长度 l 为工作长度（或称为标距），d 为圆试样直径，试样较粗的两端是装夹部分。工作长度和直径之比为 $l = 10d$，或 $l = 5d$。前者称为 10 倍试样，后者称为 5 倍试样。

图 5-11 拉伸试样

拉伸试验在万能试验机上进行。把试样安装在试验机上后开动机器，试样受到自零渐增的拉力 F 的作用，这时在试样标距 l 长度内所产生的相应的拉伸变形为 Δl。把对应的 F 和 Δl 绘制成 F-Δl 曲线，称为拉伸图，试验机能自动绘出 F-Δl 曲线。

一、低碳钢的拉伸试验

低碳钢是工程上广泛使用的材料,其力学性质具有一定典型性,因此常选择它来阐明塑性材料的一些性质。

图 5-12 表示了低碳钢试样从开始加载直至断裂的全过程中力和变形的关系。横坐标为工作长度上的绝对变形,纵坐标为所加外载荷。该曲线就是拉伸图。拉伸图受到试样几何尺寸的影响。例如,用同一种材料加工成粗细、长短不同的试样,其拉伸图不同。粗试样产生相同的伸长所需的拉力比细试样大;长试样在同样拉力情况下,其伸长也就比短试样长一些。为了消除尺寸的影响,获得反映材料性质的图线,将纵坐标 F 及横坐标 Δl 分别除以试样原来的截面面积 A 及原来的长度 l,由此得出材料的应力 $\sigma = \dfrac{F}{A}$ 与应变 $\varepsilon = \dfrac{\Delta l}{l}$ 的关系曲线,称为应力应变曲线或 σ-ε 曲线。σ-ε 曲线的形状与拉伸图相似,只是将后者的纵、横坐标的比例尺作了改变。

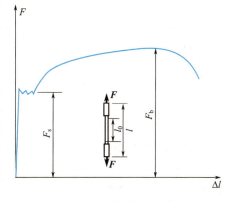

图 5-12 低碳钢的 F-Δl 曲线

低碳钢的应力应变曲线如图 5-13 所示。根据它的变形特点,大致可以分为以下四个阶段。

图 5-13 低碳钢的 σ-ε 曲线

1. 弹性阶段

在图 5-13 中,Oa' 段内材料是弹性的,即卸载后,变形能够完全恢复。这种变形称为弹性变形。与 a' 点对应的应力 σ_a 称为弹性极限。在弹性阶段卸载后的试样,其长度不变。

在弹性阶段中,从 O 到 a 是直线,这说明在 Oa 范围内应力 σ 与应变 ε 成正比。与 a 点相对应的应力值,称为比例极限,以符号 σ_p 表示。比例极限是材料的应力与应变成正比的最大应力。因此,胡克定律只适用在应力不超过比例极限的范围内。低碳钢的比例极限 σ_p = 190~200MPa。

图中倾角 α 的正切为

$$\tan\alpha = \dfrac{\sigma}{\varepsilon} = E$$

由此可由 Oa 直线的斜率确定材料的弹性模量 E。

图中的 a 点比 a' 点略低，aa' 段已不成直线，稍有弯曲，但仍然属于弹性阶段。比例极限与弹性极限的概念不同，但二者的数值很接近，所以有时也把二者不加区别地统称为弹性极限。在工程应用中，一般均使构件在弹性变形范围内工作。

2. 屈服阶段

弹性阶段后，在 σ-ε 曲线上出现水平或是上下发生微微抖动的一段（图 5-13 上的 bc 段）。此时试样的应力基本上不变，但应变却迅速增加，说明材料暂时失去抵抗变形的能力，好像在流动，这种现象称为材料的屈服或流动。在屈服阶段，对应于 b 点的应力称为上屈服点，对应于 b' 点的应力称为下屈服点。工程上通常取下屈服点作为材料的屈服强度，其对应的应力值以 σ_s 表示，称为屈服点。它的计算式为

$$\sigma_s = \frac{F_s}{A}$$

式中，F_s 为对应于试样下屈服点的拉力；A 为试样横截面的原面积。

屈服点 σ_s 是表示材料力学性质的一项重要数据。对于 Q235 钢，$\sigma_s = 240\text{MPa}$。经过抛光的试样，在屈服阶段，可以在试样表面上看到大约与试样轴线成 45° 的线条，这是由于材料内部晶格之间产生滑移而形成的，通常称为滑移线，如图 5-14 所示。

图 5-14 屈服现象

拉力超过弹性范围后，例如在屈服阶段的 c 点，若去掉拉力，则试样将沿平行于 Oa 的 cO_1 线退回至水平轴（图 5-13）。O_1O_2 这段应变在卸载过程中消失，属弹性形变。OO_1 这段应变则不能恢复，称为残余变形或塑性变形。加载超过了屈服阶段的试样，其长度产生了明显的残余变形。机器中的大多数构件，当它们发生较大的塑性变形时，就不能正常工作，因此，设计中对低碳钢一类的塑性材料常取屈服点作为材料的强度指标。

3. 强化阶段

即曲线 cd 部分。超过屈服阶段后，要使试样继续变形又必须增加拉力。这种现象称为材料的强化。这时 σ-ε 曲线又逐渐上升，直到曲线的最高点 d，相应的拉力达到最大值。这个最大载荷除以试样横截面原面积得到的应力值，称为抗拉强度，以符号 σ_b 表示。对于 Q235 钢，σ_b 约为 400MPa。

4. 局部缩颈阶段

应力达到强度极限 σ_b 后，试样的变形开始集中于某一局部区域内，这时该区域内的横截面逐渐收缩，形成缩颈现象。如若在加载前在试样表面画上等分的纵横线条，则它们在缩颈区域的变形如图 5-15 所示。由于局部截面收缩，试样继续变形时，所需的拉力逐渐减小，最后在缩颈处被拉断。

图 5-15 缩颈现象

低碳钢在拉伸过程中，经历了上述的弹性、屈服、强化和局部缩颈四个阶段，并有 σ_p、σ_a、σ_s 和 σ_b 四个强度特征值。其中屈服点 σ_s 和抗拉强度 σ_b 是衡量其强度的主要指标。正确理解比例极限 σ_p 的概念，对掌握胡克定律、杆件的应力分析和压杆的稳定计算都十分重要。

此外，试样断裂后，试样中的弹性部分变形消失，但塑性变形（残余变形）部分则遗留下来。试样工作段的长度（标距）由 l 伸长为 l_1，断口处的横截面面积由原来的 A 缩减为

A_1，它们的相对残余变形常用来衡量材料的塑性性能。工程中常用的两个塑性指标为

断后伸长率
$$\delta = \frac{l_1 - l}{l} \times 100\% \tag{5-6}$$

断面收缩率
$$\psi = \frac{A - A_1}{A} \times 100\% \tag{5-7}$$

Q235钢的断后伸长率和断面收缩率约为 $\delta = 20\% \sim 30\%$，$\psi \approx 60\%$。

在工程上，根据断裂时塑性变形的大小，通常把 $\delta \geq 5\%$ 的材料称为塑性材料，如钢材、铜、铝等；$\delta < 5\%$ 的材料称为脆性材料，如铸铁、砖石等。必须指出，上述划分是以材料在常温、静载和简单拉伸的前提下所得到 δ 为依据的。而温度、变形速度、受力状态和热处理等，都会影响材料的性质。材料的塑性和脆性在一定条件下可以相互转化。

工程上常用的轴、齿轮和连杆等零件，由于承受的不是静载荷，因而制造这些零件的材料，除了要有足够的强度外，还需要有足够的塑性指标值。

如果材料拉伸至强化阶段任一点 f 处，逐渐卸去载荷，则试样的应力和应变关系将沿着与直线 $\overline{Oa}$ 近乎平行的直线 $\overline{fO_1}$ 回到 O_1 点，如图5-16所示。如果在卸载后重新加载，则 σ-ε 曲线将基本上沿着卸载时的同一直线 $\overline{O_1 f}$ 上升到 f，然后仍遵循着原来的 σ-ε 曲线变化，直至断裂。

如果用原拉伸曲线 $Oabcde$ 和 $O_1 fde$ 相比较，可以看出，若将材料加载到强化阶段，然后卸载，则再重新加载时，材料的比例极限上升了（由 σ_p 提高到 σ_{p1}），而断裂后的残余变形则减小了 $\overline{O_1 O}$ 一段。这种现象称为材料的冷作硬化。工程上常利用冷作硬化来提高某些构件（如钢筋、钢缆绳等）在弹性阶段内的承载能力。

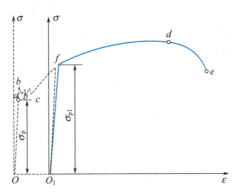

图 5-16 材料的冷作硬化

受过冷作硬化的材料，虽然比例极限提高了，但在一定程度上降低了塑性，增加了脆性。如果要消除这一现象，需要经过退火。例如，把钢丝或铜丝较大的直径冷拔成较小的直径时，往往在多次冷拔中间要经过退火，以改善材料的塑性，避免在再拔过程中被拉断。

二、灰铸铁的拉伸试验

灰铸铁（简称铸铁）是工程上广泛应用的一种材料。用铸铁制成拉伸试样，按照与低碳钢拉伸试验的同样方法，得出铸铁的 σ-ε 图（图5-17）。该图没有明显的直线部分，应力与应变不再成比例关系。在工程计算中，通常取 σ-ε 曲线的一根割线（图5-17中的虚线）来近似地代替开始部分的曲线，从而认为材料服从胡克定律。铸铁在拉伸过程中没有屈服阶段，也没有缩颈现象，在较小的变形下突然断裂，断口平齐并垂直于轴线。拉断时的应力称为抗拉强度 σ_b。它的计算式为

$$\sigma_b = \frac{F_b}{A}$$

图 5-17 灰铸铁的 σ-ε 曲线

式中，F_b 是试样拉断时的最大拉力，A 为试样的原横

截面面积。常用的灰铸铁抗拉强度很低,约为 120~180MPa,它的断后伸长率约为 0.5%~0.6%。所以,铸铁是典型的脆性材料。

三、其他材料拉伸时的力学性质

其他金属材料的拉伸试验,与低碳钢拉伸试验做法相同,但由于材料不同,各自所显示的力学性质和应力-应变图线将有明显差别。

下面介绍一些常用的普通低合金结构钢(合金元素的质量分数≤3%)的力学性质。如 16 锰钢(16Mn)、15 锰钛钢(15MnTi)、40 锰钢(40Mn)等。这类钢材除具有低碳钢的一些性质外,还具有强度高、综合力学性质好等优点,而生产工艺和成本却与普通碳钢相近。解放牌汽车大梁采用 16 锰钢后,可提高 20% 左右使用寿命,降低 40% 成本,并大大减轻了自重。

图 5-18 16 锰钢 σ-ε 曲线

图 5-18 是低碳合金钢中一种典型钢种——16 锰钢拉伸时的 σ-ε 曲线。图中同时绘出低碳钢 Q235 的 σ-ε 曲线。比较两条曲线可以看到,16 锰钢在拉伸时的应力-应变关系与 Q235 钢的相似,但它的屈服点 σ_s 及抗拉强度 σ_b 较高;断后伸长率则略小,它的力学性质指标为

$$\sigma_s = 280 \sim 350 \text{MPa}$$

$$\sigma_b = 480 \sim 520 \text{MPa}$$

$\delta_5 = 21\% \sim 29\%$(下脚标数字 5 表示 5 倍试样的实验结果)

$$\psi = 45\% \sim 60\%$$

图 5-19 中给出了另外几种常用的金属材料在拉伸时的 σ-ε 曲线。从图上可以看到:有色金属中的青铜,强度较低,但塑性较高;合金钢中的锰钢,强度很高,塑性也不差;退火球墨铸铁强度和塑性都比较好。上述三种材料与低碳钢在图形上有一个显著的区别,就是此三者没有明显的屈服阶段。对于没有明显屈服阶段的塑性材料,通常用名义屈服强度这个指标。按我国国家标准规定:取对应于试样卸载后产生 0.2% 的残余线应变时的应力值作为材料的屈服强度,以 $\sigma_{0.2}$ 表示,见图 5-20。

图 5-19 几种材料的 σ-ε 曲线

图 5-20 名义屈服点

课题七 材料在压缩时的力学性质

材料的压缩试验也是在常温静载下进行，金属材料的压缩试样，通常用短圆柱体。为避免试样在压缩过程中发生弯曲，圆柱体直径 d 与高度 h 的比值一般规定为 1：（1.5～3）。混凝土的标准试样则做成 200mm×200mm×200mm 的立方体。

一、塑性材料

以低碳钢为例。将短圆柱体压缩试样置于万能试验机的两压座间，使之受压。采用与拉伸试验类似的方法，得到低碳钢受压时的 σ-ε 图，如图 5-21 所示。为了比较，在图中用虚线绘出了低碳钢拉伸时的 σ-ε 图。在屈服阶段以前，两曲线相同，即低碳钢在拉伸和压缩时的弹性模量 E、比例极限 σ_p 和屈服点 σ_s 是相同的。但低碳钢压缩时，试样愈压愈扁，并不断裂（图 5-21），因此测不出它的抗压强度极限。

图 5-21 低碳钢压缩时的 σ-ε 曲线

二、脆性材料

图 5-22 为灰口铸铁压缩时的 σ-ε 图。图中虚线部分为铸铁拉伸时的 σ-ε 图。铸铁拉压时的 σ-ε 曲线，没有明显的屈服点。压缩时试样有较大变形，随着压力增加，试样略呈鼓形，最后在很小的塑性变形下突然断裂。破坏断面与横截面大致成 45°～55°的倾角，如图 5-23 所示。材料压缩时的强度极限以 σ_b 表示，灰口铸铁压缩时的强度极限比拉伸时强度极限高得多，约为拉伸时的 3～4 倍。

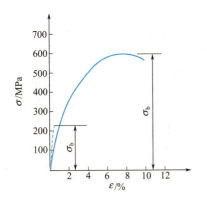

图 5-22 铸铁压缩时的 σ-ε 曲线

图 5-23 铸铁断口

脆性材料拉伸时的强度极限低，塑性差，但抗压能力却较强，因此脆性材料多用作承压构件。例如，砖石拱桥、土窑洞、混凝土柱等。

铸铁除具有抗压强度高、耐磨、价廉等优点外，还易浇铸成形状复杂的零件，具有良好的吸振能力。因此机床床身、机座、变速箱箱体、电动机外壳等都采用铸铁材料。但铸铁的抗拉能力及塑性远比低碳钢低，因此限制了它在较大范围内的使用。近年来球墨铸铁（在铁中添加球化剂，使铸铁中片状石墨变成球状）的生产和应用发展很快，这是球墨铸铁的某些主要力学性质和低碳钢日趋接近所致。如经过退火处理的球墨铸铁，其 $\sigma_b=400\text{MPa}$，$\delta=12\%\sim17\%$，并且由于它成本低，生产设备及生产过程简单，因此，柴油发动机的凸轮轴与曲轴、齿轮等零件都大量采用球墨铸铁制造。

综上所述，塑性材料和脆性材料的力学性质的主要区别如下。

① 塑性材料破坏时有显著的塑性变形，断裂前有的出现屈服现象。而脆性材料在变形很小时突然断裂，无屈服现象。

② 塑性材料拉伸时的比例极限、屈服点和弹性模量与压缩时相同。由于塑性材料一般不允许达到屈服点，所以在拉伸和压缩时具有相同的强度；而脆性材料则不同，其压缩时的强度都大于拉伸时的强度，且抗压强度远远大于抗拉强度。

课题八　拉（压）杆斜截面上的应力

一、斜截面上的应力

在拉伸和压缩的实验中，可以看到许多现象：铸铁拉断时，其断面与轴线垂直，而压缩破坏时，其断面与轴线约成 $45°$；低碳钢拉伸到屈服阶段时，出现与轴线成 $45°$ 方向的滑移线。要全面分析这些现象，说明发生破坏的原因，除了知道横截面上的正应力外，还需要进一步研究其他斜截面上的应力情况。

取一受轴向拉伸的等直杆，研究与横截面成 α 角的斜截面 n—n 上的应力情况［图5-24(a)］。运用截面法，假想地将杆在 n—n 截面切开，并研究左段的平衡［图5-24(b)］，则得到此斜截面 n—n 上的内力 N_α 为

$$N_\alpha = F \tag{a}$$

仿照求解横截面上正应力变化规律的过程，同样可以得到斜截面上各点处的总应力 P_α 相等的结论。于是有

$$P_\alpha = \frac{N_\alpha}{A_\alpha} \tag{b}$$

图5-24　斜截面上的应力分析

设横截面面积为 A，则斜截面面积为 $A_\alpha = A/\cos\alpha$，将此关系代入式(b)，并利用式(a)，可得

$$P_\alpha = \frac{N_\alpha}{A_\alpha} = \frac{F}{A/\cos\alpha} = \frac{F}{A}\cos\alpha = \sigma\cos\alpha \tag{c}$$

式中，$\sigma = F/A$，即横截面上的正应力。

将斜截面上任一点 k 处的总应力 P_α 分解为垂直于斜截面的正应力 σ_α 和沿斜截面的切应力 τ_α，这样，就可以用 σ_α 及 τ_α 两个分量来表示 n—n 斜截面上任一点 k 的应力情况，如图5-24(c)所示。将 P_α 分解后，并利用式(c)，得到

$$\sigma_\alpha = P_\alpha \cos\alpha = \sigma\cos^2\alpha = \frac{\sigma}{2}(1+\cos2\alpha) \tag{5-8}$$

$$\tau_\alpha = P_\alpha \sin\alpha = \sigma\sin\alpha\cos\alpha = \frac{\sigma}{2}\sin2\alpha \tag{5-9}$$

从上面公式可看出，σ_α 与 τ_α 都是 α 角的函数，所以截面的方位不同，截面上的应力也就不同。当 $\alpha=0$ 时，斜截面 $n—n$ 成为垂直于轴线的横截面[图 5-25(a)]，σ_α 达最大值，且

$$\sigma_{0°}=\sigma_{max}=\sigma$$

现若规定从 x 轴沿逆时针转到 α 截面的外法线 n 时，α 为正值，反之为负，则当 $\alpha=45°$[图 5-25(b)] 和 $\alpha=-45°$[图 5-25(c)] 时，τ_α 到达极值，分别为

$$\tau_{45°}=\tau_{max}=\frac{\sigma}{2}$$

图 5-25 最大正应力和最大切应力

$$\tau_{-45°}=\tau_{min}=-\frac{\sigma}{2}$$

通过上述分析，便可说明实验中所出现的各种破坏现象：铸铁受拉时，由于横截面上的正应力达到强度极限而被拉断；受拉的低碳钢出现的滑移线和受压铸铁破坏时所产生的现象，都是由于该截面上有最大切应力，当它达到极限值时，便在最大切应力作用面上发生相互错动或剪断。

在应用式(5-8)、式(5-9) 时，须注意各个量的正、负变化。现规定如下：由 x 轴逆时针转到该斜截面外法线 n 方向的 α 角为正，反之为负。正应力 σ_α 仍以拉应力为正，压应力为负。对于切应力 τ_α，若 τ_α 对研究对象体内任意点为顺时针转向时，规定 τ_α 为正，反之为负，如图 5-26 所示。

图 5-26 切应力的符号规定

二、切应力互等定理

由以上分析还可看到：在 $+45°$ 和 $-45°$ 斜截面上的切应力满足如下关系 $\tau_{45°}=-\tau_{-45°}$（图 5-27）。实际上，对于任意截面：

$$\tau_\alpha=\frac{\sigma}{2}\sin2\alpha=-\frac{\sigma}{2}\sin2(\alpha+90°)=-\tau_{\alpha+90°}$$

这说明：在任意两个相互垂直的截面上的切应力，总是数值相等而符号相反。此规律称为切应力互等定理。

图 5-27 切应力互等定理

课题九　拉（压）杆的强度计算

前面各课题分别讨论了构件强度计算所必需的两个方面的问题，即：

(1) 构件在载荷作用下所产生的工作应力　对于轴向拉（压）杆，横截面上的工作应力为

$$\sigma=\frac{N}{A}$$

(2) 构件所用材料的力学性质　对于机器和结构构件，一般不允许产生较大的塑性变形

或断裂。因此材料的屈服点 σ_s 和强度极限 σ_b 是两个重要的强度指标。σ_s 和 σ_b 统称为材料的极限应力，以 σ_u 表示。对于脆性材料，只有拉伸强度极限 σ_b 和压缩强度极限 σ_b，以 σ_b 为极限应力；对于塑性材料，常以屈服点 σ_s 作为极限应力。

为了保证构件在外力作用下能安全可靠地工作，应该使它的工作应力小于材料的极限应力，并使构件的强度留有必要的储备。因此，一般把极限应力除以一个大于1的系数 n，作为设计时应力的最大允许值，称为许用应力，用 $[\sigma]$ 表示。即

$$[\sigma]=\frac{\sigma_u}{n}$$

式中，n 称为安全系数。

确定安全系数时应该考虑的因素一般有：①载荷估计的准确性；②简化过程和计算方法的精确性；③材料的均匀性和材料性能数据的可靠性；④构件的重要性。此外，还要考虑到零件的工作条件，减轻自重和其他意外因素等。

安全系数的确定与许多因素有关。对一种材料规定一个一成不变的安全系数，并用它来设计各种不同工作条件下的构件显然是不科学的，应该按具体情况分别选用。正确地选取安全系数，关系到构件的安全与经济。过大的安全系数，会浪费材料；太小的安全系数，则又可能使构件不能安全工作。因此，应该在保证构件安全可靠的前提下，尽量采用较大的许用应力或较小的安全系数。

在一般构件的设计中，以屈服点作为极限应力时的安全系数为 n_s，通常规定为 1.5～2.0；以强度极限作为极限应力时的安全系数为 n_b，通常规定为 2.0～5.0。

为了保证拉（压）杆的正常工作，必须使杆件的工作应力不超过材料在拉伸（压缩）时的许用应力，即

$$\sigma=\frac{N}{A}\leqslant[\sigma] \tag{5-10}$$

式(5-10)称为杆件受轴向拉伸或压缩时的强度条件。运用此式可以解决工程中下列三方面的强度计算问题。

(1) 强度校核　已知杆件的材料、尺寸及所受载荷（即已知 $[\sigma]$、A 及 N），可以用式(5-10)校核杆件的强度。

(2) 选择截面　已知杆件所受载荷及所用材料（即已知 N 和 $[\sigma]$），可将式(5-10)变换成

$$A\geqslant\frac{N}{[\sigma]} \tag{5-11}$$

从而确定杆件的安全截面面积。

(3) 确定许可载荷　已知杆件的材料及尺寸（即已知 $[\sigma]$ 及 A），可按式(5-10)计算此杆所能承受的最大轴力为

$$N\leqslant A[\sigma] \tag{5-12}$$

从而确定此结构的承载能力。

【例5-5】　如图5-28(a)所示为一手动螺杆压力机，两侧立柱的直径 $d=40\text{mm}$，材料的许用应力 $[\sigma]=80\text{MPa}$，压力机的最大压力 $F_{max}=50\text{kN}$。试校核立柱的强度。

解　(1) 确定立柱的轴力　螺杆受压力 F 作用时，使左右两立柱受轴向拉力作用。立柱所

图5-28　手动螺杆压力机

受力与螺杆所受力组成一平衡力系。如图 5-28(b)。由截面法可求得二立柱所受轴力为

$$N = \frac{F}{2}$$

即

$$N_{max} = \frac{F_{max}}{2} = \frac{50\text{kN}}{2} = 25\text{kN}$$

(2) 校核立柱的强度　立柱的横截面面积

$$A = \frac{\pi}{4}d^2 = 1257\text{mm}^2$$

由式(5-10) 得

$$\sigma_{max} = \frac{N_{max}}{A} = \frac{25 \times 10^3}{1257} = 19.9\text{MPa} < [\sigma]$$

故立柱满足强度要求。

【例 5-6】　某冷锻机的曲柄滑块机构如图 5-29(a) 所示。锻压工作时，连杆接近水平位置，锻压力 $F = 3780\text{kN}$。连杆横截面为矩形，高与宽之比 $h/b = 1.4$ [图 5-29(b)]，材料为 45 钢，许用应力 $[\sigma] = 90\text{MPa}$，试设计截面尺寸 h 和 b。

图 5-29　曲柄滑块机构

解　由于锻压时连杆位于水平，连杆所受压力等于锻压力 F，轴力为

$$N = F = 3780\text{kN}$$

由式(5-11) 得

$$A \geqslant \frac{N}{[\sigma]} = \frac{3780 \times 10^3}{90} = 42000\text{mm}^2$$

连杆为矩形截面，所以

$$A = b \times h \geqslant 42 \times 10^3 \text{mm}^3$$

已知 $h = 1.4b$，代入上式得

$$1.4b^2 \geqslant 42 \times 10^3 \text{mm}$$

解之，得

$$b \geqslant 173\text{mm}$$
$$h \geqslant 1.4b = 1.4 \times 173\text{mm} = 242\text{mm}$$

可选用

$$b = 175\text{mm} \quad h = 245\text{mm}$$

【例 5-7】　图 5-30(a) 所示为一钢木结构。AB 为木杆，其截面积 $A_{AB} = 10 \times 10^3 \text{mm}^2$，许用压应力 $[\sigma]_{AB} = 7\text{MPa}$；$BC$ 为钢杆，其截面积 $A_{BC} = 600\text{mm}^2$，许用应力 $[\sigma]_{BC} = 160\text{MPa}$。试求 B 处可吊的最大许可载荷 F。

解　(1) 受力分析　A、B、C 三处均为铰

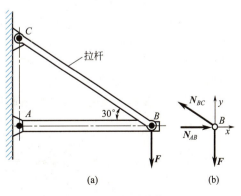

图 5-30　钢木结构

支［图5-30(a)］，AB、BC 杆为二力杆件。

取 B 为研究对象，受力如图5-30(b) 所示。由平衡条件可求得 N_{BC} 及 N_{AB} 与载荷 F 间的关系为

$$\sum F_y = 0 \quad N_{BC}\sin30° - F = 0$$

由此得

$$N_{BC} = \frac{F}{\sin30°} = 2F$$

$$\sum F_x = 0 \quad N_{AB} - N_{BC}\cos30° = 0$$

由此得

$$N_{AB} = N_{BC}\cos30° = 2F\frac{\sqrt{3}}{2} = \sqrt{3}F$$

（2）求最大许可载荷 由式(5-12)得木杆的许可内力为

$$N_{AB} \leqslant A_{AB}[\sigma]_{AB}$$

即

$$\sqrt{3}F \leqslant 10 \times 10^3 \times 7$$

所以

$$F \leqslant 40.4 \times 10^3 \text{N}$$

钢杆的许可内力为

$$N_{BC} \leqslant A_{BC}[\sigma]_{BC}$$

即

$$2F \leqslant 600 \times 160$$

所以

$$F \leqslant 48 \times 10^3 \text{N}$$

因此，为保证此结构安全，B 点处可吊的最大许可载荷为

$$[F] = 40.4 \text{kN} \approx 40 \text{kN}$$

（3）讨论 如 B 点承受载荷 $F = [F] = 40\text{kN}$，这时木杆的应力恰等于材料的许用应力，即 $\sigma_{AB} = [\sigma]_{AB} = 7\text{MPa}$；但钢杆的强度则有多余，可以减小一些尺寸，请读者自行设计计算（答案：$A_{BC} = 500\text{mm}^2$）。

课题十　应力集中的概念

上面所应用的应力计算公式，对于受轴向拉伸（压缩）的等截面杆或截面逐渐改变的杆件，在离开外力作用点一定距离的截面上是适用的。但是，工程上有一些构件，由于结构和工艺等方面的需要，往往制成阶梯形杆，或在杆上带有沟槽、圆孔、台肩或螺纹等，构件在这些部分的截面尺寸往往发生急剧的改变，而构件也往往在这些地方开始发生破坏。大量研究表明，在构件截面突变处的局部区域内，应力急剧增加；而离开这个区域稍远处，应力又逐渐趋于缓和，如图5-31所示。这种因横截面形状尺寸突变而引起局部应力增大的现象，称为应力集中。

应力集中处的 σ_{max} 与该截面上的平均应力 σ_m 之比，称为理论应力集中系数，以 K 表示。即

$$K = \frac{\sigma_{max}}{\sigma_m}$$

图 5-31　应力集中

K 是一个应力比值,与材料无关。它反映了杆在静载荷下应力集中的程度,是一个大于 1 的系数,主要通过实验方法来测定,在工程设计手册等资料中有图表可查。大量分析表明,构件的截面尺寸改变得越急剧,切口尖角越小,应力集中的程度就越严重。

各种材料对应力集中的敏感程度并不相同。低碳钢等塑性材料因有屈服阶段存在,当局部的最大应力到达屈服点时,将发生塑性变形,应力基本不再增加。当外力继续增加时,处在弹性变形的其他部分的应力继续增长,直至整个截面上的应力都达到屈服点时,才是杆的极限状态。所以,材料的塑性具有缓和应力集中的作用。由于脆性材料没有屈服阶段,当应力集中处的最大应力 σ_{max} 达到 σ_b 时,杆件就会在该处首先开裂,所以应考虑应力集中的影响。但铸铁等类组织不均匀的脆性材料,由于截面尺寸急剧改变而引起的应力集中对强度的影响并不敏感。

综上所述,研究构件静载下的承载能力,可以不计应力集中的影响。但对于在冲击载荷或在周期性变化的交变应力作用下的构件,应力集中对各种材料的强度都有较大的影响,往往是导致构件破坏的根本原因,必须予以重视。

课题十一 简单拉(压)超静定问题

一、超静定问题及其解法

前面所讨论的问题,其支反力和内力均可由静力平衡条件确定,这类问题称为静定问题。在某些情况下,作用于研究对象上的未知力数,多于静力平衡方程的数目,这时就不能单凭静力平衡方程来求出未知力,这种问题称为超静定问题或静不定问题。未知力多于静力平衡方程的数目称为超静定的次数。图 5-32 所示的杆系,节点 A 的静力平衡方程为两个,而未知力为三个,所以是一次超静定问题。

解超静定问题,除列出静力平衡方程外,还需要找出足够数目的补充方程。这些补充方程,可由结构变形的几何关系以及力和变形间的物理规律来建立。由补充方程和静力平衡方程即可求得全部的未知力。

下面通过一个例子来说明超静定问题的解法。

图 5-33(a) 所示的横梁,其左端铰接于 A,在 BC 处与两垂直杆 CD 和 BE 连接。设两杆的弹性模量和横截面面积分别为 E_1、E_2、A_1、A_2,在 B 端作用一载荷 F,横梁自重不计,求拉杆 CD 和 BE 的轴力。

图 5-32 超静定杆系

图 5-33 超静定横梁

首先，取横梁 AB 为研究对象，受力如图 5-33(b) 所示。设两杆的轴力为 N_1、N_2。由受力图可见，这是一个平面一般力系，可列出三个平衡方程，而未知量却有四个，故是一个一次超静定问题。求解此题时，可利用的平衡方程为

$$\sum M_A(F)=0 \qquad N_1 a + 2N_2 a - 2Fa = 0$$

即
$$N_1 + 2N_2 = 2F \tag{a}$$

虽然还可以列出 $\sum F_x=0$ 和 $\sum F_y=0$ 两个方程，但这时又出现了两个未知量 F_{Ax} 和 F_{Ay}，这不是所要求的，故不再列出。

仅用式(a) 不能求出 N_1 和 N_2，应设法列出一个补充方程。

由于杆件受力后要变形，而在一个超静定系统中，各杆的变形是不能任意的，必须与其所受的约束相适应，它们之间必须互相协调，保持一定的几何关系；另一方面，杆件的变形又与其内力有关。因此，如能找到各杆件变形间的关系，就可以建立各杆的内力应保持一致的关系，从而得到补充方程。为此，再分析各杆间应满足的变形几何条件。

由于横梁 AB 的刚性比两拉杆大得多，它的弯曲变形可以不计，可以设想在载荷 F 的作用下，AB 仍为一直线，仅倾斜了一个角度，如图 5-33(b) 所示。设两拉杆的伸长变形为 Δl_1 和 Δl_2，由变形后的位置可见，它们之间应保持如下关系

$$\frac{\Delta l_1}{a} = \frac{\Delta l_2}{2a}$$

即
$$2\Delta l_1 = \Delta l_2 \tag{b}$$

这就是各杆应满足的变形几何条件。

当应力不超过比例极限时，两杆的伸长与内力间的关系，可由胡克定律得到

$$\Delta l_1 = \frac{N_1 l}{E_1 A_1} \qquad \Delta l_2 = \frac{N_2 l}{E_2 A_2} \tag{c}$$

这个关系式是由杆件受力后所产生的物理现象所决定的，所以称为物理条件。

将式(c) 代入式(b)，得

$$2\frac{N_1 l}{E_1 A_1} = \frac{N_2 l}{E_2 A_2}$$

即
$$N_2 = 2\frac{E_2 A_2}{E_1 A_1} N_1 \tag{d}$$

这样，又建立了一个各内力间的关系，得到了所需的补充方程。

最后，联合求解式(a)、式(d)，得到

$$N_1 = \frac{2F}{1 + 4\dfrac{E_2 A_2}{E_1 A_1}}, \quad N_2 = \frac{4F}{4 + \dfrac{E_1 A_1}{E_2 A_2}}$$

当 $E_1 = E_2$，$A_1 = A_2$ 时

$$N_1 = \frac{2}{5} F, \quad N_2 = \frac{4}{5} F$$

所得结果说明，在静不定问题中，杆件的内力（或构件的约束反力）不仅与载荷有关，还与杆件的抗拉（压）刚度 EA 有关；而在静定问题中，它们仅与外力有关。这是静不定问题与静定问题的一个区别。

【例 5-8】 图 5-34 所示的两端固定杆件，其长度、横截面面积及弹性模量依次为 l_1 和 l_2、A 及 E。试求施加轴向力 F 后，l_1 和 l_2 两段的内力。

解 设 F_1、F_2 分别为上、下端的支反力，并假设它们的方向均向上。因为 F_1、F_2 和 F 组成一共线力系，只有一个静力平衡方程 $\sum F_y=0$，即

$$F_1+F_2=F \tag{a}$$

它有两个未知力，因此这是一次超静定问题。

本题需要找出一个补充方程。为此，可先从几何方面研究杆件的变形关系。由于杆件两固定端间的距离不变，所以上段的伸缩量与下段的伸缩量之和应为零。从变形几何关系就可以建立变形几何方程为

$$\Delta l_1+\Delta l_2=0 \tag{b}$$

通过物理条件把变形用未知力来表示，即

$$\Delta l_1=\frac{F_1 l_1}{EA},\quad \Delta l_2=-\frac{F_2 l_2}{EA}$$

图 5-34 两端固定杆件

代入式(b) 得

$$\frac{F_1 l_1}{EA}-\frac{F_2 l_2}{EA}=0,\quad 即\ \frac{F_1}{F_2}=\frac{l_2}{l_1} \tag{c}$$

式(c) 即为所需的补充方程。

解式(a)、式(c)，得

$$F_1=F\frac{l_2}{l_1+l_2},\quad F_2=F\frac{l_1}{l_1+l_2}$$

所得的 F_1、F_2 均为正号，说明支反力假设方向与实际方向一致。若 $l_1=l_2$，则 $F_1=F_2=\dfrac{F}{2}$。

通过上述例题可见，综合分析结构的力学平衡条件、变形几何条件和物理条件三个方面，即可求解超静定问题。其一般步骤可归纳为：

① 根据静力学平衡条件列出应有的平衡方程；
② 根据变形几何条件列出变形几何方程；
③ 根据力与变形间的物理关系建立补充方程；
④ 由静力学平衡方程和补充方程联立求解。

在求得内力后，构件的强度、刚度计算就和静定问题完全相同，这里不再赘述。

二、装配应力

工程中所有的结构，在制造中都会有一些误差。这种误差，在静定结构中不会引起任何内力，仅能使其几何形状发生微小的改变。但在超静定结构中，这种误差会引起结构杆件未承受载荷就产生了应力。这种由于误差和强行装配引起的应力称为装配应力。下面介绍其基本解法。

【**例 5-9**】 有一不计自重的钢梁挂在三根平行的金属杆上，1、3 两杆与杆 2 之间的距离均为 a，横截面积 A、材料的弹性模量 E 均相同，如图 5-35(a) 所示。其中杆 2 比设计长度 l 短了 $\delta(\delta\ll 1)$，装配后，当在 B 处受载荷 F 时，试求各杆的内力。

解 (1) 静力学平衡方程 以钢梁 ABC 为研究对象，受力图如图 5-35(b) 所示。平面平行力系只能列出两个有效的静力平衡方程，但本题有三个未知力：N_1、N_2、N_3，属于一次超静定问题。今设三根杆的内力均为拉力，则

$$\sum F_y=0 \quad N_1+N_2+N_3-F=0 \tag{a}$$

$$\sum M_B=0 \quad N_1 a-N_3 a=0 \tag{b}$$

图 5-35 金属杆制造误差

(2) 变形几何方程 观察各杆可能发生的变形情况，以便建立变形几何方程式。根据对称性，钢梁受载后必平移至新的位置，如图 5-35(c) 所示，由此可得变形几何方程

$$\Delta l_1 = \Delta l_3 = \Delta l_2 - \delta \tag{c}$$

(3) 物理关系

$$\Delta l_1 = \frac{N_1 l}{EA}, \quad \Delta l_3 = \frac{N_3 l}{EA}, \quad \Delta l_2 = \frac{N_2 l}{EA}$$

[因 $\delta \ll 1$，故在 Δl_2 式中，杆的长度可以用 l 代替 $(l-\delta)$]。

将物理关系代入式(c)，得补充方程为

$$\frac{N_1 l}{EA} = \frac{N_2 l}{EA} - \delta, \quad 即 \ N_1 = N_2 - \delta \frac{EA}{l} \tag{d}$$

解方程 (a)、(b)、(c) 得

$$N_2 = \frac{F}{3} + \frac{2}{3}\delta \frac{EA}{l}$$

$$N_1 = N_3 = \frac{F}{3} - \frac{1}{3}\delta \frac{EA}{l}$$

三、温度应力

由物理学可知，杆件的长度将因温度的改变而发生变化。在静定结构中，由于杆件能够自由变形，故这种由于温度改变而引起的变形不会在杆件中引起内力。但在超静定结构中，这种变形将引起内力。这种内力，称为温度内力，和它相应的应力称为温度应力。

【例 5-10】 图 5-36(a) 为高压蒸汽锅炉与原动机之间以管道连接的示意图。通过高温蒸汽后，管道温度增加 ΔT。由于锅炉及原动机的刚性很大，所以可近似地认为它们不允许管道伸缩（两端为固定端）。管道的计算简图如图 5-36(b) 所示。当管道受热膨胀时，两端阻碍它自由伸长，即有力 F_A、F_B 作用于管道。

图 5-36 蒸汽管道

解 (1) 静力学平衡方程 共线力系的静力平衡方程只有一个，即

$$\sum F_x = 0, \quad F_A - F_B = 0 \tag{a}$$

现有两个未知数,故为一次超静定问题。

(2) 变形几何方程 在建立变形几何方程式时,可以这样设想:首先解除 B 处的约束,允许管道自由膨胀 Δl_T;然后再在 B 处施加 F_B,使 B 端回到原来的位置,即把管道压短 Δl,使之仍符合两端管道总长不变。即

$$\Delta l_T = \Delta l \tag{b}$$

(3) 物理关系 由胡克定律和温度伸长规律写出物理条件如下

$$\Delta l = \frac{F_B l}{EA} \tag{c}$$

$$\Delta l_T = \alpha \Delta T l \tag{d}$$

式中 α 为管道材料的线膨胀系数。把式(c)、式(d)代入式(b),即得补充方程式

$$\frac{F_B l}{EA} = \alpha \Delta T l \tag{e}$$

由式(a)、式(e)解得

$$F_A = F_B = \alpha \Delta T \times EA$$

于是,温度应力为

$$\sigma = \frac{F_A}{A} = \alpha \Delta T \times E$$

设管子是钢制的,$E = 200\text{GPa}$,$\alpha = 1.2 \times 10^{-5}\text{℃}^{-1}$,温度变化 $\Delta T = 200\text{℃}$,其温度应力

$$\sigma = 1.2 \times 10^{-5} \times 200 \times 200 \times 10^3 = 480\text{MPa}$$

这样大的温度应力,对管道非常不利,因此应该设法避免。把管道的一部分弯成如图 5-37 所示的伸缩补偿节,就是一种常用的措施。又如铁道两端钢轨间预先留有适当空隙,钢桥桁架一端采用活动铰链支座等,都是为了减少或预防产生温度应力所常用的方法。

图 5-37 管道伸缩补偿节

课题十二 连接件的实用计算

螺栓、销钉、铆钉是工程中连接构件的常用元件,简称连接件;焊接也是工程中常用的构件连接方式。连接处的应力具有局部应力的性质,其应力分布比较复杂难于作精确分析,工程上通常采用一些假定给出简单公式以计算其应力。为保证连接安全,同时以相同受力方式进行模拟试验,并采取计算方法确定其破坏应力,考虑一定的安全系数,以确定许用应力。

一、剪切的实用计算

如图 5-38 所示的吊钩,链环与拉杆之间用销钉连接。如图 5-39(a) 画出了销钉的受力简图。销钉的受力长度 $2t$ 和其直径 d 相比并不是很大,因而销钉的弯曲变形很小,其主要变形是沿受剪面 $m-m$ 和 $n-n$ 发生错动。图 5-39(b) 画出了受剪面 $m-m$ 附近的错动情况。这种相邻截面间的互相错动称为剪切变形,受剪面 $n-n$ 附近的错动与此类似。首先利用截面法求受剪面上出现的内力。将销钉假想沿 $m-m$ 切开,考虑左段 [图 5-39(c)],由于左段受有向下的力 $F/2$,所以右段给左段的作用力是位于截面 $m-m$ 之内的力 Q,此力称

为剪力。由图 5-39(c) 的平衡得出 $Q=F/2$。此剪力 Q 是截面 m—m 上切应力 τ 合成的结果。n—n 截面上的剪力 Q 也等于 $F/2$，因为销钉受力是对称的[图 5-39(a)]。销钉是一种短粗零件，由于受剪面附近的变形极为复杂，切应力 τ 在截面上的分布规律很难确定，因此工程上为简化计算，假设切应力 τ 在受剪面上均匀分布。以 A 表示受剪面的面积，则

$$\tau=\frac{Q}{A} \tag{5-13}$$

这里 $A=\pi d^2/4$，d 为销钉直径。为保证销钉不被剪断，必须使受剪面上切应力不超过材料的许用切应力 $[\tau]$。于是剪切强度条件为

$$\tau=\frac{Q}{A}\leqslant[\tau] \tag{5-14}$$

图 5-38 吊钩

许用切应力要通过材料剪切试验来确定。试验时试样的形状和受力情况就像吊钩销钉那样，把试样放在试验机上加力，直到被剪断。根据破坏载荷用式(5-13)算出剪断时的切应力，即为剪切强度极限 τ_b，再将 τ_b 除以安全系数，即得该种材料的许用切应力 $[\tau]$。对于钢材，在工程上常取 $[\tau]=(0.75\sim0.8)[\sigma]$，$[\sigma]$ 是钢材许用拉应力。

图 5-39 销钉的剪切和挤压

二、挤压的实用计算

连接件在发生剪切变形的同时，连接件与被连接件的接触面相互作用而压紧，从而出现局部变形，这种现象称为挤压变形。挤压力过大时，在接触面的局部范围内将发生塑性变形或被压溃，所以对连接件除了进行剪切计算外，还要作挤压计算。图 5-39(c) 画出的销钉左段，它的上半个圆柱面同拉杆圆孔表面相互挤压，这部分表面称为挤压面。挤压面上每点处单位面积的挤压力称为挤压应力 $\boldsymbol{\sigma}_{jy}$，其方向垂直挤压面。挤压应力沿半圆周的分布大致如图 5-39(d) 所示。为保证销钉和拉杆在挤压面处不产生显著的塑性变形（如拉杆孔由圆变成长圆），要求挤压应力不超过许用挤压应力 $[\sigma_{jy}]$。在工程上，对于圆柱面挤压，采用过圆柱的直径截面面积作为挤压面积 A_{jy}，并且假定挤压面积上的挤压应力是均匀分布的。于是挤压强度条件为

$$\sigma_{jy}=\frac{F_{jy}}{A_{jy}}\leqslant[\sigma_{jy}] \tag{5-15}$$

式中，F_{jy} 为挤压力。对于销钉左段 $A_{jy}=dt/2$，$F_{jy}=F/2$；销钉中段 $A_{jy}=dt$，$F_{jy}=$

F。许用挤压应力 $[\sigma_{jy}]$ 应根据试验来确定。对于钢材，大致可取 $[\sigma_{jy}]=(1.7\sim 2.0)[\sigma]$，这里 $[\sigma]$ 是钢材的许用拉伸应力。如果销钉与被连接件的材料不同，$[\sigma_{jy}]$ 应按抵抗挤压能力较弱者选取。

三、焊缝的实用计算

对于主要承受剪切的焊接焊缝，如图 5-40 所示，假定沿焊缝的最小断面即焊缝最小剪切面发生破坏，并假定切应力在剪切面上是均匀分布的。若一侧焊缝的剪力 $Q=F/2$，于是，焊缝的剪切强度条件为

$$\tau = \frac{Q}{A} = \frac{Q}{\delta l \cos 45°} \leqslant [\tau] \tag{5-16}$$

式中，$[\tau]$ 为由实物试验计算得到的破坏应力，再除以安全系数得到的许用焊缝切应力。

【例 5-11】 图 5-41 所示为一传动轴，直径 $d=50\mathrm{mm}$，用平键传递力偶 $M=720\mathrm{N\cdot m}$。已知键的材料为 Q275，许用切应力 $[\tau]=110\mathrm{MPa}$，许用挤压应力 $[\sigma_{jy}]=250\mathrm{MPa}$。试选择平键，并校核其强度。

图 5-40 焊缝剪切面

图 5-41 传动轴的键连接

解 由机械零件手册，根据 $d=50\mathrm{mm}$ 选出平键宽度 $b=16\mathrm{mm}$，高度 $h=10\mathrm{mm}$，长度 $l=45\mathrm{mm}$。

(1) 求外力 将键与轴从图 5-41(a) 中取出，如图 5-41(b) 所示，轮毂给键的作用力为 F，由 $\sum M_O = 0$ 得

$$M - F\frac{d}{2} = 0$$

$$F = \frac{2M}{d} = \left(\frac{2\times 720}{5\times 10^{-2}}\right)\mathrm{N} = 28800\mathrm{N}$$

这里 F 到轴心 O 的距离近似取为 $d/2$。

(2) 剪切强度校核 键的 $mnn'm'$ 截面为受剪面 [图 5-41(c)]，该面上的剪力 $Q=F=28800\mathrm{N}$，受剪面积 $A=bl$，于是

$$\tau = \frac{Q}{A} = \left(\frac{28800}{16\times 45}\right)\mathrm{MPa} = 40\mathrm{MPa} < 110\mathrm{MPa}$$

(3) 挤压强度校核 挤压力 $F_{jy}=F$，挤压面面积 $A_{jy}=lh/2$ [图 5-41(c)]，于是

$$\sigma_{jy} = \frac{F_{jy}}{A_{jy}} = \left(\frac{28800}{45 \times 10} \times 2\right) \text{MPa} = 128\text{MPa} < 250\text{MPa}$$

校核结果，键的剪切和挤压强度都富裕很多，键的尺寸还可以取小些。但由于键和键槽的尺寸都已标准化，长度 l 已取为标准中的最小值，就不再改变键的尺寸了。

【例 5-12】 如图 5-42(a) 所示，两轴以凸缘相连接，沿直径 $D=150\text{mm}$ 的圆周对称地分布着四个连接螺栓来传递力偶 M。已知 $M=2500\text{N}\cdot\text{m}$，凸缘厚度 $h=10\text{mm}$，螺栓材料为 Q235 钢，许用拉应力 $[\sigma]=105\text{MPa}$。试设计螺栓直径。

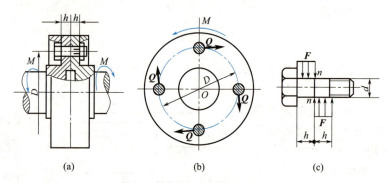

图 5-42 联轴器

解 （1）螺栓受力分析 因螺栓对称排列，故每个螺栓受力相同。假想沿凸缘接触面切开，考虑右边部分的平衡 [图 5-42(b)]，由 $\sum M_O = 0$ 得，

$$M - 4 \times Q \times \frac{D}{2} = 0$$

$$Q = \frac{M}{2D} = \left(\frac{2500 \times 10^3}{2 \times 150}\right)\text{N} = 8330\text{N}$$

Q 为螺栓受剪面 n—n 的剪力 [图 5-42(c)]。凸缘传给螺栓的作用力 $F=Q$。

（2）设计螺栓直径 根据许用剪切应力 $[\tau]=(0.75\sim0.8)[\sigma]$，取 $[\tau]=80\text{MPa}$。

$$\tau = \frac{Q}{A} = \frac{8330}{\frac{\pi}{4}d^2}\text{MPa} \leqslant 80\text{MPa}$$

$$d \geqslant 11.5\text{mm}$$

螺栓承受的挤压力 $F_{jy}=F=8330\text{N}$，挤压面面积 $A_{jy}=hd$，根据许用挤压应力 $[\sigma_{jy}]=(1.7\sim2.0)[\sigma]$，选取 $[\sigma_{jy}]=200\text{MPa}$，于是

$$\sigma_{jy} = \frac{F_{jy}}{A_{jy}} = \frac{8330}{10 \times d}\text{MPa} \leqslant 200\text{MPa}$$

$$d \geqslant 4.17\text{mm}$$

应根据较大的 d 值来选择螺栓直径。按标准选 M14 的螺栓（其内径为 11.8mm）即可。

【例 5-13】 图 5-43 为车床光杆的安全销。已知 $D=21\text{mm}$，安全销材料为 30 钢，抗剪强度极限 $\tau_b=360\text{MPa}$。为保证光杆安全，传递的力矩 M 不能超过 $120\text{N}\cdot\text{m}$。试设计安全销直径。

解 安全销有两个受剪面 m—m 和 n—n，受剪面上的剪力 Q 组成一力偶，其力偶臂为 D，所以 $Q=M/D$，按剪断条件，切应力应超过抗剪强度极限

$$\tau = \frac{M/D}{\pi d^2/4} \geqslant \tau_b$$

所以 $d \leqslant \sqrt{\dfrac{4M}{\pi D \tau_b}} = \sqrt{\dfrac{4 \times 120 \times 10^3}{\pi \times 21 \times 360}} = 4.5 \text{mm}$

一部机器在工作中难免发生超载现象，机器零件面临被破坏危险，这时最好只破坏不贵重的零件或次要零件，也就是把某个次要零件的强度设计成整个机器中最薄弱的环节。当机器超载时，由于这个零件破坏，使载荷不能继续增加以保全其他主要零部件，如轴、齿轮等。上题的安全销就是这样考虑设置的。

图 5-43　安全销

【例 5-14】 图 5-40 所示两块钢板搭接焊在一起，钢板 A 的厚度 $\delta = 80 \text{mm}$，已知 $F = 150 \text{kN}$，焊缝的许用切应力 $[\tau] = 108 \text{MPa}$，试求焊缝抗剪所需的长度 l。

解　在图 5-40 所示的受力情形下，焊缝主要承受剪切，由焊缝的剪切强度条件

$$\tau = \dfrac{Q}{A} = \dfrac{Q}{\delta l \cos 45°} \leqslant [\tau]$$

得

$$l \geqslant \dfrac{Q}{2\delta \cos 45° [\tau]} \approx \dfrac{150 \times 10^3}{2 \times 80 \times 0.707 \times 108} = 123 \text{mm}$$

考虑到在工程中开始焊接和焊接终了时的那两段焊缝有可能未焊透，实际焊缝的长度应稍大于计算长度，一般应在由强度计算得到的长度上再加上 2δ，δ 为钢板厚度，故该焊缝长度可取为 $l = 140 \text{mm}$。

习题

一、判断题

1. 强度是构件抵抗破坏的能力。　　　　　　　　　　　　　　　　　　　　（　）
2. 刚度是构件抵抗变形的能力。　　　　　　　　　　　　　　　　　　　　（　）
3. 材料力学的任务是尽可能使构件安全地工作。　　　　　　　　　　　　　（　）
4. 材料力学主要研究弹性范围内的小变形情况。　　　　　　　　　　　　　（　）
5. 因为构件是变形固体，在研究构件的平衡时，应按变形后的尺寸进行计算。（　）
6. 构件的基本变形只是拉（压）、剪切、扭转和弯曲四种，若还有另一种变形必定是这四种变形的某种组合。　　　　　　　　　　　　　　　　　　　　　　　　　　（　）
7. 杆件所受到的轴力越大，横截面上的应力越大。　　　　　　　　　　　　（　）
8. 轴力图可显示出杆件各段内横截面上轴力的大小，但并不能反映杆件各段变形是伸长还是缩短。　　　　　　　　　　　　　　　　　　　　　　　　　　　　　　（　）
9. 用截面法求内力时，可以保留截开后构件的任一部分进行平衡计算。　　　（　）
10. 轴向拉伸或压缩横截面上的应力一定垂直于横截面。　　　　　　　　　（　）
11. 工程上通常把断后伸长率 $\delta \geqslant 10\%$ 的材料称为塑性材料。　　　　　　（　）
12. 在强度计算中，塑性材料的极限应力是指比例极限，而脆性材料的极限应力是指强度极限。　　　　　　　　　　　　　　　　　　　　　　　　　　　　　　（　）
13. 因横截面形状、尺寸突变而引起局部应力增大的现象称为应力集中。　　（　）
14. 挤压的实用计算中，挤压面积一定等于实际接触面积。　　　　　　　　（　）

15. 用剪刀剪的纸张和用菜刀切的蔬菜，均受到了剪切破坏。（   ）
16. 剪切的实用计算中，构件剪切面上实际的切应力是均匀分布的。（   ）

二、选择题

1. 各向同性假设认为物体沿各个方向的_____都是相同的。
   A. 力学性质　　　　　　　B. 外力　　　　　　　C. 变形
2. 构件的强度、刚度和稳定性与_____。
   A. 材料的力学性质有关　　B. 构件的形状尺寸有关　C. 两者都有关
3. 试样拉伸过程中，进入屈服阶段以后，材料发生_____变形。
   A. 弹性　　　　　　　　　B. 塑性　　　　　　　C. 线弹性
4. 材料力学中求内力的普遍方法是_____。
   A. 几何法　　　　　　　　B. 解析法　　　　　　C. 截面法
5. 设一阶梯形杆的轴力沿杆轴是变化的，则发生破坏的截面上_____。
   A. 外力一定最大，且面积一定最小　B. 轴力与面积之比一定最大
   C. 轴力与面积之比一定最小
6. 为确保构件安全工作，其最大工作应力必须小于或等于材料的_____。
   A. 正应力　　　　　　　　B. 极限应力　　　　　C. 许用应力
7. 低碳钢拉伸试样的应力-应变曲线大致可分为四个阶段，这四个阶段是_____。
   A. 弹性阶段、塑性阶段、屈服阶段、缩颈阶段
   B. 弹性阶段、屈服阶段、强化阶段、缩颈阶段
   C. 弹性阶段、屈服阶段、硬化阶段、缩颈阶段
8. 拉伸试验时，将试样拉伸到强化阶段卸载，则拉伸曲线要沿着_____卸载至零。
   A. 原来的拉伸曲线　　　　B. 近乎平行于弹性阶段的斜直线
   C. 任意一条曲线

三、综合题

1. 用截面法求图 5-44 所示杆件各段的内力，并作轴力图。

图 5-44　题三、1图

2. 求图 5-45 所示等直杆横截面 1—1、2—2 和 3—3 上的轴力，并作轴力图。如横截面面积 $A=440\text{mm}^2$，求各横截面上的应力。

3. 求图 5-46 所示阶梯状直杆横截面 1—1、2—2 和 3—3 上的轴力，并作轴力图。如横截面面积 $A_1=200\text{mm}^2$，$A_2=300\text{mm}^2$，$A_3=400\text{mm}^2$，求各横截面上的应力。

图 5-45　题三、2图

图 5-46　题三、3图

4. 图 5-47 所示为一低碳钢制作的阶梯圆杆,已知:$F=10\mathrm{kN}$, $d_1=2d_2=30\mathrm{mm}$, $l_1=l_2=0.5\mathrm{m}$,设材料的弹性模量 $E=200\mathrm{GPa}$。试求杆的总伸长量。

图 5-47 题三、4 图

5. 如图 5-48 所示,用绳索吊运一重 $G=20\mathrm{kN}$ 的重物。设绳索的横截面面积 $A=1260\mathrm{mm}^2$,许用应力 $[\sigma]=10\mathrm{MPa}$,试问:

(1) 当 $\alpha=45°$ 时,绳索强度是否够用?

(2) 如改为 $\alpha=60°$,再校核绳索的强度。

6. 某立式车床横梁,用螺栓卡紧,如图 5-49 所示。已知卡紧力 $F_1=48.8\mathrm{kN}$,螺栓材料为 45 钢,$[\sigma]=220\mathrm{MPa}$。试校核螺栓强度(螺栓内径 $d_1=27.8\mathrm{mm}$)。

图 5-48 题三、5 图

图 5-49 题三、6 图

7. 图 5-50 所示吊钩最大起吊重量为 300N,材料为 20 钢,许用应力 $[\sigma]=44\mathrm{MPa}$,求上端螺纹内径 d。

8. 悬臂吊车结构如图 5-51 所示,最大起吊重量 $G=20\mathrm{kN}$,AB 杆为 $Q235$ 圆钢,$[\sigma]=120\mathrm{MPa}$,试设计 AB 杆直径 d。

图 5-50 题三、7 图

图 5-51 题三、8 图

9. 图 5-52 所示滑轮由 AC、AB 两圆截面杆支持,起重绳索的一端绕在卷筒上。已知 AB 杆为 $Q235$ 钢,$[\sigma]=160\mathrm{MPa}$,直径 $d=20\mathrm{mm}$;AC 杆为铸铁,$[\sigma]=100\mathrm{MPa}$,直径

$d=40$mm。试根据两杆的强度求许可吊起的最大重量 G_{max}。

10. 如图 5-53 结构所示的 AB 杆为钢杆,其横截面面积 $A_1=600$mm^2,许用应力 $[\sigma]=140$MPa,BC 杆为木杆,横截面面积 $A_2=300\times10^2$mm^2,许用压应力 $[\sigma]=3.5$MPa。试求最大许可载荷 F。

图 5-52 题三、9 图

图 5-53 题三、10 图

11. 图 5-54 所示结构的横梁 AB 可视为刚杆,1、2 两杆的直径均为 $d=20$mm 的圆形钢杆,长度均为 l,许用应力 $[\sigma]=160$MPa,试求结构的许可载荷 $[F]$。

12. 一根两端固定的杆件 AB,在 C、D 处受轴向外力 F 和 F_1 的作用如图 5-55 所示,已知 $F=2F_1$,杆的横截面面积为 A,材料的弹性模量为 E。试求 AB 两端支座的约束反力。

图 5-54 题三、11 图

图 5-55 题三、12 图

13. 图 5-56 所示为一螺栓联接。已知 $F=200$kN,厚度 $t=20$mm,钢板与螺栓材料相同,其许用切应力 $[\tau]=80$MPa,许用挤压应力 $[\sigma_{ij}]=200$MPa。试求螺栓所需的直径 d。

14. 图 5-57 所示钢板用铆钉连接,钢板厚度 $t=10$mm,宽度 $b=100$mm,铆钉直径 $d=17$mm,钢板与铆钉材料相同,其许用应力 $[\sigma]=160$MPa,$[\tau]=120$MPa,$[\sigma_{jy}]=320$MPa,$F=25$kN。试校核该结构的强度。

图 5-56 题三、13 图

图 5-57 题三、14 图

15. 图 5-58 所示一减速机上齿轮与轴通过平键连接,已知键受外力 $F=12\text{kN}$,所用平键的尺寸为 $b=28\text{mm}$,$h=16\text{mm}$,$l=60\text{mm}$,键的许用应力 $[\tau]=87\text{MPa}$,$[\sigma_{jy}]=100\text{MPa}$,试校核键的强度。

16. 图 5-59 所示联轴器,用四个螺栓连接,螺栓对称地安排在直径 $D=480\text{mm}$ 的圆周上。这个联轴器传递的力偶矩 $M=24\text{kN}\cdot\text{m}$,求螺栓的直径 d 需要多大?材料的许用切应力 $[\tau]=80\text{MPa}$(提示:由于对称,可假设各螺栓所受的剪力相等)。

图 5-58 题三、15 图

图 5-59 题三、16 图

17. 图 5-60 所示安全联轴器用销钉连接,允许传递外力偶矩 $M=300\text{N}\cdot\text{m}$。销钉材料的抗剪强度极限 $\tau_b=320\text{MPa}$,轴的直径 $D=30\text{mm}$,为保证 $M>300\text{N}\cdot\text{m}$ 时安全销被剪断,问安全钉的平均直径 d 应为多少?

18. 两块钢板搭接焊缝如图 5-61 所示,两块钢板厚度相同,$\delta=12\text{mm}$,左端钢板宽度 $b=120\text{mm}$,焊缝的许用切应力 $[\tau]=90\text{MPa}$,钢板的许用应力 $[\sigma]=120\text{MPa}$,试求钢板与焊缝等强度时(同时失效称为等强度),每边所需焊缝的长度 l。

图 5-60 题三、17 图   图 5-61 题三、18 图

19. 焊缝连接如图 5-62 所示,已知焊缝的许用切应力 $[\tau]=100\text{MPa}$,钢板的许用拉应力 $[\sigma]=160\text{MPa}$,试求该连接的许可载荷 F。

图 5-62 题三、19 图

单元六 圆 轴 扭 转

知识目标

理解圆轴扭转的概念
掌握圆轴扭转时的内力计算
熟练掌握圆轴扭转时的应力和强度计算
熟练掌握圆轴扭转时的变形和刚度计算

技能目标

能够熟练进行圆轴扭转时的应力和强度计算
能够熟练进行圆轴扭转时的变形和刚度计算

素养目标

培养学生分析问题、解决问题的能力
提升学生解决工程实际问题的技能水平
培养学生树立正确的世界观和科学的思维能力
增强学生团队合作的意识

杆的两端承受大小相等、方向相反、作用平面垂直于杆件轴线的两个力偶,杆的任意两横截面将绕轴线相对转动,这种受力与变形形式称为扭转。汽车的主传动轴和方向盘的操纵杆、各种机械的传动轴、钻头、钻杆等构件主要承受扭转变形。工程中将主要承受扭转变形的杆件通常称为轴。

课题一　圆轴扭转时的内力

研究圆轴扭转构件的强度和刚度问题与研究轴向拉(压)杆一样,首先要计算作用于轴上的外力偶矩,再分析圆轴横截面上的内力,然后计算轴的应力和变形,最后进行轴的强度及刚度计算。

在工程实际中,常常是并不直接给出外力偶矩的大小,而是知道轴所传递的功率和轴的转速。功率、转速和力偶矩之间有一定的关系,利用它们之间的关系,可以求出作用在轴上的外力偶矩。

一、扭矩和扭矩图

当作用于轴上的所有外力偶矩求出后,即可用截面法研究横截面上的内力。

如图 6-1(a) 所示的圆轴，假想将圆轴沿截面 1—1 截分为两段，研究其任一段，例如左段 [图 6-1(b)] 的平衡。由

$$\sum M_x = 0 \quad M - T = 0$$

得

$$T = M$$

式中，T 为截面 1—1 上使左段保持平衡的内力偶矩，称为扭矩。

同理，如以右段为研究对象 [图 6-1(c)]，也可求出截面 1—1 上的扭矩 T，其数值仍为 M，但其转向则与图 6-1(b) 中所示相反。为使左右两侧扭矩具有相同的符号，将扭矩的符号作如下规定：按右手螺

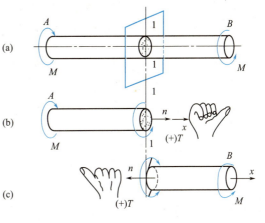

图 6-1　圆轴内力分析

旋法则，用右手的四指表示扭矩的转向，当拇指的指向与截面的外法线方向一致时为正，相反为负。因此，图 6-1(b)、(c) 所示的扭矩 T 均为正号。

若作用于轴上的外力偶矩多于两个，则往往用图线形象地表示截面上的扭矩沿轴线变化的情况。如以横坐标 x 表示横截面位置，取扭矩为纵坐标，这样绘成的图形称为扭矩图。

【例 6-1】　一等直圆截面传动轴如图 6-2(a) 所示。其转速 n 为 300r/min，主动轮 A 的输入功率 $P_1 = 221$kW，从动轮 B、C 的输出功率分别为 $P_2 = 148$kW，$P_3 = 73$kW，试求轴上各截面的扭矩，并作扭矩图。

图 6-2　传动轴

解　(1) 计算各轮上的外力偶矩

$$M_1 = 9550 \frac{P_1}{n} = \left(9550 \frac{221}{300}\right) \text{N} \cdot \text{m} = 7.03 \times 10^3 \text{N} \cdot \text{m} = 7.03 \text{kN} \cdot \text{m}$$

$$M_2 = 9550 \frac{P_2}{n} = \left(9550 \frac{148}{300}\right) \text{N} \cdot \text{m} = 4.71 \times 10^3 \text{N} \cdot \text{m} = 4.71 \text{kN} \cdot \text{m}$$

$$M_3 = 9550 \frac{P_3}{n} = \left(9550 \frac{73}{300}\right) \text{N} \cdot \text{m} = 2.32 \times 10^3 \text{N} \cdot \text{m} = 2.32 \text{kN} \cdot \text{m}$$

(2) 应用截面法并根据平衡条件，计算各段内的扭矩 在 AC 段内 [图 6-2(b)]，以 T_1 表示截面 1—1 上的扭矩，并假定 T_1 的方向如图所示。由

$$\sum M_x = 0$$

得

$$T_1 = M_3 = 2.32 \text{kN} \cdot \text{m}$$

按符号规定，此 T_1 [图 6-2(b)] 应为负号。若 T_1 的计算结果为负值，画扭矩图时扭矩应改变符号。在 AC 段内各截面上的扭矩不变，所以在这一段内，扭矩为一水平线，如图 6-2(d) 所示。

同理，在 AB 段内 [图 6-2(c)] 由

$$\sum M_x = 0, \quad M_3 - M_1 + T_2 = 0$$

得

$$T_2 = M_3 - M_1 = (7.03 - 2.32) \text{kN} \cdot \text{m} = 4.71 \text{N} \cdot \text{m}$$

T_2 结果为正，按符号规定，图 6-2(c) 的扭矩转向为正值。

(3) 画扭矩图 按照上列数据，把各截面上扭矩沿轴线变化的情况，用图 6-2(d) 所示扭矩图表示出来。从图中可以看出最大扭矩值（$|T|_{max} = 4.71 \text{kN} \cdot \text{m}$）及其所在截面的位置（AB 段内的各横截面）。

二、剪切胡克定律

通过低碳钢薄壁圆筒扭矩试验，可得出材料在纯剪切下应力与应变之间的关系，如图 6-3 所示。当切应力不超过材料的比例极限 τ_p 时，则切应力和切应变成线性关系。即

$$\tau = G\gamma \tag{6-1}$$

图 6-3 薄壁圆筒扭矩试验

此关系式称为剪切胡克定律。式中比例常数 G 称为切变模量，其量纲与切应力相同，常用的单位为 GPa，其值随材料而异，由试验确定。例如钢材的切变模量 $G \approx 80 \text{GPa}$，铸铁 $G \approx 45 \text{GPa}$。其他材料的 G 值可从有关设计手册中查得。

课题二 圆轴扭转时的应力和强度计算

一、圆轴扭转时的应力

圆轴是工程中最常见的承受扭转的构件。进行圆轴扭转强度计算时，当求出横截面上的扭矩后，还要进一步研究横截面上应力的分布规律，并求出横截面上的最大应力。解决这一问题，与推导拉（压）杆正应力公式相类似，必须从变形的几何关系、物理关系和静力平衡条件三方面进行综合分析。

1. 变形的几何关系

在圆轴表面画上许多纵向线与圆周线，形成许多大小相同的矩形网络 [图 6-4(a)]。扭转后可观察到表面变形现象：各圆周线的形状、大小和间距均未改

图 6-4 圆轴受扭变形分析

变，仅绕轴线作转动；各纵向线则倾斜了同一微小角度 γ [图 6-4（b）]，称为切应变或角应变。

根据观察到的表面变形现象，作出关于圆轴扭转时内部变形的设想：圆轴的横截面，在扭转后仍保持为平面，其形状和大小不变，半径仍保持为直线。此假设称为圆轴扭转时的平面假设。按照这一假设，在扭转变形时，各横截面就像刚性平面一样，绕轴线旋转了一个角度。

在上述假设的基础上，便可利用变形的几何关系，进一步研究圆轴截面各点的变形规律。用相距为 dx 的两个横截面 $m—m$ 和 $n—n$ 以及夹角很小的两个径向截面 [图 6-5(a)] 从轴中截出一楔形体进行研究，如图 6-5(b) 所示。

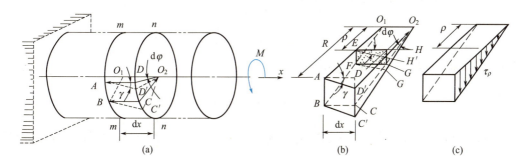

图 6-5 切应力分析

若截面 $n—n$ 相对截面 $m—m$ 转动了一个角度 $d\varphi$，根据平面假设，则截面 $n—n$ 的两个半径 O_2D 和 O_2C 均旋转了同一角度。圆轴表面的矩形 $ABCD$ 变为平行四边形 $ABC'D'$，CD 边对 AB 边相对错动的距离为

$$\overline{DD'} = R\,d\varphi$$

从而得到圆轴表面原有矩形的切应变 γ 为

$$\gamma \approx \frac{\overline{DD'}}{AD} = \frac{R\,d\varphi}{dx} \tag{a}$$

同理，可求得轴内距圆心为 ρ 处矩形 $EFGH$ 的切应变 γ_ρ 为

$$\gamma_\rho = \rho\frac{d\varphi}{dx} \tag{b}$$

由于平面假设，所以，对于同一横截面的各点，$\dfrac{d\varphi}{dx}$ 为一常数。故式（b）表明：横截面上任意点的切应变 γ_ρ 与该点到圆心的距离 ρ 成正比，即为切应变的变化规律。

2. 物理关系

根据剪切胡克定律，在弹性范围内

$$\tau = G\gamma$$

将式(b)代入上式，得

$$\tau_\rho = G\rho\frac{d\varphi}{dx} \tag{c}$$

上式表明：横截面上任意点处的切应力 τ_ρ 与该点到圆心的距离 ρ 成正比。因而，所有距圆心等距的点，其切应力均相同。同时，因为剪切变形发生在垂直于半径的平面内，所以，切应力 τ_ρ 的方向与半径相垂直 [图 6-5(c)]。实心圆轴横截面上的切应力分布规律如图 6-6 所示。

式(c)虽然表示了切应力的分布规律，但因式中的 $\dfrac{\mathrm{d}\varphi}{\mathrm{d}x}$ 尚未知道，要求得切应力，还必须进一步讨论静力学条件。

3. 静力学关系

在横截面上离圆心为 ρ 的点处，取微面积 $\mathrm{d}A$，如图 6-7 所示。微面积 $\mathrm{d}A$ 上的微内力为 $\tau_\rho \mathrm{d}A$，它对圆心的微力矩为 $\tau_\rho \mathrm{d}A\rho$。在整个横截面上，这些微力矩之和应等于该截面上的扭矩。即

$$T = \int_A \rho \tau_\rho \mathrm{d}A \tag{d}$$

式中，A 为整个横截面的面积。将式(c) 代入式(d)，得

$$T = \int_A G\rho^2 \dfrac{\mathrm{d}\varphi}{\mathrm{d}x} \mathrm{d}A$$

上式中的 G、$\dfrac{\mathrm{d}\varphi}{\mathrm{d}x}$ 均为常量，故可写成

$$T = G\dfrac{\mathrm{d}\varphi}{\mathrm{d}x} \int_A \rho^2 \mathrm{d}A \tag{e}$$

式中，积分 $\int_A \rho^2 \mathrm{d}A$ 是只与横截面的几何形状、尺寸有关的量，称为横截面的极惯性矩，用 I_P 表示。即

$$I_\mathrm{P} = \int_A \rho^2 \mathrm{d}A$$

于是，式(e) 可写成

$$T = GI_\mathrm{P} \dfrac{\mathrm{d}\varphi}{\mathrm{d}x}$$

或

$$\dfrac{\mathrm{d}\varphi}{\mathrm{d}x} = \dfrac{T}{GI_\mathrm{P}} \tag{6-2}$$

式(6-2) 即为圆轴的扭转变形公式。

将式(6-2) 代入式(c)，即得横截面上距圆心为 ρ 的任一点处切应力计算公式。即

$$\tau_\rho = \dfrac{T\rho}{I_\mathrm{P}} \tag{6-3}$$

式中，T 为横截面上的扭矩；ρ 为横截面上任一点到圆心的距离；I_P 为横截面对形心的极惯性矩。

图 6-6　切应力分布规律

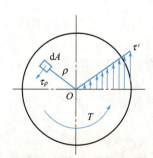

图 6-7　扭矩和切应力静力学关系

极惯性矩 I_P 的计算可按其定义通过积分求得。下面介绍其计算方法。对于实心圆截面杆（图 6-8），可在圆截面上距圆心为 ρ 处取厚度为 $\mathrm{d}\rho$ 的环形面积作为微面积 $\mathrm{d}A$，于是

$dA = 2\pi\rho d\rho$，从而得实心圆截面的极惯性矩为

$$I_P = \int_A \rho^2 dA = 2\pi \int_0^{\frac{D}{2}} \rho^3 d\rho = \frac{\pi D^4}{32} \approx 0.1D^4$$

如为空心圆截面杆（图 6-9），则

$$I_P = \int_A \rho^2 dA = \int_{\frac{d}{2}}^{\frac{D}{2}} 2\pi\rho^3 d\rho = \frac{\pi}{32}(D^4 - d^4) = \frac{\pi D^4}{32}(1-\alpha^4) \approx 0.1D^4(1-\alpha^4)$$

式中，$\alpha = \dfrac{d}{D}$。

图 6-8　极惯性矩的计算

图 6-9　空心圆截面

极惯性矩 I_P 的量纲是长度的四次方，常用的单位为 mm^4 或 m^4。

二、圆轴扭转时的强度计算

前面已经得到圆轴扭转时的应力计算公式为

$$\tau_\rho = \frac{T\rho}{I_P}$$

显然，在截面的周边上，即当 $\rho = \rho_{max} = \dfrac{D}{2}$ 时，有最大切应力

$$\tau_{max} = \frac{T}{I_P} \times \frac{D}{2} = \frac{T}{I_P / \left(\dfrac{D}{2}\right)}$$

式中，I_P 和 $\dfrac{D}{2}$ 都是与截面有关的几何量，故可用

$$W_P = \frac{I_P}{\rho_{max}} = \frac{I_P}{D/2}$$

来表示它们的比值，称为轴的抗扭截面系数。

很显然，对于实心圆截面

$$W_P = \frac{I_P}{D/2} = \frac{\frac{\pi}{32}D^4}{D/2} = \frac{\pi D^3}{16} \approx 0.2D^3$$

对于空心圆截面

$$W_P = \frac{I_P}{\dfrac{D}{2}} = \frac{\pi D^3}{16}(1-\alpha^4) \approx 0.2D^3(1-\alpha^4)$$

故最大切应力为

$$\tau_{\max} = \frac{T}{W_P} \tag{6-4}$$

为了使受扭的等截面圆轴能正常工作,必须使工作时的最大切应力 $\tau_{\max}$ 满足下列条件

$$\tau_{\max} \leqslant [\tau]$$

从扭矩图上确定出轴上最大扭矩 $|T|_{\max}$ 后,则最大切应力 $\tau_{\max}$ 就发生在 $|T|_{\max}$ 所在截面的周边各点处。于是,扭转时的强度条件为

$$\tau_{\max} = \frac{T_{\max}}{W_P} \leqslant [\tau] \tag{6-5}$$

对于阶梯轴,因为 W_P 各段不同,$\tau_{\max}$ 不一定发生在 $|T|_{\max}$ 所在截面上。因此,必须综合考虑 W_P 及 T 两个因素来确定 $\tau_{\max}$。

$[\tau]$ 为材料的许用切应力。实验指出,在静载荷作用下,材料在扭转时的力学性质和拉伸时的力学性质之间有一定关系,因而可由材料的 $[\sigma]$ 值来确定上式中的 $[\tau]$ 值。

对于塑性材料,$[\tau] = (0.5 \sim 0.7)[\sigma]$;对于脆性材料,$[\tau] = (0.8 \sim 1)[\sigma]$。

轴类零件由于考虑到动载荷等因素的影响,所取的许用应力一般比静载荷下的许用应力要低些。

扭转截面系数 W_P 的量纲是长度的三次方,常用的单位为 mm^3 或 m^3。

【例 6-2】 已知解放牌汽车传动轴传递的最大扭矩 $T = 1930 \text{N} \cdot \text{m}$,传动轴用外径 $D = 89 \text{mm}$,壁厚 $\delta = 2.5 \text{mm}$ 的无缝钢管做成。材料为 20 钢,其许用应力 $[\tau] = 70 \text{MPa}$。试校核轴的强度。

解 (1) 计算抗扭截面系数 由

$$D = 89 \text{mm}, \delta = 2.5 \text{mm}$$

$$d = 89 \text{mm} - 5 \text{mm} = 84 \text{mm}$$

$$\alpha = \frac{d}{D} = 0.945$$

得

$$W_P = 0.2 D^3 (1 - \alpha^4) = 0.2 \times 89^3 \times (1 - 0.945^4) \text{mm}^3 = 2.9 \times 10^4 \text{mm}^3$$

(2) 强度校核 由强度条件式(6-5)得

$$\tau_{\max} = \frac{T}{W_P} = \frac{1930 \times 10^3}{2.9 \times 10^4} = 66.6 \text{MPa} < [\tau] = 70 \text{MPa}$$

所以该轴的强度是足够的。

此例中,如果传动轴不用空心钢管而用实心圆轴,并使其与钢管有同样的强度(即两者的最大切应力相同),则由

$$\tau_{\max} = \frac{T}{W_P} = \frac{T}{0.2 D_1^3}$$

可得

$$D_1 = \sqrt[3]{\frac{T}{0.2 \tau_{\max}}} = \sqrt[3]{\frac{1930 \times 10^3}{0.2 \times 66.6}} = 53 \text{mm}$$

此时,空心轴与实心轴的截面面积之比为

$$\frac{A_{空}}{A_{实}} = \frac{\frac{\pi}{4}(D^2 - d^2)}{\frac{\pi}{4} D_1^2} = \frac{89^2 - 84^2}{53^2} = 0.303$$

可见,在其他条件相同的情况下,实心轴的重量超过空心轴。因此,空心轴的材料消耗

较少。这个现象也可用扭转理论所提供的应力分布规律来解释。从图 6-10 可见，实心轴中心部分的材料受到的切应力很小，所以，这部分材料没有充分发挥它的作用。然而，杆件截面是否合理，既要从强度、刚度因素来考虑，同时也要从加工的工艺性和制造成本等方面来考虑。此外，空心轴的壁厚也不能过薄，否则会发生局部皱折而丧失其承载能力（即丧失稳定）。

图 6-10 实心轴和空心轴的应力分布

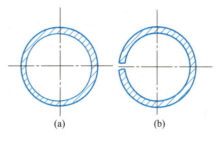

图 6-11 开口空心轴

值得注意的是，若将空心轴［图 6-11(a)］沿轴线方向切开［图 6-11(b)］，则其扭转的承载能力将大为降低。所以，工程上一般避免将承受扭转的空心轴制成开口形状。

课题三　圆轴扭转时的变形和刚度计算

一、圆轴扭转时的变形

圆轴扭转时的变形，一般用两个横截面间绕轴线的相对转角即扭转角 φ 来表示。根据式(6-2)，即 $\dfrac{\mathrm{d}\varphi}{\mathrm{d}x}=\dfrac{T}{GI_\mathrm{P}}$，就可求相距为 $\mathrm{d}x$ 的两个截面之间的相对扭转角，计算式为

$$\mathrm{d}\varphi=\dfrac{T}{GI_\mathrm{P}}\mathrm{d}x$$

故相距为 l 的两截面间的扭转角则为

$$\varphi=\int\mathrm{d}\varphi=\int\dfrac{T}{GI_\mathrm{P}}\mathrm{d}x \tag{6-6}$$

若等直圆截面轴在两个横截面之间的扭矩 T 的值不变，G、I_P 均为常量，则轴两端横截面间的扭转角（单位为 rad）

$$\varphi=\dfrac{Tl}{GI_\mathrm{P}} \tag{6-7}$$

式中，GI_P 反映了截面抵抗扭转变形的能力，称为截面的抗扭刚度。GI_P 愈大，则扭转角 φ 就愈小。

若在两横截面之间的扭矩 T 或抗扭刚度 GI_P 为变量时，则应通过积分或分段计算出各段的扭转角，然后代数相加。

二、圆轴扭转时的刚度计算

机器中的某些轴类零件，除应满足强度要求外，对其变形还有一定要求，即轴的扭转变形不应超过一定限度。例如，车床中的传动丝杠，其相对扭转角不能太大，否则将会影响车

刀进给动作的准确性，降低加工精度。又如，发动机中控制气门动作的凸轮轴，如果相对扭转角过大，会影响气门启闭时间等等。对于精密机械，刚度要求往往起着主要作用。

从式(6-7)可以看出，φ 的大小与 l 的长短有关。为了消除长度 l 的影响，工程中采用单位长度内的扭转角 θ 来表示（单位为 rad/m）。即

$$\theta = \frac{\varphi}{l} = \frac{T}{GI_P}$$

由于 1 弧度 $= \frac{180°}{\pi}$，所以

$$\theta = \frac{T}{GI_P} \times \frac{180°}{\pi} \tag{6-8}$$

工程中，圆轴受扭时，要求其单位长度的扭转角 θ 不超过单位长度的许用扭转角 $[\theta]$，故圆轴扭转时的刚度条件为

$$\theta = \frac{T}{GI_P} \times \frac{180°}{\pi} \leqslant [\theta] \tag{6-9}$$

式中，θ 和 $[\theta]$ 的单位为 °/m（度每米）；T 单位为 N·m；G 单位为 N/m²；I_P 单位为 m⁴。

单位长度的许用扭转角 $[\theta]$ 的数值，根据载荷性质、生产要求和不同的工作条件等因素确定。在一般情况下：对精密机械的轴，$[\theta] = 0.15 \sim 0.50°/m$；一般传动轴，$[\theta] = 0.5 \sim 1.0°/m$；精密度较低的轴，$[\theta] = 1.0 \sim 2.5°/m$。具体的数值可查阅有关资料和手册。

【例 6-3】 某机器的传动轴如图 6-12(a) 所示。转速 $n = 300 \text{r/min}$，主动轮输入功率 $P_1 = 367 \text{kW}$，三个从动轮输出功率 $P_2 = P_3 = 110 \text{kW}$，$P_4 = 147 \text{kW}$。试设计轴的直径。已知 $[\tau] = 40 \text{MPa}$，$[\theta] = 0.3°/m$，$G = 80 \text{GPa}$。

图 6-12　传动轴

解 （1）计算外力偶矩

$$M_1 = 9550\frac{P_1}{n} = 9550\frac{367}{300} = 11.67 \times 10^3 \text{ N·m}$$

$$M_2 = M_3 = 9550\frac{P_2}{n} = 3.49 \times 10^3 \text{ N·m}$$

$$M_4 = 9550\frac{P_4}{n} = 4.69 \times 10^3 \text{ N·m}$$

（2）绘扭矩图

$$T_1 = M_2 = 3.49 \times 10^3 \text{ N·m} \quad （按符号规定为负扭矩）$$

$$T_2 = M_2 + M_3 = 6.98 \times 10^3 \text{ N·m} \quad （按符号规定为负扭矩）$$

$$T_3 = M_4 = 4.69 \times 10^3 \text{ N·m} \quad （按符号规定为正扭矩）$$

从扭矩图［图 6-12(e)］上看出，危险截面上的最大扭矩（绝对值）为 $|T|_{max} = 6.98 \times 10^3 \text{ N·m}$。

（3）确定直径 d　按强度条件，利用式(6-5)，得

$$d \geqslant \sqrt[3]{\frac{16|T|_{max}}{\pi[\tau]}} = \sqrt[3]{\frac{16 \times 6.98 \times 10^6}{\pi \times 40}} = 96 \text{ mm}$$

即根据强度要求，轴的直径应选 $d \geqslant 96$ mm。

按照刚度条件，利用式(6-9)，得

$$d \geqslant \sqrt[4]{\frac{|T|_{max} \times 180° \times 32}{G[\theta]\pi^2}} = \sqrt[4]{\frac{6.98 \times 10^3 \times 180° \times 32}{80 \times 10^9 \times 0.3 \times 3.14^2}} \text{ m} = 115 \text{ mm}$$

即根据刚度要求，轴的直径应选 $d \geqslant 115$ mm。

为了同时满足强度要求与刚度要求，最后选取轴的直径 $d = 115$ mm。

习题

一、判断题

1. 圆轴扭转时，各横截面绕其轴线发生相对转动。（　　）
2. 只要在杆件两端作用两个大小相等、方向相反的力偶，杆件就会发生扭转变形。（　　）
3. 传递一定功率的传动轴的转速越高，其横截面上所受的扭矩就越大。（　　）
4. 受扭杆件横截面上扭矩的大小，不仅与杆件所受外力偶矩的大小有关，而且与杆件横截面的形状、尺寸也有关。（　　）
5. 只要知道了作用在受扭杆件某截面一侧（左侧或右侧）所有外力偶矩的代数和，就可以确定该横截面上的扭矩。（　　）
6. 扭矩的正负号可按如下方法来规定：运用右手螺旋法则，四指表示扭矩的转向，当拇指指向与截面的外法线方向相同时扭矩为正，相反为负。（　　）
7. 一空心圆轴在产生扭转变形时，截面外缘处具有全轴最大的切应力，而截面内缘处的切应力为零。（　　）
8. 粗细和长短相同的二轴，一个为钢轴，另一个为铝轴，当受到相同的外力偶矩作用产生弹性扭转变形时，其横截面上最大切应力是相同的。（　　）

9. 一内径为 d，外径为 D 的空心圆截面轴，其极惯性矩可由式 $I_P = \dfrac{\pi D^4}{32} - \dfrac{\pi d^4}{32}$ 计算，而抗扭截面系数则相应地可由式 $W_P = \dfrac{\pi D^3}{16} - \dfrac{\pi d^3}{16}$ 计算。（   ）

10. 圆轴扭转时横截面上只存在切应力。（   ）

11. 圆轴扭转时，横截面上切应力的大小沿半径呈线性分布，方向与半径垂直。（   ）

12. 直径相同的两根实心轴，横截面上扭矩也相等，当两轴的材料不同时，其单位扭转角也不同。（   ）

13. 两根实心圆轴在产生扭转变形时，其材料、直径及所受外力偶矩均相同，但由于两轴的长度不同，所以长轴的单位扭转角要大一些。（   ）

14. 在材料和质量相同的情况下，等长的空心轴比实心轴的强度和刚度都高。（   ）

15. 圆轴扭转的刚度条件是最大扭转角不得超过许用单位扭转角。（   ）

二、选择题

1. 汽车传动主轴所传递的功率不变，当轴的转速降低为原来的二分之一时，轴所受的外力偶矩较之转速降低前将_____。

　　A. 增大一倍　　　　　B. 减少一半　　　　　C. 不改变

2. 如图 6-13 所示左端固定的等直圆杆，在外力偶作用下发生扭转变形，根据已知各处的外力偶矩的大小，可知固定端截面处的扭矩大小和正负为_____。

　　A. 7.5N·m　　　　　B. 2.5N·m　　　　　C. −2.5N·m

3. 一轴上主动轮的外力偶矩为 M_A，从动轮的外力偶矩为 M_B 和 M_C。而且 $M_A = M_B + M_C$。开始将主动轮安装在两从动轮中间，随后使主动轮和一从动轮位置互换，这样变动的结果会使轴内的最大扭矩_____。

　　A. 增大　　　　　B. 减小
　　C. 不变

图 6-13　题二、2 图

4. 如图 6-14 所示，圆轴受扭，已知截面上 A 点的切应力为 5MPa，则 B 点的切应力为_____。

　　A. 5MPa　　　　　B. 10MPa　　　　　C. 15MPa

5. 受扭转圆轴横截面上扭矩方向如图 6-15 中箭头所示，试分析图中的扭转切应力的分布_____是正确的。

图 6-14　题二、4 图　　　　图 6-15　题二、5 图

6. 直径为 D 的实心圆轴，两端所受的外力偶矩为 M，轴的横截面上最大切应力为 τ。

若轴的直径变为 $0.5D$，则轴的横截面上最大切应力应是_____。

A. 16τ　　　　　　B. 8τ　　　　　　C. 4τ

7. 实心圆轴受扭，当轴的直径减小一半时，其扭转角 φ 则为原来轴扭转角的_____。

A. 16 倍　　　　　　B. 8 倍　　　　　　C. 4 倍

8. 等截面圆轴扭转时的单位扭转角为 θ，若圆轴的直径增大一倍，则单位扭转角将变为_____。

A. $\dfrac{\theta}{16}$　　　　　　B. $\dfrac{\theta}{8}$　　　　　　C. $\dfrac{\theta}{4}$

9. 直径和长度相同而材料不同的圆轴，在相同扭矩作用下，它们的_____。

A. 最大切应力相同，扭转角相同

B. 最大切应力相同，扭转角不同

C. 最大切应力不同，扭转角不同

10. 校核某低碳钢主轴的扭转刚度时，发现单位扭转角超过了许用单位扭转角，为了保证轴的扭转刚度，最有效的措施是_____。

A. 改用合金钢　　　　B. 减小轴的长度　　　　C. 增大轴的直径

三、计算题

1. 试求图 6-16 所示各轴在指定横截面 1—1、2—2 和 3—3 上的扭矩。

(a)　　　　　　　　　　　　　　(b)

图 6-16　题三、1 图

2. 一传动轴如图 6-17 所示，已知 $M_A=300\text{N}\cdot\text{m}$，$M_B=130\text{N}\cdot\text{m}$，$M_C=100\text{N}\cdot\text{m}$，$M_D=70\text{N}\cdot\text{m}$，画出扭矩图，说明各轮如何放置比较合理。

图 6-17　题三、2 图

3. 如图 6-18 所示实心轴通过牙嵌离合器把功率传给空心轴。传递的功率 $P=7.5\text{kW}$，轴的转速 $n=100\text{r/min}$，试选择实心轴直径 d_1 和空心轴外径 D_2。已知 $d_2/D_2=0.5$，$[\tau]=40\text{MPa}$。

4. 如图 6-19 所示的船用推进器的轴，一段是实心，直径为 $d_1=280\text{mm}$；另一段为空心的，其内径为外径的一半 $d=D/2$。在两段产生相同的最大切应力条件下，求空心部分轴的外径 D。

图 6-18　题三、3 图

5. 如图 6-20 所示阶梯轴，已知：$P_A=15\text{kW}$，$P_B=35\text{kW}$，$n=200\text{r/min}$，$[\tau]=60\text{MPa}$。试校核阶梯轴的强度。

图 6-19 题三、4 图　　　　　　　图 6-20 题三、5 图

6. 一传动轴传动功率 $P=3\text{kW}$，转速 $n=27\text{r/min}$，材料为 45 钢，许用切应力 $[\tau]=40\text{MPa}$，试计算轴的直径。

7. 一钢制传动轴，受扭矩 $T=4\text{kN}\cdot\text{m}$，轴的切变模量 $G=80\times10^3\text{MPa}$，许用切应力 $[\tau]=40\text{MPa}$，单位长度的许用转角 $[\theta]=1°/\text{m}$，试计算轴的直径。

8. 如图 6-21 所示，阶梯形圆轴直径分别为 $d_1=40\text{mm}$，$d_2=70\text{mm}$，轴上装有三个带轮。已知由轮 3 输入的功率为 $P_3=30\text{kW}$，轮 1 的输出功率为 $P_1=13\text{kW}$，轴的转速 $n=200\text{r/min}$，材料的许用切应力 $[\tau]=60\text{MPa}$，$G=80\text{GPa}$，许用扭转角 $[\theta]=2°/\text{m}$。试校核轴的强度和刚度。

图 6-21 题三、8 图

9. 图 6-22 所示传动轴，已知：$P_A=5\text{kW}$，$P_B=10\text{kW}$，$P_C=30\text{kW}$，$P_D=15\text{kW}$，$n=300\text{r/min}$，$G=80\text{GPa}$，$[\tau]=40\text{MPa}$，$[\theta]=0.5°/\text{m}$。试按强度条件和刚度条件设计此轴直径。

图 6-22 题三、9 图

单元七
梁的弯曲强度

 知识目标

理解平面弯曲的概念
熟练掌握弯曲内力的分析方法
掌握剪力图和弯矩图的绘制方法
掌握剪力、弯矩与载荷集度之间的微分关系
掌握弯曲正应力的分析过程和弯曲正应力强度条件及其应用
熟悉简单图形的惯性矩
理解弯曲切应力的分析过程和弯曲切应力强度条件及其应用
掌握提高梁弯曲强度的措施

 技能目标

能够熟练绘制剪力图和弯矩图
能够熟练进行弯曲正应力的强度计算
能够计算简单图形的惯性矩
具备应用提高梁弯曲强度的措施指导工程实际的能力

 素养目标

培养学生分析问题、解决问题的能力
培养学生树立正确的世界观和科学的思维能力
培养学生的团队合作意识和精益求精的科学态度
培养学生具备良好的职业素养和职业道德
培养学生具备一丝不苟的工匠精神

课题一 概述

一、平面弯曲的概念

杆件的弯曲变形是工程中最常见的一种基本变形形式,如桥式起重机的大梁[图7-1(a)],火车轮轴[图7-1(b)]等杆件。它们的特点是:作用于这些杆件上的外力垂直于杆件的轴线,变形前为直线的轴线,变形后成为曲线。这种形式的变形称为弯曲变形。凡是以

图 7-1 梁的实例

弯曲变形为主的杆件习惯上称为梁。

工程中绝大多数梁的横截面都有一根对称轴。如图 7-2 所示。通过梁轴线和横截面对称轴的平面称为纵向对称平面。当梁上的外力（包括外力偶）都作用在纵向对称平面内时，梁的轴线将弯曲成一条仍位于纵向对称平面内的平面曲线（图 7-3）。这种情况下的弯曲变形称为平面弯曲。它是弯曲问题中最常见和最基本的情况。本单元仅研究平面弯曲问题。

图 7-2 梁的横截面

图 7-3 纵向对称面

二、梁的基本形式

根据梁的支承情况，如果梁的支座反力皆能用静力平衡方程求得，这种梁称为静定梁。静定梁有下列三种基本形式。

（1）简支梁 一端为固定铰链支座，另一端为活动铰链支座的梁。如图 7-4(a) 所示。

（2）外伸梁 简支梁具有一个或两个外伸端，如图 7-4(b) 所示。

图 7-4 梁的基本形式

（3）悬臂梁 一端为固定端，另一端为自由端的梁。如图 7-4(c) 所示。

课题二 弯曲内力

一、剪力和弯矩

当作用于梁上的外力均为已知时，就可进一步分析梁横截面上的内力。梁横截面上的内力可用截面法求得，以图 7-5(a) 所示简支梁为例，现求其任意横截面 1—1 上的内力。假想沿横截面 1—1 把梁分成两部分，取其中的任一段（例如左段）作为研究对象，将右段梁对左段梁的作用用截面上的内力来代替。由图 7-5(b) 可见，为使左段梁平衡，在横截面 1—1 上必然存在一个切于横截面方向的内力 F_Q，由平衡方程

$$\sum F_y = 0,\ F_{Ay} - F_Q = 0$$

得
$$F_Q = F_{Ay} = \frac{F}{2}$$

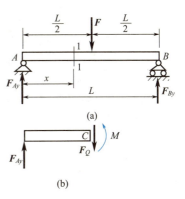

F_Q 称为横截面 1—1 上的剪力，它是与横截面相切的分布内力系的合力。若把左段梁上的所有外力和内力对截面 1—1 的形心 C 取矩，在截面 1—1 上还应有一个内力偶矩 M 与其平衡，其力矩总和应等于零。由平衡方程

$$\sum M_C = 0,\ M - F_{Ay}x = 0$$

得
$$M = F_{Ay}x$$

图 7-5 简支梁

M 称为横截面 1—1 上的弯矩。它是与横截面垂直的分布内力系的合力偶矩。

如果取右段梁作为研究对象，则同样可求得横截面 1—1 上的剪力 F_Q 和弯矩 M [图 7-5(c)]。

$$\sum F_y = 0 \qquad F_Q + F_{Ay} - F = 0$$

得
$$F_Q = F - F_{By} = \frac{F}{2}$$

由
$$\sum M_C = 0 \quad F_{By}(L - x) - F\left(\frac{L}{2} - x\right) - M = 0$$

得
$$M = F_{By}(L - x) - F\left(\frac{L}{2} - x\right) = \frac{F}{2}x$$

从以上结果可以看出，取左段梁和取右段梁作为研究对象求得的 F_Q 和 M 大小相等，但方向相反，这是因为截面两侧的力系为作用与反作用关系。为了使无论取左段梁还是右段梁得到的同一横截面上的 F_Q 和 M 不仅大小相等，而且正负号一致，通常对 F_Q 和 M 作如下规定：梁横截面上的剪力对所取梁段内绕任一点为顺时针方向转动时，剪力为正；反之为负 [图 7-6(a)]。梁横截面上的弯矩使梁段产生上部受压、下部受拉时为正；反之为负 [图 7-6(b)]。

根据上述正负号规定，在图 7-5(b)、(c) 两种情况中，横截面 1—1 上的剪力和弯矩均为正号。

图 7-6 剪力和弯矩的符号规定

由于截面一侧任一外力在该截面上产生的剪力总是与外力的方向相反,任一外力(包括外力偶)在该截面上产生的弯矩的转向总是与外力对截面形心力矩的转向相反。因此,可以对剪力和弯矩的正负号作如下规定。

① 若外力对所取梁段的截面是顺时针方向,则该力所产生的剪力为正;反之为负。

② 若外力使所取的梁段产生上部受压、下部受拉的变形时,则该力所产生的弯矩为正;反之为负。

根据这个规定和上述分析,计算任一截面的剪力和弯矩时,可由外力的大小和方向直接确定。

① 梁任一横截面上的剪力,等于该截面一侧梁上所有外力的代数和。

② 梁任一横截面上的弯矩,等于该截面一侧梁上所有外力对该截面形心力矩的代数和。

【例 7-1】 如图 7-7 所示悬臂梁,试求截面 $D—D$ 上的剪力和弯矩。

解 在截面 $D—D$ 处梁截为两部分,若取左段为研究对象,则应先求出固定端处的约束反力。现取右端为研究对象,$2F$ 对 $D—D$ 截面为顺时针,使截面产生正剪力;F 对 $D—D$ 截面为逆时针,使截面产生负剪力,因此,$D—D$ 截面上的剪力为

$$F_{QD} = 2F - F = F$$

$2F$ 对 $D—D$ 截面右侧梁段产生上部受拉、下部受压的变形,使截面产生负弯矩;F 对 $D—D$ 截面右侧梁段产生上部受压、下部受拉的变形,使截面产生正弯矩。故 $D—D$ 截面上的弯矩为

$$M_D = -2F \times \frac{3l}{2} + F \times \frac{l}{2} = -\frac{5Fl}{2}$$

【例 7-2】 如图 7-8 所示外伸梁,求 1—1 截面上的剪力和弯矩。

图 7-7 悬臂梁

图 7-8 外伸梁

解 由静力平衡方程求得约束反力

$$F_{Ay} = F \qquad F_{By} = 2F$$

截面右侧受力较简单,故按右侧外力计算。

力 F 对 1—1 截面为顺时针,使截面产生正剪力;力 F_{By} 对 1—1 截面为逆时针,产生负剪力。因此,1—1 截面上的剪力为

$$F_{Q1}=F-F_{By}=F-2F=-F$$

力 F 对 1—1 截面右侧梁段产生上部受拉、下部受压的变形,使截面产生负弯矩;力 F_{By} 产生上部受压、下部受拉的变形,产生正弯矩。因此,截面 1—1 上的弯矩为

$$M_1=-F(2l)+F_{By}l=-2Fl+2Fl=0$$

二、剪力图和弯矩图

在一般情况下,梁横截面上的剪力和弯矩都是随横截面的位置而变化的,若以横坐标 x 表示横截面在梁轴线上的位置,以与 x 轴垂直的坐标表示剪力和弯矩,则各横截面上的剪力和弯矩皆可表示为 x 的函数。即

$$F_Q=F_Q(x)$$
$$M=M(x)$$

上述的函数表达式,即为梁的剪力方程和弯矩方程。

为了直观地表示梁的各横截面上的弯矩 M 和剪力 F_Q 沿轴线变化的情况,可用图形来表示。取平行于梁轴的横坐标 x 表示横截面的位置,以纵坐标表示相应截面上的剪力和弯矩。这种图线分别称为剪力图和弯矩图。下面用例题说明列剪力方程和弯矩方程以及绘制剪力图和弯矩图的方法。

【例 7-3】 图 7-9(a) 所示为台钻手柄杆 AB,在自由端受集中力 F 作用,试列出梁的剪力方程和弯矩方程,并作剪力图和弯矩图。

解 列平衡方程求出支反力 $F_A=F$ 及 $M_A=Fl$,在截面右侧只有集中力 F,所以用截面右侧的外力来列剪力及弯矩方程。

$$F_Q(x)=F \qquad (0<x<l)$$
$$M(x)=-F(l-x) \qquad (0<x\leqslant l)$$

根据所列的剪力方程和弯矩方程,作剪力图 [图 7-9(c)] 和弯矩图 [图 7-9(d)],在梁的各横截面上,剪力都相同;在固定端横截面上,弯矩为最大,$|M|_{max}=Fl$。

【例 7-4】 图 7-10(a) 所示的简支梁 AB,在 C 点受集中力 F 的作用。试列出梁的剪力方程和弯矩方程,并作剪力图和弯矩图。

图 7-9 台钻手柄杆

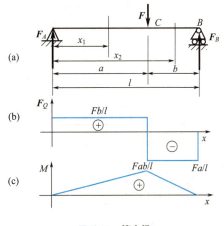

图 7-10 简支梁

解 （1）求支座反力　由平衡方程

$$\sum M_A = 0, \quad F_B l - Fa = 0$$

得

$$F_B = \frac{Fa}{l}$$

由

$$\sum M_B = 0 \quad -F_A l + Fb = 0$$

得

$$F_A = \frac{Fb}{l}$$

（2）列剪力方程和弯矩方程　因集中力 F 作用于 C 点，故对在力 F 左侧和右侧的两段梁必须分别列出剪力方程和弯矩方程

AC 段　　$F_Q(x_1) = F_A = \dfrac{Fb}{l}$　　　　$(0 < x_1 < a)$　　　　(a)

$M(x_1) = F_A x_1 = \dfrac{Fb}{l} x_1$　　　　$(0 \leqslant x_1 \leqslant a)$　　　　(b)

CB 段　　$F_Q(x_2) = F_A - F = \dfrac{Fb}{l} - F = -\dfrac{Fa}{l}$　　$(a < x_2 < l)$　　(c)

$M(x_2) = F_A x_2 - F(x_2 - a) = \dfrac{Fb}{l} x_2 - F(x_2 - a) = \dfrac{Fa}{l}(l - x_2)$　　$(a \leqslant x_2 \leqslant l)$　　(d)

根据式（a）、（c）绘剪力图。式（a）表明 AC 段内各截面上的剪力为常量 $\dfrac{Fa}{l}$，式（c）表明 CB 段各截面上的剪力为常量 $-\dfrac{Fa}{l}$，所以，在 AC 和 CB 段内的剪力图各是平行于 x 轴的水平线，在集中力作用处，F_Q 图发生突变，突变的值等于集中力的大小，如图 7-10(b) 所示。当 $a > b$ 时，CB 段内任意横截面上的剪力值为最大，其绝对值为 $|F_Q|_{\max} = \dfrac{Fa}{l}$。

根据式（b）、（d）绘制弯矩图，如图 7-10(c) 所示。在 AC 段和 CB 段内的弯矩图各是一条斜直线，在集中力作用处，M 图产生一转折，并有最大弯矩，其值为 $M_{\max} = \dfrac{Fab}{l}$。

【例 7-5】　图 7-11(a) 所示简支梁，在 C 点受集中力偶 M_0 作用，试作出此梁的剪力图和弯矩图。

图 7-11　简支梁

解　（1）求支座反力　由平衡方程得

$$F_A = -\frac{M_0}{l}, \quad F_B = \frac{M_0}{l}$$

（2）列剪力方程和弯矩方程　集中力偶 M_0 将梁分成 AC 和 CB 两段，两段梁的剪力方程和弯矩方程分别为

AC 段　　$F_Q(x_1) = F_A = \dfrac{M_0}{l}$　　　$(0 < x_1 \leqslant a)$　　(a)

$M(x_1) = F_A x_1 = \dfrac{M_0}{l} x_1$　　　$(0 \leqslant x_1 < a)$　　(b)

CB 段　　$F_Q(x_2) = F_A = \dfrac{M_0}{l}$　　　$(0 \leqslant x_2 < l)$　　(c)

$$M(x_2) = F_A x_2 + M_0 \qquad (a < x_2 \leqslant l) \qquad \text{(d)}$$

(3) 作剪力图和弯矩图　由式（a）和式（c）可知，两段梁的剪力方程相同，故剪力图为一水平直线，如图 7-11(b) 所示。由式（b）和式（d）知，两段梁的弯矩图均为斜直线，在集中力偶 M_0 的作用处，M 图发生突变，突变的绝对值等于集中力偶的大小。若 $a > b$，则在 C 点稍左的截面上发生最大弯矩，其值为 $M_{\max} = \dfrac{M_0}{l} a$。

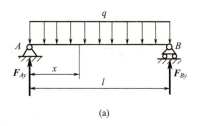

【例 7-6】 图 7-12(a) 所示简支梁 AB，受向下均布载荷 q 的作用，试列出梁的剪力方程和弯矩方程，并绘出剪力图和弯矩图。

解 （1）求支座反力　由梁的对称关系可得

$$F_{Ay} = F_{By} = \frac{ql}{2}$$

（2）列剪力方程和弯矩方程

$$F_Q(x) = F_{Ay} - qx = \frac{ql}{2} - qx \qquad (0 < x < l) \quad \text{(a)}$$

$$M(x) = F_{Ay} x - qx \frac{x}{2} = \frac{ql}{2} x - \frac{q}{2} x^2 \qquad (0 \leqslant x \leqslant l) \quad \text{(b)}$$

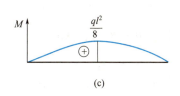

图 7-12　简支梁

(3) 绘剪力图和弯矩图　式（a）表明 F_Q 图为一斜直线，需要确定图形上的两个点

$$F_Q(0) = \frac{1}{2} ql, \quad F_Q(l) = -\frac{1}{2} ql$$

由以上两个值可绘出剪力图，如图 7-12(b) 所示。由该图可知，梁的最大剪力发生在两端支座内侧，即 A 截面的右侧和 B 截面的左侧，其绝对值为 $|F_Q|_{\max} = \dfrac{1}{2} ql$。

式（b）表明 M 图为一条二次抛物线

$$M(0) = 0, \quad M\left(\frac{l}{2}\right) = \frac{1}{8} ql^2, \quad M(l) = 0$$

利用以上三个值可以大致绘出 M 图，如图 7-12(c) 所示。在跨度中点横截面上弯矩为最大值 $M_{\max} = \dfrac{ql^2}{8}$，而在这一截面剪力 $F_Q = 0$。

三、剪力、弯矩与载荷集度之间的微分关系

若将分布载荷表示成坐标 x 的函数 $q(x)$，$q(x)$ 即为载荷集度函数，前述的均布载荷也就是载荷集度为常量的分布载荷，同时规定，均布载荷方向向上，载荷集度为正，反之为负。如例 7-6 所示的简支梁，作用的均布载荷的集度 $q(x) = -q$。

若对例 7-6 所示的简支梁的剪力方程 $F_Q(x) = \dfrac{ql}{2} - qx$ 和弯矩方程 $M(x) = \dfrac{ql}{2} x - \dfrac{q}{2} x^2$ 求一阶导数，得

$$\frac{dM(x)}{dx} = \frac{ql}{2} - qx = F_Q(x), \quad \frac{dF_Q(x)}{dx} = -q = q(x), \quad \frac{d^2 M(x)}{dx^2} = q(x)$$

弯矩 M、剪力 F_Q 和载荷集度 $q(x)$ 三者之间的这种微分关系是普遍的规律（证明从略）。掌握这些规律，有助于正确、迅速地绘制和判断剪力图和弯矩图。

由导数的性质可知：

① 在无分布载荷作用的梁段上，由于 $q(x)=0$，$\dfrac{dF_Q(x)}{dx}=q(x)=0$，因此，$F_Q(x)=$ 常数，即剪力图为一水平直线；由于 $F_Q(x)=$ 常数，$\dfrac{dM(x)}{dx}=F_Q(x)=$ 常数，$M(x)$ 是 x 的一次函数，弯矩图是斜直线，其斜率则随 $F_Q(x)$ 值而定；

② 对于有均布载荷作用的梁段，由于 $q(x)=$ 常数，则 $\dfrac{d^2M(x)}{dx^2}=q(x)=$ 常数，故在这一段内 $F_Q(x)$ 是 x 的一次函数，而 $M(x)$ 是 x 的二次函数，因而剪力图是斜直线而弯矩图是抛物线。具体说，当分布载荷向上，即 $q(x)>0$ 时，$\dfrac{d^2M(x)}{dx^2}>0$，弯矩图为凹曲线；反之，当分布载荷向下，即 $q(x)<0$ 时，弯矩图为凸曲线。

③ 若在梁的某一截面上 $F_Q(x)=0$，即 $\dfrac{dM(x)}{dx}=0$，亦即弯矩图的斜率为零，则在这一截面上弯矩为一极值。

④ 在集中力作用处，剪力 F_Q 有一突变（其突变的数值即等于集中力），因而弯矩图的斜率也发生一突然变化，成为一个转折点。

在集中力偶作用处，剪力图不变，弯矩图将发生突变，突变的数值即等于力偶矩的数值。

⑤ $|M|_{\max}$ 不但可能发生在 $F_Q(x)=0$ 的截面上，也可能发生在集中力作用处，或集中力偶作用处，所以求 $|M|_{\max}$ 时，应考虑上述几种可能性。

【例 7-7】 外伸梁及其所受载荷如图 7-13(a) 所示，试作梁的剪力图和弯矩图。

解 （1）求支座反力 由梁的平衡方程得

$$F_{Ay}=11.43\text{kN},\ F_{By}=28.57\text{kN}$$

（2）作剪力图 梁上的外力将梁分成 AB、BC 两段，在支座反力 F_{Ay} 作用的截面 A 上，剪力图向上突变，突变值等于 F_{Ay} 的大小。整个梁受向下均布载荷的作用，剪力图为向下倾斜的直线，AB 段剪力图由 A、B 两点剪力值确定，按剪力的符号规定，支座 B 稍左截面上的剪力为

$$F_{QB左}=F_{Ay}-8\times3.5=-16.57\text{kN}$$

同理，BC 段的剪力图也为斜直线，自右向左画，由 C、B 两点的剪力值确定此段直线，C 截面的剪力为 $F_{QC}=0$，支座 B 稍右截面的剪力为

$$F_{QB右}=8\times1.5=12\text{kN}$$

全梁的剪力图如图 7-13(b) 所示，截面 B 的突变值为

$$F_{By}=F_{QB右}-F_{QB左}=28.57\text{kN}$$

（3）作弯矩图 整个梁受向下的均布载荷的作用，无集中力偶，所以，弯矩图为向上凸的抛物

图 7-13 外伸梁

线,没有突变。剪力为零的截面为弯矩极值点,其位置为 $x=11.43/8=1.43\mathrm{m}$,按弯矩的符号规定,此截面上的弯矩值为

$$M=11.43\times1.43-\frac{8\times1.43^2}{2}=8.16\mathrm{kN\cdot m}$$

B 截面的弯矩值由梁的右段确定

$$M_B=\frac{1}{2}\times8\times1.5^2=9\mathrm{kN\cdot m}$$

AB 段由三点确定抛物线,BC 段可由两点确定抛物线,全梁的弯矩图如图 7-13(c) 所示。梁的最大弯矩发生在 B 截面处。

【例 7-8】 试作出图 7-14(a) 所示外伸梁的剪力图和弯矩图,已知:$M_0=3qa^2/2$,$F=qa/2$。

解 (1) 求支座反力 由梁的平衡方程得

$$F_A=\frac{3qa}{4},\ F_B=-\frac{qa}{4}$$

(2) 作剪力图 梁上的外力将梁分成 AC、CB、BD 三段,截面 A 上受支座反力 F_A 的作用,剪力图向上突变,突变值等于 F_A 的大小;AB 段只作用力偶,剪力值不变;B 点处有集中力 F_B 作用,剪力图向下突变,突变值等于 F_B 的大小;BD 段有均布载荷作用,剪力图为斜直线,从右向左画,D 点作用集中力 F,绕 DB 段逆时针方向,剪力图向下突变,突变值大小等于 F 的大小,最后画 DB 两点剪力坐标连线。整个梁的剪力图如图 7-14(b) 所示。

(3) 作弯矩图 截面 A 和截面 D 没有集中力偶,弯矩为零;AC 段没有载荷作用,弯矩图为斜直线;C 截面作用有集中力偶,弯矩图有突变,突变值大小为 M_0;BD 段作用均布载荷,弯矩图为抛物线,因剪力图在 E 点与 x 轴相交,所以,E 点所对应的截面为抛物线的极值点。梁的弯矩图如图 7-14(c) 所示。

参照例 7-7 练习本题剪力图和弯矩图特殊点的值。

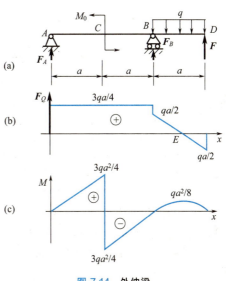

图 7-14 外伸梁

课题三 弯曲正应力

上一课题研究了梁弯曲时横截面上的内力计算,但要解决梁的强度问题,必须进一步研究梁横截面上内力的分布规律,即研究横截面上的应力。在一般情况下,梁的横截面上既有剪力,也有弯矩。剪力 F_Q 是与横截面相切的内力系的合力,故在截面上必然会产生切应力;而弯矩 M 是与横截面垂直的内力系的合力偶矩,所以在横截面上必然会产生正应力。

一、纯弯曲梁横截面上的正应力

若在梁的横截面上只有弯矩而无剪力,则所产生的弯曲称为纯弯曲;若在梁的横截面上

既有弯矩又有剪力,这样的弯曲称为横力弯曲。下面将按照分析构件横截面上应力的一般方法,先分析纯弯曲梁横截面上的正应力,然后将所得到的结果推广应用于横力弯曲的梁。

取图 7-15(a) 所示的梁,在梁的表面画上平行于轴线的纵向线和垂直于轴线的横向线。然后在梁的两端加一对大小相等,方向相反的力偶矩,该力偶矩位于梁的纵向对称平面内,使梁产生平面纯弯曲变形,如图 7-15(b) 所示。

图 7-15 纯弯曲梁的变形

从弯曲变形后的梁上可以看到,各横向线仍保持直线,只是相对地转了一个角度,但仍与变形后的纵向线垂直;各纵向线变成曲线,轴线以下的纵向线伸长,轴线以上的纵向线缩短。根据上述表面变形现象,对梁的内部变形作出如下假设。

① 梁的横截面变形后仍为平面,且仍垂直于梁变形后的轴线,只是绕着横截面上的某一轴旋转了一个角度。这个假设称为梁弯曲时的平面假设。

② 设想梁是由无数层纵向纤维所组成,且各层纤维之间无挤压作用,可认为每条纤维均处于单纯的拉伸或压缩。所以对于纯弯曲梁,其横截面上只有正应力而无切应力。

根据上述假设,其底面各纵向纤维伸长,顶面纵向纤维缩短,而纵向纤维的变形沿截面高度应该是连续变化的,所以,从伸长区到缩短区,中间必有一层既不伸长也不缩短,这一层纤维称为中性层,如图 7-15(c) 所示。中性层与横截面的交线称为中性轴。显然,在平面弯曲的情况下,中性轴必然垂直于截面的纵对称轴。

1. 变形几何关系

从梁上截取长为 dx 的微段 [图 7-16(a)],其变形后的情况如图 7-16(b) 所示。设横截面 1—1 和 2—2 绕各自中性轴相对转动了 $d\theta$ 角,中性层的曲率半径为 ρ。现在研究距中性层为 y 处纵向纤维 $\overline{ab}$ 的线应变。

变形前纤维原长 $\overline{ab} = dx$,变形后的弧长 $\overline{a'b'} = (\rho+y)d\theta$。又因为弧线 $O_1'O_2'$ 位于中性层,所以,$\overline{ab} = O_1O_2 = \overline{O_1'O_2'} = \rho d\theta$。则纵向纤维 $\overline{ab}$ 的线应变为

$$\varepsilon = \frac{\overline{a'b'} - \overline{ab}}{\overline{ab}} = \frac{(\rho+y)d\theta - \rho d\theta}{\rho d\theta}$$

即

$$\varepsilon = \frac{y}{\rho} \quad (7-1)$$

图 7-16 微段梁的变形

由于式中的 ρ 为一常数，故式(7-1) 表示纵向纤维的线应变与它到中性层的距离成正比。

2. 物理关系

由假设知道，纵向纤维处于单向拉伸或压缩，所以当正应力不超过材料的比例极限时，即可应用胡克定律求得横截面上距中性层为 y 处的正应力为

$$\sigma = E\varepsilon = E\frac{y}{\rho} \tag{7-2}$$

式(7-2) 表示横截面上正应力的分布规律。对于取定的横截面，$\dfrac{E}{\rho}$ 为常数，则横截面上任一点的正应力与该点到中性轴的距离 y 成正比，即正应力沿横截面高度按直线规律变化，中性轴上各点处的正应力均为零，离中性轴越远的点，其正应力越大，如图 7-17 所示。

图 7-17 弯曲正应力分布规律

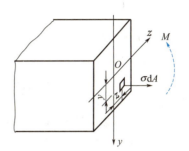

图 7-18 横截面上的弯矩

3. 静力平衡关系

式(7-2) 虽然给出了横截面上正应力的分布规律，但还不能直接进行正应力计算，还必须确定中性轴的位置和曲率半径 ρ 的大小。

现从纯弯曲梁中任一横截面处截开，如图 7-18 所示。在横截面上坐标轴为 (y, z) 处取一微元面积，其上作用的微内力为 $\sigma \mathrm{d}A$，横截面上各处的法向微内力组成一空间平行力系，而且，由于横截面上没有轴力，只有位于梁对称平面（即 x、y 平面）上的弯矩。因此，得到三个静力方程

$$N = \int_A \sigma \mathrm{d}A = 0 \tag{a}$$

$$M_z = \int_A y\sigma \mathrm{d}A = M \tag{b}$$

将式(7-2) 代入式(a)，得

$$\int_A \frac{E}{\rho}y\mathrm{d}A = \frac{E}{\rho}\int_A y\,\mathrm{d}A = \frac{E}{\rho}S_z = 0 \tag{c}$$

$S_z = \int_A y\mathrm{d}A = y_C A$ 为横截面对 z 轴的静矩，由式(c) 知，因为 $\dfrac{E}{\rho} \neq 0$，则必有

$$S_z = y_C A = 0$$

又因为横截面面积 A 不能等于零，所以

$$y_C = 0$$

此式说明，梁发生平面弯曲时，中性轴 z 必通过横截面形心。由此确定了中性轴的位置。

将式(7-2) 代入式(b)，得

$$\int_A E\frac{y}{\rho}y\mathrm{d}A = \frac{E}{\rho}\int_A y^2\mathrm{d}A = M$$

$\int_A y^2 dA$ 是与横截面的形状和尺寸有关的几何量,称为截面对 z 轴的惯性矩,用 I_z 表示,常用单位为 mm^4 或 m^4。于是上式可以写成

$$\frac{1}{\rho} = \frac{M}{EI_z} \qquad (7-3)$$

此式是研究梁弯曲变形的基本公式。它表明在指定的横截面处,中性层的曲率 $\frac{1}{\rho}$ 与该截面上的弯矩 M 成正比,与 EI_z 成反比。EI_z 越大,则曲率 $\frac{1}{\rho}$ 越小,故称 EI_z 为梁的抗弯刚度。

将式(7-3)代入式(7-2),得到

$$\sigma = \frac{My}{I_z} \qquad (7-4)$$

式(7-4)即为纯弯曲时梁横截面上任一点处的正应力计算公式。式中,M 为横截面上的弯矩;y 为横截面上所求应力的点到中性轴 z 的距离;I_z 为横截面对中性轴 z 的惯性矩。

一般用式(7-4)计算正应力时,M 与 y 均代以绝对值,然后根据弯矩图中弯矩的正负,直接判断 σ 是拉应力 σ_t 还是压应力 σ_c。即当弯矩 M 为正时,梁下部纤维伸长,故产生拉应力;上部纤维缩短而产生压应力。M 为负时,则与其相反。也可根据梁的变形情况确定。

由式(7-4)知,当 $y = y_{\max}$,即在横截面上离中性轴最远的各点处弯曲正应力最大,即

$$\sigma_{\max} = \frac{My_{\max}}{I_z} = \frac{M}{W_z} \qquad (7-5)$$

式中,$W_z = \frac{I_z}{y_{\max}}$,称为弯曲截面系数,是衡量横截面抗弯能力的一个几何量,其数值只与横截面的形状和尺寸有关,常用单位为 mm^3 或 m^3。

式(7-4)和式(7-5)是在纯弯曲条件下推导出来的。工程中常见的梁多为横力弯曲,当梁的跨度与横截面高度之比 $l/h > 5$ 时,剪力对弯曲正应力分布规律的影响甚小,其误差不超过1%。所以在横力弯曲时,用这两个公式计算梁的正应力足以满足工程上的精度要求。

注意:在平面弯曲的情况下,若梁的横截面有一对相互垂直的对称轴,当载荷作用在一对称轴所在的平面内时,另一对称轴即为中性轴,这时,横截面上正应力对于中性轴对称分布,且最大拉、压应力数值相等;若梁的横截面只有一根对称轴,当载荷作用在对称轴所在平面内时,中性轴通过截面形心且垂直于对称轴,这时横截面上的正应力分布不再对称于中性轴,而且最大拉应力和最大压应力数值不相等。如图7-19所示。

图 7-19 截面正应力分布

二、惯性矩

1. 简单平面图形惯性矩及弯曲截面系数

（1）矩形截面的惯性矩和弯曲截面系数　图 7-20 所示矩形截面，高为 h，宽为 b，y、z 轴通过截面形心。

先计算对 z 轴的惯性矩。取平行于 z 轴的阴影面积为微面积 $dA = b\,dy$，则

$$I_z = \int_A y^2 dA = \int_{-\frac{h}{2}}^{\frac{h}{2}} y^2 b\,dy = \frac{bh^3}{12} \quad (7\text{-}6a)$$

同理，可得对 y 轴的惯性矩

$$I_y = \frac{hb^3}{12} \quad (7\text{-}6b)$$

图 7-20　矩形截面惯性矩

然后，计算弯曲截面系数

$$W_z = \frac{I_z}{y_{max}} = \frac{\frac{bh^3}{12}}{\frac{h}{2}} = \frac{bh^2}{6} \quad (7\text{-}7a)$$

同理

$$W_y = \frac{hb^2}{6} \quad (7\text{-}7b)$$

（2）圆形截面的惯性矩和弯曲截面系数　图 7-21 所示直径为 d 的圆截面，y、z 轴通过截面形心。

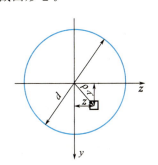

图 7-21　圆形截面惯性矩

先计算截面对 y、z 轴的惯性矩。从图 7-21 可见，$\rho^2 = y^2 + z^2$，所以截面的极惯性矩为

$$I_P = \int_A \rho^2 dA = \int_A y^2 dA + \int_A z^2 dA = I_z + I_y$$

由于圆形对任意直径轴都是对称的，故

$$I_z = I_y$$

又由 $I_P = \dfrac{\pi d^4}{32}$，所以

$$I_y = I_z = \frac{I_P}{2} = \frac{\pi d^4}{64} \quad (7\text{-}8a)$$

然后，计算弯曲截面系数

$$W_y = W_z = \frac{I_z}{y_{max}} = \frac{\pi d^3}{32} \quad (7\text{-}8b)$$

同理，空心圆截面对 y、z 轴的惯性矩和弯曲截面系数为

$$I_y = I_z = \frac{\pi D^4}{64}(1 - \alpha^4) \quad (7\text{-}9a)$$

$$W_y = W_z = \frac{\pi D^3}{32}(1 - \alpha^4) \quad (7\text{-}9b)$$

式(7-9a) 和式(7-9b) 中 D 为空心圆截面的外径，α 为内、外直径的比值。

对于各种型钢的惯性矩和弯曲截面系数，可查附录。

图 7-22 工字形截面惯性矩

2. 组合截面的惯性矩

工程中常遇到一些比较复杂的截面形状，有的是由矩形、圆形和三角形等几个简单图形组成的，有的是由几个型钢截面组成的，称为组合截面。对于组合截面，根据惯性矩的定义可知，组合截面对某轴的惯性矩，等于其各组成部分对同一轴的惯性矩之和。即

$$I_z = \sum_{i=1}^{n} I_{zi} \tag{7-10}$$

【例 7-9】 图 7-22 所示工字形截面，已知 b、h。试求截面对形心轴 y、z 的惯性矩。

解 （1）求 I_y 此组合截面可分为 Ⅰ、Ⅱ、Ⅲ 三个矩形，y 轴既是通过组合截面的形心轴，也是矩形 Ⅰ、Ⅱ、Ⅲ 的形心轴。故由式(7-10)及式(7-6b) 有

$$I_y = I_y(Ⅰ) + I_y(Ⅱ) + I_y(Ⅲ) = 2I_y(Ⅰ) + I_y(Ⅱ) = 2\frac{\frac{h}{4}b^3}{12} + \frac{\frac{h}{2}\left(\frac{b}{2}\right)^3}{12} = \frac{3hb^3}{64}$$

（2）求 I_z 可以将此组合截面理解为 $b \times h$ 的矩形 A_1 减去两个 $\frac{b}{4} \times \frac{h}{2}$ 的矩形 A_2，于是，由式(7-10) 有

$$I_z = I_z(A_1) - 2I_z(A_2) = \frac{bh^3}{12} - 2\frac{\frac{b}{4}\left(\frac{h}{2}\right)^3}{12} = \frac{5bh^3}{64}$$

3. 平行移轴公式

同一截面对于不同坐标轴的惯性矩的数值是不同的，但它们之间却存在着一定关系。

图 7-23 所示任意形状的截面图形，其面积为 A，z_C、y_C 轴为通过截面形心 C 的一对正交轴。通过截面形心的轴称为形心轴。z、y 轴分别与 z_C、y_C 轴平行，相应的平行轴之间的距离分别为 a 和 b。求截面图形对 z 轴和 y 轴的惯性矩。

在截面上取微面积 dA，dA 在 y-z 和 y_C-z_C 坐标系中的坐标分别为 (y, z) 和 (y_C, z_C)，对于坐标 y 和 y_C 有下列关系：$y = y_C + a$，则

图 7-23 平行移轴公式

$$I_z = \int_A y^2 dA = \int_A (y_C + a)^2 dA = \int_A y_C^2 dA + 2a \int_A y_C dA + a^2 \int_A dA$$

式中，等号右边的第一项表示截面图形对 z_C 轴的惯性矩 I_{zC}；第二项由于 z_C 通过截面形心，所以截面图形对形心轴 z_C 的静矩 $\int_A y_C dA = 0$；第三项的积分 $\int_A dA = A$。于是得

$$I_z = I_{zC} + a^2 A \tag{7-11a}$$

同理，可得

$$I_y = I_{yC} + b^2 A \tag{7-11b}$$

式(7-11) 称为惯性矩的平行移轴公式。即截面对任一轴的惯性矩，等于它对平行于该

轴的形心轴的惯性矩加上截面图形面积与两轴间距离平方的乘积。

【例 7-10】 求图 7-24 所示矩形截面对 z_1 轴的惯性矩。

解 根据平行移轴公式(7-11a) 得

$$I_{z1} = I_{zC} + \left(\frac{h}{2}\right)^2 bh = \frac{bh^3}{12} + \frac{bh^3}{4} = \frac{bh^3}{3}$$

三、弯曲正应力强度条件及其应用

由前述分析表明，对等截面直梁，梁的最大正应力发生在最大弯矩所在截面的上、下边缘处。为了保证梁能够正常工作，并有一定的安全储备，必须使梁横截面上的最大正应力不超过材料的许用弯曲应力 $[\sigma]$，即梁的弯曲正应力条件为

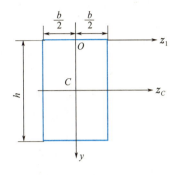

图 7-24 矩形截面对平行轴的惯性矩

$$\sigma_{\max} = \frac{M_{\max}}{W_z} \leqslant [\sigma] \tag{7-12}$$

应该指出，式(7-12) 只适用于抗拉强度和抗压强度相同的材料，梁的截面形状与中性轴相对称，如矩形、圆形、工字形、箱形等。

对于铸铁等抗拉强度和抗压强度不等的脆性材料，梁的截面形状采用与中性轴不对称的形状，如 T 字形等。由于材料的许用拉应力 $[\sigma_t]$ 和许用压应力 $[\sigma_c]$ 不等，则应分别进行强度计算。即

$$\sigma_{\text{tmax}} = \frac{M y_{\max}^t}{I_z} \leqslant [\sigma_t] \tag{7-13a}$$

$$\sigma_{\text{cmax}} = \frac{M y_{\max}^c}{I_z} \leqslant [\sigma_c] \tag{7-13b}$$

其中，σ_{cmax} 为最大压应力的绝对值。

【例 7-11】 图 7-25(a) 所示悬臂梁，已知 $F=15\text{kN}$，$l=400\text{mm}$，横截面尺寸如图 7-25(b) 所示。试求截面 B 上的最大弯曲拉应力和最大弯曲压应力。

图 7-25 悬臂梁

解 (1) 确定截面的形心 选参考坐标系 yOz'，并将截面 B 分成Ⅰ、Ⅱ两个矩形，如图 7-25(b) 所示。则

$$y_1 = y_C = \frac{A_{\text{I}} y_{\text{I}} + A_{\text{II}} y_{\text{II}}}{A_{\text{I}} + A_{\text{II}}} = \frac{120 \times 20 \times \frac{20}{2} + 20 \times 120 \times \left(20 + \frac{120}{2}\right)}{120 \times 20 + 20 \times 120} \text{mm} = 45\text{mm}$$

(2) 计算截面 B 对中性轴 z 轴的惯性矩　矩形 Ⅰ、Ⅱ 对 z 轴的惯性矩分别为

$$I_z(Ⅰ) = I_{z_{C1}} + A_1 a_1^2 = \left[\frac{120 \times 20^3}{12} + 120 \times 20 \times (45-10)^2\right] \text{mm}^4 = 3.02 \times 10^6 \text{mm}^4$$

$$I_z(Ⅱ) = I_{z_{C2}} + A_2 a_2^2 = \left[\frac{20 \times 120^3}{12} + 20 \times 120 \times \left(20 + \frac{120}{2} - 45\right)^2\right] \text{mm}^4 = 5.82 \times 10^6 \text{mm}^4$$

截面 B 对中性轴 z 的惯性矩为

$$I_z = I_z(Ⅰ) + I_z(Ⅱ) = (3.02 \times 10^6 + 5.82 \times 10^6) \text{mm}^4 = 8.84 \times 10^6 \text{mm}^4$$

(3) 计算截面 B 的弯矩

$$M_B = -Fl = -15 \times 10^3 \times 400 \text{N·mm} = -6 \times 10^6 \text{N·mm}$$

(4) 计算截面 B 的最大弯曲应力　因为弯矩 M_B 为负值，所以 B 截面正应力沿高度分布规律如图 7-25(c) 所示，在上、下边缘处，分别作用最大拉应力和最大压应力，其值分别为

$$\sigma_{\text{tmax}} = \frac{M_B y_1}{I_z} = \frac{6 \times 10^6 \times 45}{8.84 \times 10^6} \text{MPa} = 30.5 \text{MPa}$$

$$\sigma_{\text{cmax}} = \frac{M_B y_2}{I_z} = \frac{6 \times 10^6 \times (20+120-45)}{8.84 \times 10^6} \text{MPa} = 64.5 \text{MPa}$$

【例 7-12】　铸铁梁承受的载荷和横截面尺寸如图 7-26(a) 所示。已知：截面对中性轴 z 轴的惯性矩 $I_z = 6013 \times 10^4 \text{mm}^4$，材料的许用拉应力 $[\sigma_t] = 40 \text{MPa}$，许用压应力 $[\sigma_c] = 100 \text{MPa}$。试按正应力强度条件校核梁的强度。若载荷不变，但将 T 形截面倒过来放置是否合理？为什么？

图 7-26　外伸梁

解　(1) 求支座反力　由整体平衡得

$$F_B = 30 \text{kN}, \quad F_D = 10 \text{kN}$$

(2) 确定梁的最大弯矩　画梁的弯矩图,如图 7-26(b) 所示,最大弯矩发生在 $B—B$、$C—C$ 截面,其值 $M_{B\max} = -20\text{kN}\cdot\text{m}$,$M_{C\max} = 10\text{kN}\cdot\text{m}$。

(3) 求截面形心

$$y_1 = y_C = \frac{A_{\mathrm{I}} y_{\mathrm{I}} + A_{\mathrm{II}} y_{\mathrm{II}}}{A_{\mathrm{I}} + A_{\mathrm{II}}} = \left[\frac{30 \times 200 \times \frac{30}{2} + 200 \times 30 \times \left(\frac{200}{2} + 30\right)}{30 \times 200 + 200 \times 30}\right]\text{mm} = 72.5\text{mm}$$

(4) 校核梁的强度　考虑到铸铁材料的性质以及 T 形截面对中性轴不对称的特点,所以需要对最大正弯矩和最大负弯矩截面同时进行校核。

$B—B$ 截面正应力沿高度分布规律如图 7-26(c) 所示,上边缘的拉应力和下边缘的压应力分别为

$$\sigma_{\text{tmax}} = \frac{|M_B|_{\max} y_1}{I_z} = \frac{20 \times 10^6 \times 72.5}{6013 \times 10^4}\text{MPa} = 24.1\text{MPa} < [\sigma_t]$$

$$\sigma_{\text{cmax}} = \frac{|M_B|_{\max} y_2}{I_z} = \frac{20 \times 10^6 \times (230 - 72.5)}{6013 \times 10^4}\text{MPa} = 52.4\text{MPa} < [\sigma_c]$$

$C—C$ 截面正应力沿高度分布规律如图 7-26(d) 所示。因为 $|M_B|_{\max} > M_C$,$y_2 > y_1$,截面 C 上边缘各点产生的最大压应力应小于截面 B 上的最大压应力,故不需要对截面 C 进行压应力校核。截面 C 下边缘各点有可能产生较大的拉应力。则

$$\sigma_{\text{tmax}} = \frac{M_C y_2}{I_z} = \frac{10 \times 10^6 \times (230 - 72.5)}{6013 \times 10^4}\text{MPa} = 26.2\text{MPa} < [\sigma_t]$$

综上计算,梁的强度足够。

(5) 若将截面倒置,因为弯矩和惯性矩不变,$B—B$ 截面正应力沿高度分布规律如图 7-26(e) 所示,此时上边缘各点承受最大拉应力

$$\sigma_{\text{tmax}} = 52.4\text{MPa}$$

大于许用应力 $[\sigma_t] = 40\text{MPa}$,故若将截面倒置是不合理的。

【例 7-13】　图 7-27(a) 所示悬臂梁,已知:$q = 10\text{kN/m}$,$l = 4\text{m}$,材料的许用应力 $[\sigma] = 100\text{MPa}$,截面尺寸关系为 $b:h = 1:2$。试求:(1) 设计梁的横截面尺寸;(2) 若采用工字形截面,选择工字形钢的型号;(3) 比较其重量。

图 7-27　悬臂梁

解　(1) 确定梁的最大弯矩　画弯矩图,如图 7-27(b) 所示。在截面 B 处弯矩最大,其值为

$$|M|_{\max} = \frac{1}{2}ql^2 = \frac{1}{2} \times 10 \times 4^2 \text{kN}\cdot\text{m} = 80\text{kN}\cdot\text{m}$$

(2) 设计截面尺寸 由式(7-12)，得
$$W_z \geqslant \frac{|M|_{\max}}{[\sigma]} = \frac{80 \times 10^6}{100} \text{mm}^3 = 8 \times 10^5 \text{mm}^3$$

① 矩形截面
$$W_z = \frac{bh^2}{6} = \frac{b}{6}(2b)^2 = \frac{2}{3}b^3 \geqslant 8 \times 10^5 \text{mm}^3$$
$$b \geqslant 106 \text{mm}, \quad h = 212 \text{mm}$$

② 工字形截面

根据 $W_z \geqslant 8 \times 10^5 \text{mm}^3$，查型钢表，应选用No36a工字钢，其面积 $A = 76.44 \times 10^2 \text{mm}^2$。

(3) 比较两种截面梁的重量
$$\frac{A_{\text{工}}}{A_{\text{矩}}} = \frac{76.44 \times 10^2}{106 \times 212} = 0.34$$

上述结果表明，工字形截面梁的重量比矩形截面梁的重量轻很多。因此，在满足强度要求的条件下，采用工字形梁既节省材料，又减轻了结构的重量。

【例7-14】 图7-28(a)所示螺栓压板夹紧装置。已知 $l = 50 \text{mm}$，材料许用弯曲应力 $[\sigma] = 140 \text{MPa}$。试计算压板传给工件的最大允许压紧力 F。

图7-28 螺栓压板夹紧装置

解 压板可简化为图7-28(b)所示外伸梁。

(1) 确定梁的最大弯矩 画弯矩图如图7-28(c)所示，在截面 B 处弯矩最大，其值为
$$M_{\max} = Fl$$

(2) 计算弯曲截面系数 由式(7-10)计算截面对中性轴 z 轴的惯性矩为
$$I_z = \left(\frac{30 \times 20^3}{12} - \frac{14 \times 20^3}{12}\right) \text{mm}^4 = 1.07 \times 10^4 \text{mm}^4$$

弯曲截面系数
$$W_z = \frac{I_z}{y_{\max}} = \frac{1.07 \times 10^4}{10} \text{mm}^3 = 1.07 \times 10^3 \text{mm}^3$$

(3) 按正应力强度条件求最大允许压紧力 F
$$\sigma_{\max} = \frac{M_{\max}}{W_z} \leqslant [\sigma]$$
$$\frac{Fl}{1.07 \times 10^3} \leqslant 140$$

解得
$$F \leqslant 3000 \text{N} = 3 \text{kN}$$

【例7-15】 图7-29(a)所示圆截面外伸梁，其外伸部分是空心的，已知：$F = 10 \text{kN}$，

$q=5\text{kN/m}$,$[\sigma]=120\text{MPa}$,试校核梁的强度。

解 （1）求约束反力　由整体平衡方程得 $F_A=17.5\text{kN}$，$F_B=32.5\text{kN}$

（2）确定危险截面及其上的弯矩值　剪力图和弯矩图如图7-29(b)、(c) 所示，最大弯矩发生在 $x=3500\text{mm}$ 的 E 截面上，故 E 截面为可能的危险截面。但注意到外伸端为空心圆截面，其上 B 截面的弯矩值也较大，故 B 截面也是可能的危险截面。

（3）校核梁的强度

E 截面：

$$\sigma_{\max}=\frac{M_E}{W_z}=\frac{32M_E}{\pi d^3}=\frac{32\times30.6\times10^6}{\pi\times140^3}=114\text{MPa}<[\sigma]$$

图 7-29　外伸梁

B 截面：

$$\sigma_{\max}=\frac{M_B}{W_z}=\frac{32M_E}{\pi D^3(1-\alpha^4)}$$

$$=\frac{32\times20\times10^6}{\pi\times140^3\times\left[1-\left(\frac{100}{140}\right)^4\right]}$$

$$=100\text{MPa}<[\sigma]$$

故梁的强度足够。

课题四　弯曲切应力简介

对于横力弯曲的梁，梁的横截面上既有弯矩又有剪力，所以该截面上既有正应力又有切应力。在弯曲问题中，对于细长实心梁（如矩形截面、圆形截面等），一般正应力是强度计算的主要因素，而切应力可忽略不计。但是对于跨度短而截面高的梁、薄壁截面梁（如工字形截面），其横截面上的切应力可能达到很大数值，致使结构发生强度失效。为此，下面将按截面形状介绍梁弯曲时横截面上的切应力分布规律及其切应力强度计算。

一、矩形截面梁

1. 弯曲切应力分布假设

图 7-30(a) 所示宽为 b，高为 h 的矩形截面，截面上的剪力 F_Q 沿对称轴 y。当截面高度 h 大于宽度 b 时，则可对横截面上的切应力分布规律作如下假设［参看图 7-30(a)］：

① 横截面上各点处的切应力 τ 的方向与剪力 F_Q 平行；
② 切应力沿横截面宽度均匀分布，即横截面上距中性轴等距离的各点的切应力相等。

2. 弯曲切应力公式

图 7-30 矩形截面上的切应力分布

根据以上假设可导出横截面上距中性轴为 y 处横线上各点的切应力公式为

$$\tau = \frac{F_Q S_z^*}{I_z b} \tag{7-14}$$

式中，F_Q 为横截面上的剪力；I_z 为整个横截面对中性轴 z 的惯性矩；b 为横截面的宽度；S_z^* 为横截面上距中性轴为 y 的横线以外部分面积对中性轴 z 的静矩。

3. 切应力沿截面高度分布规律

对某一截面来说，式(7-14) 中的 F_Q、I_z、b 均为常量，只有静矩 S_z^* 随着所求应力点到中性轴的距离 y 而变化，其静矩为

$$S_z^* = b\left(\frac{h}{2} - y\right)\left(y + \frac{\frac{h}{2} - y}{2}\right) = \frac{b}{2}\left(\frac{h^2}{4} - y^2\right)$$

矩形截面对中性轴的惯性矩为

$$I_z = \frac{bh^3}{12}$$

由式(7-14)，得切应力为

$$\tau = \frac{F_Q S_z^*}{I_z b} = \frac{F_Q \times \frac{b}{2}\left(\frac{h^2}{4} - y^2\right)}{\frac{bh^3}{12} \times b} = \frac{6F_Q}{bh^3}\left(\frac{h^2}{4} - y^2\right)$$

上式表明，矩形截面梁的弯曲切应力沿截面高度按二次抛物线规律分布，如图 7-30(b) 所示。

当 $y = \pm \frac{h}{2}$ 时，$\tau = 0$，即横截面上、下边缘处切应力为零；

当 $y = 0$ 时，$\tau = \tau_{max}$，即中性轴上切应力最大，其值为

$$\tau_{max} = \frac{3}{2} \times \frac{F_Q}{bh} = \frac{3}{2} \times \frac{F_Q}{A} \tag{7-15}$$

式(7-15) 中 $A=bh$ 为矩形截面面积。此式说明矩形截面梁横截面上的最大切应力为平均切应力 $\dfrac{F_Q}{A}$ 的 1.5 倍。

二、工字形截面梁

工字形截面梁是由上、下翼缘及中间腹板组成的，如图 7-31(a) 所示。因腹板截面是一个矩形，且高度远大于宽度，故关于矩形截面上切应力分布的假设仍然适用，所以腹板上的切应力可用式(7-14) 来计算。

切应力沿腹板高度的分布规律如图 7-31(b) 所示，切应力仍是按抛物线规律分布，最大切应力 τ_{max} 仍发生在截面的中性轴上，其值为

$$\tau_{max}=\dfrac{F_Q S_{z\,max}^*}{I_z d}=\dfrac{F_Q}{d\dfrac{I_z}{S_{z\,max}^*}} \quad (7\text{-}16)$$

图 7-31 工字形截面切应力分布

式中，d 为腹板的宽度；$S_{z\,max}^*$ 为中性轴一侧（上侧或下侧）横截面面积对中性轴 z 的静矩。

从图 7-31(b) 可以看出，腹板上的最大切应力与最小切应力相差不大，特别当腹板的宽度 d 比较小时，二者相差更小，近似可认为切应力在腹板上是均匀分布的。即

$$\tau_{max}=\dfrac{F_Q}{dh_0}=\dfrac{F_Q}{A} \quad (7\text{-}17)$$

式中，h_0 为腹板的高度；A 为腹板的面积。

翼缘上的切应力分布情况比较复杂，计算表明，腹板所承担的剪力达 95%～97%。可见，横截面上的剪力绝大部分由腹板所负担，而翼缘上负担的剪力很小，无实际意义，所以翼缘上的切应力一般不予考虑。

工字形截面的全部翼缘面积都在离中性轴最远处，所以翼缘上的正应力较大，几乎全部负担了截面上的弯矩。

三、其他横截面梁

1. T 字形截面梁

图 7-32(a) 所示的 T 字形截面是由两个矩形组成，下面的狭长矩形与工字形截面的腹板类似，该部分上的切应力仍用下式计算。即

$$\tau=\dfrac{F_Q S_z^*}{I_z b_1} \quad (7\text{-}18)$$

2. 圆形及环形截面梁

对于圆形及环形这两种截面［图 7-32(b)、(c)］，它们的最大弯曲切应力均发生在中性轴处，并沿中性轴均匀分布，其值分别为

圆形

$$\tau_{max}=\dfrac{4}{3}\times\dfrac{F_Q}{A} \quad (7\text{-}19)$$

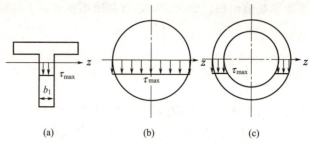

图 7-32 不同截面的切应力分布

环形

$$\tau_{max} = 2\frac{F_Q}{A} \tag{7-20}$$

式中，F_Q 为横截面上的剪力；A 为横截面面积。

四、弯曲切应力强度条件及其应用

梁的最大切应力 τ_{max} 发生在最大剪力所在的横截面的中性轴处，而该处的正应力为零，是纯剪切。所以，梁的弯曲切应力强度条件为

$$\tau_{max} \leqslant [\tau] \tag{7-21}$$

利用式(7-14)，上式可写为

$$\tau_{max} = \frac{F_{Qmax} S_{zmax}^*}{I_z b} \leqslant [\tau] \tag{7-22}$$

式中，$[\tau]$ 为材料的许用切应力。

【例 7-16】 图 7-33(a) 所示矩形截面简支梁，承受均布载荷 q 的作用，已知：$q=3.6$kN/m，$l=3$m，$b=0.12$m，$h=0.18$m，$[\sigma]=7$MPa，$[\tau]=0.9$MPa。试求梁内最大正应力和最大切应力之比值，并校核梁的强度。

图 7-33 矩形截面简支梁

解 (1) 确定 F_{Qmax} 和 M_{max} 画出梁的剪力图和弯矩图。由图 7-33 (b) 可知，梁的最大剪力发生在 A 和 B 截面处，其值

$$F_{Qmax} = \frac{1}{2}ql = \frac{3600 \times 3}{2} = 5400\text{N}$$

由图 7-33(c) 可知，最大弯矩发生在跨度中点截面处，其值

$$M_{max} = \frac{1}{8}ql^2 = \frac{3600 \times 3^2}{8} = 4050\text{N} \cdot \text{m}$$

(2) 计算最大应力并校核强度

$$\sigma_{max} = \frac{M_{max}}{W_z} = \frac{6M_{max}}{bh^2} = \frac{6 \times 4050 \times 10^3}{120 \times 180^2} = 6.25\text{MPa}$$

$$\tau_{max} = \frac{3}{2} \times \frac{F_{Qmax}}{A} = \frac{1.5 \times 5400}{120 \times 180} = 0.375\text{MPa}$$

由于 $\sigma_{max} < [\sigma]$，$\tau_{max} < [\tau]$，所以梁的强度足够。

(3) 计算最大正应力和最大切应力之比值

$$\frac{\sigma_{\max}}{\tau_{\max}} = \frac{M_{\max}}{W_z} \times \frac{2A}{3F_Q} = \frac{l}{h} = 16.7$$

由此例可知，当梁的跨度 l 与截面高度 h 相近时，弯曲切应力不能忽略。只有当梁的跨度远大于截面高度，而且材料的抗剪力又比较好时，方可忽略切应力对梁的强度的影响。

【例 7-17】 图 7-34(a) 所示某简易起重机的吊车大梁由 No32a 工字钢制成，其跨长 $l = 8m$，材料的许用弯曲正应力 $[\sigma] = 160MPa$，许用切应力 $[\tau] = 100MPa$，载荷 F 可以在梁上移动。试求梁的许可载荷 $[F]$。

图 7-34 简易起重机

解 (1) 由弯曲正应力强度条件计算 $[F]$ 值 当载荷 F 移动到跨度中点 C 时 [图 7-34(b)] 所引起的弯矩最大，此时梁的弯矩图如图 7-34(c) 所示，其最大弯矩为

$$M_{\max} = \frac{1}{4}Fl$$

查型钢表得 No32a 工字钢的弯曲截面系数 $W_z = 692 \times 10^3 mm^3$，因此

$$M_{\max} \leqslant [\sigma]W_z = 160 \times 692 \times 10^3 \text{N} \cdot \text{mm} = 111 \times 10^6 \text{N} \cdot \text{mm}$$

梁的许可载荷为

$$[F] \leqslant \frac{4M_{\max}}{l} = \frac{4 \times 111 \times 10^6}{8 \times 10^3}\text{N} = 55.5 \times 10^3 \text{N} = 55.5\text{kN}$$

(2) 用弯曲切应力条件校核 当载荷紧靠支座 A（或 B）的附近 [图 7-34(d)]，在支座和载荷之间，产生最大剪力，此时剪力图如图 7-34(e) 所示，其最大剪力为

$$F_{Q\max} = [F] = 55.5\text{kN}$$

查型钢表得 No32a 工字钢的 $\dfrac{I_z}{S_{z\max}} = 27.46 \times 10 mm$，$d = 9.5mm$，所以梁的最大切应力为

$$\tau_{\max} = \frac{F_{Q\max}S_{z\max}^*}{I_z d} = \frac{55.5 \times 10^3}{27.46 \times 10 \times 9.5}\text{MPa} = 21.3\text{MPa} < [\tau]$$

可见满足弯曲切应力强度条件。此梁的承载能力是由弯曲正应力强度条件控制，此吊车大梁的许可载荷 $[F] = 55.5\text{kN}$。

【例 7-18】 图 7-35(a) 所示简支梁，已知：$l = 2m$，$a = 0.2m$，$q = 10\text{kN/m}$，$F =$

200kN，材料的许用弯曲正应力 $[\sigma]=160$MPa，许用切应力为 $[\tau]=100$MPa。试设计选择工字钢型号。

图 7-35　工字截面简支梁

解　(1) 由弯曲正应力强度条件设计　梁的弯矩图如图 7-35(c) 所示，其最大弯矩 $M_{\max}=45$kN·m

$$W_z \geqslant \frac{M_{\max}}{[\sigma]} = \frac{45 \times 10^6}{160} \text{mm}^3 = 281 \times 10^3 \text{mm}^3$$

查型钢表选用 No22a 工字钢，其 $W_z=309 \times 10^3 \text{mm}^3$。

(2) 由弯曲切应力强度条件校核　梁的剪力图如图 7-35(b) 所示，其最大剪力

$$F_{Q\max}=210\text{kN}$$

查型钢表得 No22a 工字钢的 $\dfrac{I_z}{S_{z\max}^*}=189$mm，腹板厚度 $d=7.6$mm，其最大切应力为

$$\tau_{\max}=\frac{F_{Q\max}S_{z\max}^*}{I_z d}=\frac{210 \times 10^3}{189 \times 7.6}\text{MPa}=146.2\text{MPa} > [\tau]$$

由上式计算 $\tau_{\max}$ 超过 $[\tau]$ 很多，所以用试算法根据切应力强度条件重新设计。现以 No25b 工字钢进行试算。由型钢表查出其 $\dfrac{I_z}{S_{z\max}^*}=212.7$mm，$d=10$mm，再进行切应力强度校核。

$$\tau_{\max}=\frac{F_{Q\max}S_{z\max}^*}{I_z d}=\frac{210 \times 10^3}{212.7 \times 10}\text{MPa}=98.7\text{MPa} < [\tau]$$

综上计算，要同时满足弯曲正应力和切应力强度条件，需选用 No25b 工字钢。

课题五　提高梁弯曲强度的措施

所谓提高梁的强度，是指用尽可能少的材料，使梁能承受尽可能大的载荷，达到既经济又安全，以及减轻重量等目的。

在一般情况下，梁的强度主要是由正应力强度条件控制的。所以要提高梁的强度，应该在满足梁承载能力的前提下，尽可能减小梁的弯曲正应力。由正应力强度条件

$$\sigma_{\max}=\frac{M_{\max}}{W_z} \leqslant [\sigma]$$

可见，在不改变所用材料的前提下，应从减小最大弯矩 M_{max} 和增大弯曲截面系数 W_z 两方面考虑。

一、减小最大弯矩

1. 合理布置载荷

图 7-36 所示四根相同的简支梁，受相同的外力作用，但外力的布置方式不同，则相对应的弯矩图也不同。

比较图 7-36(a) 和（b），图（b）梁的最大弯矩比图（a）小，显然图（b）载荷布置比图（a）合理。所以，当载荷可布置在梁上任意位置时，则应使载荷尽量靠近支座。例如，机械中齿轮轴上的齿轮常布置在紧靠轴承处。

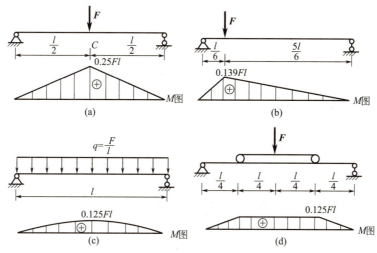

图 7-36 合理布置载荷

比较图 7-36(a) 和图（c）、图（d），图（c）与图（d）梁的最大弯矩相等，且只有图（a）梁的一半。所以，当条件允许时，尽可能将一个集中载荷改变为均布载荷，或者分散为多个较小的集中载荷。例如工程中设置的辅助梁，大型汽车采用的密布车轮等。

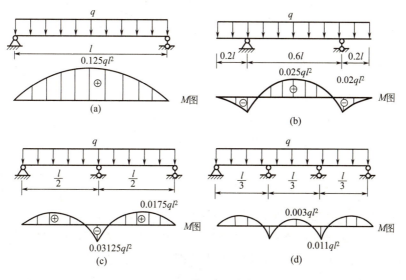

图 7-37 合理布置支座

2. 合理布置支座

图 7-37(a) 所示简支梁，其最大弯矩

$$M_{max} = \frac{1}{8}ql^2 = 0.125ql^2$$

图 7-37(b) 所示外伸梁，其最大弯矩

$$M_{max} = \frac{1}{40}ql^2 = 0.025ql^2$$

由以上计算可见，图 7-37(b) 梁的最大弯矩仅是图 7-37(a) 梁最大弯矩的 $\frac{1}{5}$。所以图(b) 支座布置比较合理。

为了减小梁的弯矩，还可以采用增加支座以减小梁跨度的方法，如图 7-37(c)，最大弯矩 $M_{max} = 0.03125ql^2$，为图(a) 的 $\frac{1}{4}$；若增加两个支座[图 7-37(d)]，则 $M_{max} = 0.011ql^2$，为图(a) 的 $\frac{1}{11}$。

二、提高弯曲截面系数

弯曲截面系数是与截面形状和截面尺寸有关的几何量。在材料相同的情况下，梁的自重与截面面积 A 成正比。为了减轻自重，就必须合理设计梁的截面形状。从弯曲强度方面考虑，梁的合理截面形状指的是在截面面积相同时，具有较大的弯曲截面系数 W_z 值的截面。例如一个高为 h、宽为 b 的矩形截面梁（$h>b$），截面竖放[图 7-38(a)]比横放[图 7-38(b)]抗弯强度大，这是竖放时的弯曲截面系数比横放时的弯曲截面系数大的缘故。

图 7-38 矩形截面

比较各种不同形状截面的合理性和经济性，可以通过 $\frac{W}{A}$ 来进行。比值越大，表示这种截面在相同截面面积时承受弯曲的能力越大，其截面形状越合理。例如：

直径为 h 的圆形截面

$$\frac{W}{A} = \frac{\pi h^3/32}{\pi h^2/4} = \frac{h}{8} = 0.125h$$

高为 h 宽为 b 的矩形截面

$$\frac{W}{A} = \frac{bh^2/6}{bh} = 0.167h$$

高为 h 的槽形及工字形截面

$$\frac{W}{A} = (0.27 \sim 0.31)h$$

可见，工字形截面、槽形截面较合理，圆形截面最不合理，如图 7-39 所示。其原因只要从横截面上正应力分布规律来分析，就迎刃而解了。正应力强度条件主要是控制最大弯矩截面上离中性轴最远处各点的最大正应力，而中性轴附近处的正应力很小，材料没有充分发挥作用。若将中性轴附近的一部分材料转移到离中性轴较远的边缘上，既充分利用了材料，又提高了弯曲截面系数 W_z 的值。例如工字钢截面设计符合这一要求，而圆形截面的材料比较集中在中性轴附近，所以工字形截面比圆形截面合理。

应该指出，合理的截面形状还应考虑材料的性质。对于抗拉和抗压强度相同的塑性材料，应采用对称于中性轴的截面，如矩形、工字形等。对于抗拉和抗压强度不同的脆性材料，应采用相对中性轴不对称的截面，并使中性轴靠近受拉一侧，如T形、U形等。

图 7-39 不同截面形状的比较

三、等强度梁

一般情况下，梁的弯矩随截面位置而变化。因此，按正应力强度条件设计的等截面梁，除最大弯矩截面处外，其他截面上的弯矩都比较小，弯曲正应力也小，材料未得到充分的利用，故采用等截面梁是不经济的。

工程中常根据弯矩的变化规律，相应地使梁截面沿轴线变化，制成变截面的梁。在弯矩较大处，采用较大的截面；在弯矩较小处，采用较小的截面。这种截面沿梁轴变化的梁称为变截面梁。

理想的变截面梁应使所有横截面上的弯曲正应力均相等，并等于材料的许用弯曲应力，即

$$\sigma_{\max} = \frac{M(x)}{W(x)} = [\sigma]$$

由此可得各截面的弯曲截面系数为

$$W(x) = \frac{M(x)}{[\sigma]} \tag{7-23}$$

式(7-23)表示等强度梁弯曲截面系数 $W(x)$ 沿梁的轴线变化规律。

从强度以及材料的利用上来看，等强度梁很理想。但这种梁的加工及制造比较困难，故在工程中一些弯曲构件大都设计成近似的等强度梁。例如建筑结构中的"鱼腹梁"[图 7-40(a)]，机械中的阶梯轴[图 7-40(b)]等。

图 7-40 等强度梁

综上所述，提高梁强度的措施很多，但在实际设计构件时，不仅应考虑弯曲强度，还应考虑刚度、稳定性、工艺要求等诸多因素。

 习题

一、判断题

1. 梁平面弯曲时，各截面绕其中性轴发生相对转动。 （   ）
2. 只要所有外力均作用在过轴线的纵向对称平面内，杆件就可能发生平面弯曲。 （   ）
3. 在集中力作用处，剪力图发生突变，其突变值等于此集中力；而弯矩图在此处发生转折。 （   ）

4. 在集中力偶作用处，剪力值不变；而弯矩图发生突变，突变值等于该集中力偶矩。（　）

5. 横截面上的剪力，在数值上等于作用在此截面任一侧（左侧或右侧）梁上所有外力的代数和。（　）

6. 用截面法确定梁横截面上的剪力或弯矩时，若分别取截面以左或以右为研究对象，则所得到的剪力或弯矩的符号通常是相反的。（　）

7. 简支梁仅作用一个集中力 F，则梁的最大剪力值不会超过 F 值。（　）

8. 梁的弯矩图上某一点的弯矩值为零，该点所对应的剪力图上的剪力值也一定为零。（　）

9. 在梁上某一点的剪力值为零，则对应的弯矩图在该点的斜率也为零；反过来，若弯矩图某点的斜率为零，则对应的剪力图在该点的剪力值也为零。（　）

10. 从左向右检查剪力图的正误时，可以看出，凡集中力作用处剪力图发生突变，突变值的大小和方向与集中力相同，若集中力向上，则剪力图向上突变。（　）

二、选择题

1. 梁在纯弯曲时，其横截面的正应力变化规律与纵向纤维应变的变化规律是_____的。
   A. 相似　　　　　　　　B. 相同　　　　　　　　C. 相反

2. 梁在平面弯曲时，其中性轴与梁的纵向对称面是_____。
   A. 垂直的　　　　　　　B. 平行的　　　　　　　C. 成任意角度的

3. 梁弯曲时，横截面离中性轴距离相同的各点处正应力是_____。
   A. 随截面形状的不同而不同　　B. 不同的　　　　　　　C. 相同的

4. 已知外径为 D，内径为 d 的空心截面梁，其抗弯截面系数是_____。
   A. $W_z = \dfrac{\pi}{32}(D^3 - d^3)$　　B. $W_z = \dfrac{\pi}{64}(D^4 - d^4)$　　C. $W_z = \dfrac{\pi D^3}{32}\left(1 - \dfrac{d^4}{D^4}\right)$

5. 如图 7-41 所示受均布载荷作用的四个梁，为了提高梁的承载能力，_____方式安排最合理。

图 7-41　题二、5 图

6. 下面四种形式的截面，其截面面积相同，从抗弯强度角度来看，_____是最合理的。
   A. 矩形　　　　　　　　B. 圆形
   C. 工字形　　　　　　　D. 空心圆形

7. 若将圆截面梁的直径增大为原来的 2 倍，则允许梁内的最大弯矩值将增大为原来的

_____ 倍。

A. 4　　　　　　　　　B. 6　　　　　　　　　C. 8

8. _____ 梁在平面弯曲时，其截面上的最大拉、压应力绝对值是不相等的。

A. 工字形截面　　　　　B. T字形截面　　　　　C. 矩形截面

三、计算题

1. 试计算图 7-42 所示各梁指定横截面的剪力和弯矩。

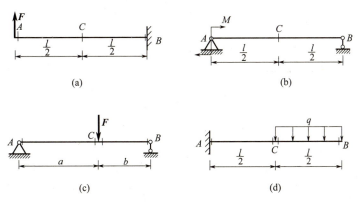

图 7-42　题三、1 图

2. 试建立图 7-43 所示各梁的剪力、弯矩方程，并作剪力、弯矩图。

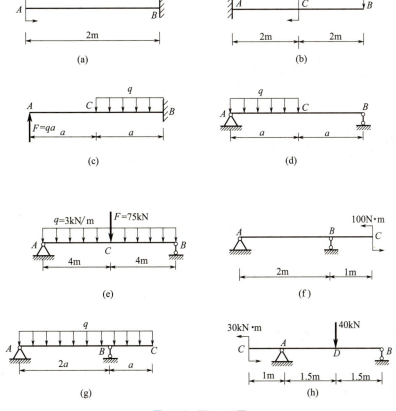

图 7-43　题三、2 图

3. 试利用载荷集度、剪力和弯矩间的微分关系作图 7-44 所示各梁的剪力图和弯矩图，并求 $F_{Q\max}$、$M_{\max}$ 值。

图 7-44　题三、3 图

4. 两根矩形截面梁受载如图 7-45 所示。一根是由整木制成的，另一根是由两方木相叠而成的（相叠处无任何粘接）。试求两根梁的最大正应力分别等于多少？

图 7-45　题三、4 图

5. 图 7-46 所示为一工字形钢梁，跨度中点作用集中力 $F=20\text{kN}$，跨长 $l=6\text{m}$，工字钢的型号为 20a。求梁的最大正应力。

6. 图 7-47 所示一圆形截面木梁受力 $F=3\text{kN}$，$q=3\text{kN/m}$，弯曲许用应力 $[\sigma]=10\text{MPa}$。试设计截面直径 d。

7. 图 7-48 所示梁 AB 为№10 工字钢，C 点由钢制圆杆 CD 悬挂，圆杆直径 $d=20\text{mm}$，梁和杆的许用应力均为 $[\sigma]=160\text{MPa}$。试求许可载荷 $[F]$。

图 7-46 题三、5图   图 7-47 题三、6图

图 7-48 题三、7图

8. 欲从直径为 d 的圆木中截取一矩形截面梁（图 7-49），试从强度角度求出矩形截面最合理的高、宽尺寸。

图 7-49 题三、8图

9. 一矩形截面梁如图 7-50 所示。已知：$F=2kN$，$h=3b$，$[\sigma]=8MPa$，试设计截面尺寸。

图 7-50 题三、9图

10. 如图 7-51 所示简支梁承受均布载荷 $q=15kN/m$，材料许用正应力 $[\sigma]=160MPa$，许用切应力 $[\tau]=80MPa$，求：

(1) 按正应力强度条件选择三种形状截面尺寸，矩形截面 $h=2b$；
(2) 校核切应力强度。

图 7-51 题三、10图

11. 如图 7-52 所示外伸梁，$F=100kN$，$q=50kN/m$，求：

(1) 梁内最大正应力和最大切应力；

(2) 梁内最大剪力截面上翼缘与腹板交界处 E 的切应力。

图 7-52　题三、11 图

12. 图 7-53 所示外伸梁受力 $F=20\text{kN}$，已知材料的弯曲许用正应力 $[\sigma]=160\text{MPa}$，许用切应力 $[\tau]=80\text{MPa}$。试选择工字钢的型号。

图 7-53　题三、12 图

单元八
梁的弯曲刚度

知识目标

理解挠曲线近似微分方程
了解积分法求梁的位移的方法
掌握叠加法求梁的位移的方法
掌握梁的刚度计算方法以及提高梁弯曲刚度的措施
认识简单超静定梁

技能目标

能熟练运用叠加法求梁的位移
能熟练进行梁的刚度计算
具备应用提高梁弯曲刚度的措施指导工程实际的能力

素养目标

培养学生分析问题、解决问题的能力
培养学生树立正确的世界观和科学的思维能力
培养学生的团队合作、独立思考、严谨认真的工作态度

  工程实际中，对某些受弯杆件，不仅要求它具有足够的强度，而且要求它的形变不能过大，即要求它具有足够的刚度。如图 8-1 所示的齿轮轴，若轴的变形过大，将影响齿轮的啮合，加速齿轮和轴承的磨损，产生噪声和振动，降低寿命。精密机床、模锻压力机等，对主轴、床身及工作台的弯曲变形都有一定的限制，以保证得到较高的加工精度。

图 8-1 齿轮轴

图 8-2 叠板弹簧

另外，工程中也有一些受弯构件，要求其具有足够大的弯曲变形能力以达到某种目的。例如图 8-2 所示车辆上用的叠板弹簧，正是利用它的弯曲变形，以减缓车辆在行驶中产生的冲击和振动。

本单元主要研究梁在平面弯曲时由弯矩引起的变形，用以进行梁的刚度计算和解超静定梁。

课题一　挠曲线近似微分方程

如图 8-3 所示悬臂梁，当梁在位于纵向对称面内的载荷作用下发生平面弯曲时，其轴线在对称面内由一根直线弯成一条光滑的平面曲线，此曲线称为挠曲线。

为了表示梁的变形，通常选取变形前梁的轴线为 x 轴，y 轴垂直向上。从图 8-3 可以看出，当梁在 x-y 平面内发生弯曲变形时，梁内各横截面在该平面内同时发生线位移和角位移。

图 8-3　挠曲线

一、挠度和转角

梁上任意横截面的形心在垂直于 x 轴线方向上的线位移，称为挠度，用符号 y 表示，并规定向上为正，向下为负。

梁横截面的形心在 x 轴线方向也有水平线位移，但在小变形条件下，此位移很小，可忽略不计。梁横截面相对于变形前初始位置绕中性轴所转过的角度，称为转角，用符号 θ 表示，并规定逆时针旋转的转角为正，顺时针旋转的转角为负。

挠度 y 和转角 θ 是随横截面的位置 x 而变化的，即 y 和 θ 都是 x 的函数。梁的挠曲线可表示为

$$y = f(x) \tag{8-1}$$

二、挠度 y 与转角 θ 的关系

根据弯曲平面假设，梁横截面在变形前垂直于轴线，变形后仍垂直于挠曲线。所以梁横截面 C 的转角 θ 与挠曲线上 C' 点的切线与 x 轴的夹角相等，如图 8-3 所示。挠曲线上任意一点处的斜率

$$\tan\theta = \frac{dy}{dx}$$

工程中，梁的变形很小，θ 是一个很小的角度，一般不大于 $1°$，所以 $\tan\theta \approx \theta$。即

$$\theta = \frac{dy}{dx} \tag{8-2}$$

此式表明，梁上任一横截面的转角等于该截面处的挠度对 x 坐标的一阶导数。可见，在计算梁的位移时，关键在于建立挠曲线方程，就可求得任一横截面的挠度 y 和转角 θ。

三、挠曲线近似微分方程

在研究梁的平面弯曲正应力时，已经得到纯弯曲时中性层曲率表达式(8-3)。即

$$\frac{1}{\rho} = \frac{M}{EI_z}$$

上式中 I_z 为截面对中性轴 z 的惯性矩，习惯直接写成 I。

对于横力弯曲，弯矩及曲率都随横截面位置 x 而变化，它们都是 x 的函数，故上式变为

$$\frac{1}{\rho(x)} = \frac{M(x)}{EI} \qquad (a)$$

由高等数学知，曲线 $y = f(x)$ 上任一点的曲率为

$$\frac{1}{\rho(x)} = \pm \frac{\dfrac{d^2 y}{dx^2}}{\left[1 + \left(\dfrac{dy}{dx}\right)^2\right]^{3/2}}$$

考虑到在小变形条件下转角 $\theta = \dfrac{dy}{dx}$ 是一个很小的量，故 $\left(\dfrac{dy}{dx}\right)^2 \ll 1$，于是上式可简化为

$$\frac{1}{\rho(x)} = \pm \frac{d^2 y}{dx^2} \qquad (b)$$

将式(b)代入式(a)，得

$$\pm \frac{d^2 y}{dx^2} = \frac{M(x)}{EI} \qquad (c)$$

式(c)中的正负号取决于所取坐标的方向。在图 8-4 所示的坐标系中，当弯矩 $M(x)$ 为正时，挠曲线向下凸，此时曲线的二阶导数 $\dfrac{d^2 y}{dx^2}$ 为正；当弯矩 $M(x)$ 为负时，挠曲线向上凸，此时曲线的二阶导数 $\dfrac{d^2 y}{dx^2}$ 为负，所以 $\dfrac{d^2 y}{dx^2}$ 与 $M(x)$ 始终同号，故式(c)的左端应取"+"号，即

$$\frac{d^2 y}{dx^2} = \frac{M(x)}{EI} \qquad (8-3)$$

此式为梁弯曲时挠曲线的近似微分方程，它是计算梁位移的基本公式。

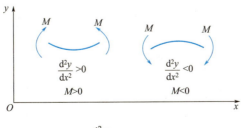

图 8-4 $\dfrac{d^2 y}{dx^2}$ 与 $M(x)$ 的关系

课题二 积分法求梁的位移

工程中常用等直梁,其弯曲刚度 EI 为常量。对挠曲线微分方程(8-3)积分一次,便得到梁的转角方程

$$EI\frac{dy}{dx}=EI\theta=\int M(x)dx+C \tag{8-4}$$

再积分一次,便得到挠曲线方程

$$EIy=\iint M(x)dxdx+Cx+D \tag{8-5}$$

式中,C、D 均为积分常数,其值可由梁的某些截面的已知变形条件来确定。例如,在固定端处,截面的挠度 $y=0$,转角 $\theta=0$;在铰支座处,截面的挠度 $y=0$;在弯曲变形的对称点上,转角 $\theta=0$ 等。这种已知的变形条件,称为梁的边界条件。另外,挠曲线应该是一条连续光滑的曲线。连续是指不断开;光滑是指曲线上不能出现折点或尖点。也就是说,在挠曲线的任一截面处,有唯一确定的挠度和转角,这称为梁的连续光滑条件。

根据边界条件和连续光滑条件确定积分常数后,就可建立梁的转角方程和挠曲线方程,从而可求出梁上任一截面的转角和挠度。这种求挠度和转角的方法称为积分法。

【例 8-1】 图 8-5 所示简支梁 AB 受均布载荷 q 作用,梁长 l,弯曲刚度 EI 为常数,求梁的挠曲线方程和转角方程,并计算最大挠度和最大转角。

图 8-5 简支梁

解 (1) 取坐标如图 8-5 所示,列弯矩方程 由梁的对称关系,可得梁的支座反力 $F_A=F_B=ql/2$,列弯矩方程

$$M(x)=-\frac{q}{2}x^2+\frac{ql}{2}x \quad (0\leqslant x\leqslant l) \tag{a}$$

(2) 建立挠曲线微分方程并积分 将式(a)代入式(8-3),得

$$EI\frac{d^2y}{dx^2}=M(x)=-\frac{q}{2}x^2+\frac{ql}{2}x \tag{b}$$

式(b) 积分一次得

$$EI\frac{dy}{dx}=EI\theta=-\frac{q}{6}x^3+\frac{ql}{4}x^2+C \tag{c}$$

再积分一次得

$$EIy=-\frac{q}{24}x^4+\frac{ql}{12}x^3+Cx+D \tag{d}$$

(3) 确定积分常数 简支梁的边界条件为两端铰支座 A、B 处的挠度均等于零,即

当 $x=0$ 时,$y_A=0$;代入式(d),得 $D=0$

当 $x=l$ 时,$y_B=0$;代入式(d),得 $C=-\dfrac{ql^3}{24}$

(4) 确定转角方程和挠度方程 将积分常数 C、D 的值代入式(c)、式(d),便得转角方程和挠曲线方程分别为

$$\theta=\frac{q}{24EI}(-4x^3+6lx^2-l^3) \tag{e}$$

$$y = \frac{q}{24EI}(-x^4 + 2lx^3 - l^3 x) \tag{f}$$

(5) 计算最大挠度和最大转角　根据受力及支承条件，可画出挠曲线的大致形状如图 8-5 虚线所示。由于梁上载荷和边界条件都对称于梁跨度中点。所以挠曲线也对称于梁跨度中点。在跨度中点挠曲线切线的斜率等于零，挠度为极值。将 $x = \dfrac{l}{2}$ 代入式(f)得最大挠度为

$$y_{\max} = -\frac{5ql^4}{384EI}$$

在 A、B 两端，截面转角的数值相等，符号相反，且绝对值最大。将 $x=0$ 和 $x=l$ 代入式(e)，得

$$\theta_{\max} = -\theta_A = \theta_B = \frac{ql^3}{24EI}$$

【例 8-2】　图 8-6 所示一等截面悬臂梁，受力如图所示，弯曲刚度为 EI。求梁的挠曲线方程和转角方程。

解　(1) 取坐标如图 8-6 所示，列弯矩方程　固定端的约束反力为 $M = Fl$，分段列弯矩方程

AC 段：$M(x_1) = Fl$ 　　$(0 \leqslant x_1 \leqslant l)$

CB 段：$M(x_2) = Fl - F(x_2 - l)$ 　　$(l \leqslant x_2 \leqslant 2l)$

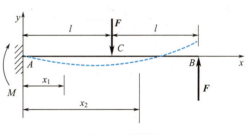

图 8-6　悬臂梁

(2) 建立挠曲线微分方程并积分　将弯矩方程式代入式(8-3)，得

AC 段

$$EI \frac{d^2 y_1}{dx_1^2} = Fl$$

积分一次得

$$EI \frac{dy_1}{dx_1} = Flx_1 + C_1 \tag{a}$$

再积分一次得

$$EI y_1 = \frac{Fl}{2} x_1^2 + C_1 x_1 + D_1 \tag{b}$$

CB 段

$$EI \frac{d^2 y_2}{dx_2^2} = Fl - F(x_2 - l)$$

积分一次得

$$EI \frac{dy_2}{dx_2} = Flx_2 - \frac{F}{2}(x_2 - l)^2 + C_2 \tag{c}$$

再积分一次得

$$EI y_2 = \frac{Fl}{2} x_2^2 - \frac{F}{6}(x_2 - l)^3 + C_2 x_2 + D_2 \tag{d}$$

(3) 确定积分常数　现有 C_1、D_1、C_2、D_2 四个积分常数，确定方法首先根据梁的挠曲线为一光滑连续曲线的特征，即同一截面上的转角和挠度分别相等的连续光滑条件，有：

当 $x_1 = x_2 = a$ 时，$\theta_1 = \theta_2$，代入式(a) 和式(c)，得 $C_1 = C_2$

$y_1 = y_2$，代入式(b) 和式(d)，得 $D_1 = D_2$

再由梁的边界条件：

当 $x_1 = 0$ 时，$\theta_A = 0$，代入式(a)，得 $C_1 = C_2 = 0$

$y_A = 0$，代入式(b)，得 $D_1 = D_2 = 0$

(4) 确定转角方程和挠曲线方程　将积分常数的值代入式(a)、式(b)、式(c)、式(d)，

便得转角方程和挠曲线方程分别为

AC 段
$$\theta_1 = \frac{Fl}{EI}x_1$$
$$y_1 = \frac{Fl}{2EI}x_1^2$$

CB 段
$$\theta_2 = \frac{F}{2EI}[2lx_2 - (x_2-l)^2]$$
$$y_2 = \frac{F}{6EI}[3lx_2^2 - (x_2-l)^3]$$

积分法是求梁位移的基本方法,其优点是可以求得转角和挠曲线的普遍方程式。但当梁上的载荷复杂时,需分段列弯矩方程,并分段积分,分段越多,积分常数越多,根据边界条件和变形连续光滑条件来确定积分常数的运算十分繁琐,所以积分法常用于梁上载荷比较简单的场合。

课题三 叠加法求梁的位移

在材料服从胡克定律和小变形条件下,梁的转角和挠度与梁上的载荷成线性关系,每一载荷引起的变形不受其他载荷的影响。于是当梁上有多个载荷作用时,可先分别计算各个载荷单独作用下引起的挠度或转角,然后算出它们的代数和,即可得到在这些载荷共同作用下梁的挠度或转角。这种方法称为叠加法。

梁在简单载荷作用下的挠度和转角列入表 8-1 中,以便查用。

表 8-1 简单载荷作用下梁的挠度和转角

序号	梁的简图	挠曲线方程	端面转角	最大挠度
1		$y(x) = -\dfrac{Mx^2}{2EI}$	$\theta_B = -\dfrac{Ml}{EI}$	$y_B = -\dfrac{Ml^2}{2EI}$
2		$y(x) = \dfrac{-Fx^2}{6EI}(3l-x)$	$\theta_B = -\dfrac{Fl^2}{2EI}$	$y_B = -\dfrac{Fl^3}{3EI}$
3		$y(x) = -\dfrac{qx^2}{24EI}(x^2-4lx+l^2)$	$\theta_B = -\dfrac{ql^3}{6EI}$	$y_B = -\dfrac{ql^4}{8EI}$
4		$y(x) = -\dfrac{Fx^2}{6EI}(3a-x)$ $0 \leqslant x \leqslant a$ $y(x) = -\dfrac{Fa^2}{6EI}(3x-a)$ $a \leqslant x \leqslant l$	$\theta_B = -\dfrac{Fa^2}{2EI}$	$y_B = -\dfrac{Fa^2}{6EI}(3l-a)$
5		$y(x) = -\dfrac{Fx}{48EI}(3l^2-4x^2)$ $0 \leqslant x \leqslant l/2$	$\theta_A = -\theta_B = -\dfrac{Fl^2}{16EI}$	$y_C = -\dfrac{Fl^3}{48EI}$

续表

序号	梁的简图	挠曲线方程	墙面转角	最大挠度
6	(简支梁，集中力F作用于距A端a处，b=l-a)	$y(x)=-\dfrac{Fbx}{6EIl}(l^2-x^2-b^2)$ $0\leqslant x\leqslant a$ $y(x)=-\dfrac{Fb}{6EIl}\left[\dfrac{l}{b}(x-a)^3+(l^2-x^2)x-x^3\right]$ $a\leqslant x\leqslant l$	$\theta_A=-\dfrac{Fab(l+b)}{6EIl}$ $\theta_B=\dfrac{Fab(l+a)}{6EIl}$	设 $a>b$ $x=\sqrt{\dfrac{l^2-b^2}{3}}$ 处 $y_{max}=-\dfrac{Fb\sqrt{(l^2-b^2)^3}}{9\sqrt{3}EIl}$ $x=\dfrac{l}{2}$ 处 $y_中=-\dfrac{Fb(3l^2-4b^2)}{48EI}$
7	(简支梁，中点C受集中力偶M)	$y(x)=-\dfrac{Mx}{6EIl}(l^2-x^2)$	$\theta_A=-\dfrac{Ml}{6EI}$ $\theta_B=\dfrac{Ml}{3EI}$	$x=\dfrac{l}{\sqrt{3}}$ 处 $y_{max}=-\dfrac{Ml^2}{9\sqrt{3}EI}$ $x=\dfrac{l}{2}$ 处 $y_中=\dfrac{Ml^2}{16EI}$
8	(简支梁，均布荷载q)	$y(x)=-\dfrac{qx}{24EI}(l^3-2lx+x^3)$	$\theta_A=-\theta_B=-\dfrac{ql^3}{24EI}$	$y=-\dfrac{5ql^4}{384EI}$
9	(简支梁，B端受集中力偶M，a+b=l)	$y(x)=\dfrac{Mx}{6EIl}(l^2-3b^2-x^2)$ $0\leqslant x\leqslant a$ $y(x)=-\dfrac{M(l-x)}{6EIl}[l^2-3a^2-(l-x)^2]$ $a\leqslant x\leqslant l$	$\theta_A=\dfrac{M}{6EIl}(l^2-3b^2)$ $\theta_B=\dfrac{M}{6EIl}(l^2-3a^2)$	$x=\sqrt{\dfrac{l^2-3b^2}{3}}$ 处 $y_{max}=\dfrac{M(l^2-3b^2)^{3/2}}{9\sqrt{3}EIl}$ $x=\sqrt{\dfrac{l^2-3a^2}{3}}$ 处 $y_{max}=\dfrac{-M(l^2-3a^2)^{3/2}}{9\sqrt{3}EIl}$
10	(外伸梁，外伸端C受集中力F)	$y(x)=\dfrac{Fax}{6EIl}(l^2-x^2)$ $0\leqslant x\leqslant l$ $y(x)=-\dfrac{F(x-l)}{6EI}[a(3x-l)-(x-l)^2]$ $l\leqslant x\leqslant(l+a)$	$\theta_A=-\dfrac{1}{2}\theta_B=\dfrac{Fal}{6EI}$ $\theta_C=-\dfrac{Fa}{6EI}(2l+3a)$	$y_C=-\dfrac{Fa^2}{3EI}(l+a)$ 在 $x=\dfrac{l}{\sqrt{3}}$ 处 $y(x)=\dfrac{Fal^2}{9\sqrt{3}EI}$
11	(外伸梁，外伸端C受集中力偶M)	$0\leqslant x\leqslant l$ $y=-\dfrac{Mx}{6lEI}(l^2-x^2)$ $l\leqslant x\leqslant l+a$ $y=\dfrac{M}{6EI}(3x^2-4lx+l^2)$	$\theta_A=\dfrac{Ml}{6EI}$ $\theta_B=\dfrac{Ml}{3EI}$ $\theta_C=\dfrac{M}{3EI}(l+3a)$	在 $x=\dfrac{l}{\sqrt{3}}$ 处 $y=\dfrac{Ml^2}{9\sqrt{3}EI}$ 在 $x=l+a$ 处 $y_C=\dfrac{Ma}{6EI}(2l+3a)$
12	(外伸梁，外伸段均布荷载q)	$0\leqslant x\leqslant l$ $y=\dfrac{qa^2}{12EI}\left(lx-\dfrac{x^3}{l}\right)$ $l\leqslant x\leqslant l+a$ $y=-\dfrac{qa^2}{12EI}\left[\dfrac{x^3}{l}+\dfrac{(2l+a)(x-l)^3}{al}+\dfrac{(x-l)^4}{2a^2}-lx\right]$	$\theta_A=+\dfrac{qa^2l}{12EI}$ $\theta_B=-\dfrac{qa^2l}{6EI}$ $\theta_C=-\dfrac{qa^3}{6EI}(l+a)$	在 $x=\dfrac{l}{\sqrt{3}}$ 处 $y=\dfrac{qa^2l^2}{18\sqrt{3}EI}$ 在 $x=l+a$ 处 $y_C=\dfrac{qa^3}{24EI}(3a+4l)$

【例 8-3】 图 8-7(a) 所示简支梁，受集中力 F 和均布载荷 q 作用，梁长 l，弯曲刚度 EI 为常数。求跨度中点 C 的挠度及截面 A 的转角。

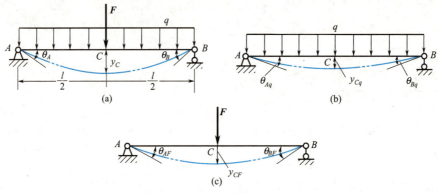

图 8-7 简支梁

解 图 8-7(a) 相当于图(b) 和图(c) 两种受力情况的叠加。

（1）各种载荷单独作用下跨度中点的挠度和截面 A 的转角 由表 8-1 可查得

$$y_{Cq} = -\frac{5ql^4}{384EI}, \quad \theta_{Aq} = -\frac{ql^3}{24EI}$$

$$y_{CF} = -\frac{Fl^3}{48EI}, \quad \theta_{AF} = -\frac{Fl^2}{16EI}$$

（2）应用叠加法求梁跨度中点 C 的挠度及截面 A 的转角

$$y_C = y_{Cq} + y_{CF} = -\frac{5ql^4}{384EI} - \frac{Fl^3}{48EI}$$

$$\theta_A = \theta_{Aq} + \theta_{AF} = -\frac{ql^3}{24EI} - \frac{Fl^2}{16EI}$$

【例 8-4】 图 8-8(a) 所示外伸梁，受集中力 F 和力偶 $M = Fa$ 作用，梁长 l 和 a 已知，弯曲刚度 EI 为常数。求截面 C 的挠度和转角。

图 8-8 外伸梁

解 图 8-8(a) 相当于图 (b) 和图 (c) 两种受力情况的叠加。

（1）在集中力 F 单独作用下的外伸梁的大致变形曲线如图(b) 中虚线所示。BC 段梁因没有外力作用，故可把 BC 段视为刚体随 AB 段梁的变形作刚性转动。而 BC 段的转角为常量，故 $\theta_{CF} = \theta_{BF}$。所以，截面 C 的挠度

$$y_{CF} = \theta_{CF} a = \theta_{BF} a$$

由表 8-1 查得载荷 F 引起的 B 端的转角为

$$\theta_{BF} = \frac{Fl^2}{16EI}$$

由 F 引起截面 C 的挠度

$$y_{CF} = \theta_{BF} a = \frac{Fl^2 a}{16EI}$$

（2）在集中力偶 M 单独作用下，外伸梁截面 C 的转角和挠度。由表 8-1 查得

$$\theta_{CM} = -\frac{M}{3EI}(l+3a) = -\frac{Fa}{3EI}(l+3a)$$

$$y_{CM} = -\frac{Ma}{6EI}(2l+3a) = -\frac{Fa^2}{6EI}(2l+3a)$$

（3）叠加以上结果，得到在集中力和力偶共同作用下梁截面 C 的转角和挠度分别为

$$\theta_C = \theta_{CF} + \theta_{CM} = \frac{Fl^2}{16EI} - \frac{Fa}{3EI}(l+3a)$$

$$y_C = y_{CF} + y_{CM} = \frac{Fl^2 a}{16EI} - \frac{Fa^2}{6EI}(2l+3a)$$

【例 8-5】 等刚度悬臂梁受力如图 8-9(a) 所示，试求梁的最大挠度和最大转角。

图 8-9 悬臂梁

解 为利用表 8-1 中的结果，将原梁上仅在 CB 段作用的均布载荷变为沿全梁的均布载荷，但为不改变原来载荷的作用效果，在 AC 段再加上载荷集度相同、而方向相反的均布载荷，如图 8-9(b) 所示。这时的梁与原梁的弯矩、刚度及支承条件均相同，所以二者的位移将是相同的。

利用叠加法，图 8-9(b) 所示梁上的载荷可以分解成图 8-9(c) 和 (d) 所示的两种载荷的叠加。其挠曲线的大致形状如图 8-9(c) 和 (d) 所示。由图可见，在这两种载荷作用下梁的最大挠度和最大转角均发生在梁的自由端 B 截面上。因此，原梁的最大挠度与最大转角也发生在 B 截面上，其值为

$$y_{\max}=y_B=y_{B1}+y_{B2} \tag{a}$$

$$\theta_{\max}=\theta_B=\theta_{B1}+\theta_{B2} \tag{b}$$

由表 8-1 查图 8-9(c) 所示梁在自由端的挠度 y_{B1} 和转角 θ_{B1} 分别为

$$y_{B1}=-\frac{ql^4}{8EI} \tag{c}$$

$$\theta_{B1}=-\frac{ql^3}{6EI} \tag{d}$$

对于图 8-9(d) 所示的梁，因其 CB 段上没有弯矩作用，因而不发生弯曲变形，但由于 AC 段弯曲的结果，CB 段发生刚体位移，挠曲线为斜直线。因此，CB 段的各截面转角相同，即 B 截面的转角 θ_{B2} 等于 C 截面的转角 θ_{C2}，即

$$\theta_{B2}=\theta_{C2}=\frac{q\left(\frac{l}{2}\right)^3}{6EI}=\frac{ql^3}{48EI} \tag{e}$$

B 截面的挠度 y_{B2} 包括两部分：一是由于 AC 段的弯曲变形引起的挠度 y'_{B2}，其值等于 C 截面的挠度 y_C，$y_C=\frac{q(l/2)^4}{8EI}=\frac{ql^4}{128EI}$；二是因 C 截面的转角 θ_{C2} 引起的挠度，其值为 $y''_{B2}=\theta_{C2}\times\frac{l}{2}=\theta_{B2}\times\frac{l}{2}$。于是有

$$y_{B2}=y'_{B2}+y''_{B2}=\frac{ql^4}{128EI}+\frac{ql^3}{48EI}\times\frac{l}{2}=\frac{7ql^4}{384EI} \tag{f}$$

将式(c)、(f) 代入式(a)，得原梁 B 截面的挠度为

$$y_B=y_{B1}+y_{B2}=-\frac{ql^4}{8EI}+\frac{7ql^4}{384EI}=-\frac{41ql^4}{384EI}$$

最大挠度为其绝对值，即

$$y_{\max}=|y_B|=\frac{41ql^4}{384EI}$$

将式(d)、(e) 代入式(b)，得原梁 B 截面的转角为

$$\theta_B=\theta_{B1}+\theta_{B2}=-\frac{ql^3}{6EI}+\frac{ql^3}{48EI}=-\frac{7ql^3}{48EI}$$

最大转角为其绝对值，即

$$\theta_{\max}=|\theta_B|=\frac{7ql^3}{48EI}$$

课题四　梁的刚度计算　提高梁弯曲刚度的措施

一、梁的刚度计算

在工程实际中，对梁的刚度要求，就是根据不同工作需要，其最大挠度和最大转角（或指定截面的挠度和转角）限制在所规定的允许值之内，即

$$|\theta|_{\max}\leqslant[\theta]$$

$$|y|_{\max}\leqslant[y]$$

上两式称为梁的刚度条件。式中 $|\theta|_{max}$ 和 $|y|_{max}$ 为梁产生的最大转角和最大挠度的绝对值，$[\theta]$ 和 $[y]$ 分别为对梁规定的许用转角和许用挠度，其值可从有关手册或规范中查得。

【例 8-6】 图 8-10（a）所示矩形截面梁，已知 $q=10\text{kN/m}$，$l=3\text{m}$，$E=196\text{GPa}$，$[\sigma]=118\text{MPa}$，许用挠度 $[y]=1/250$。试设计截面尺寸（$h=2b$）。

图 8-10 悬臂梁

解 （1）按强度设计 弯矩图如图（b）所示。最大弯矩

$$M_{max}=\frac{1}{2}ql^2=\frac{1}{2}\times 10\times 3^2=45\text{kN}\cdot\text{m}$$

矩形截面弯曲截面系数

$$W_z=\frac{bh^2}{6}=\frac{2b^3}{3}$$

由强度条件

$$\sigma_{max}=\frac{M_{max}}{W_z}\leqslant[\sigma]$$

$$b\geqslant\sqrt[3]{\frac{3M_{max}}{2[\sigma]}}=\sqrt[3]{\frac{3\times 45\times 10^6}{2\times 118}}\text{mm}=83\text{mm}$$

$$h=2b=166\text{mm}$$

（2）按刚度设计 由表 8-1 查得最大挠度值为

$$y_{max}=|y_B|=\frac{ql^4}{8EI}$$

矩形截面的惯性矩 $I=\dfrac{bh^3}{12}=\dfrac{2b^4}{3}$

根据刚度条件，由 $|y|_{max}\leqslant[y]$，有

$$\frac{ql^4}{8EI}\leqslant\frac{l}{250}$$

$$b\geqslant\sqrt[4]{\frac{3\times 250ql^3}{2\times 8E}}=\sqrt[4]{\frac{3\times 250\times 10\times(3\times 10^3)^3}{2\times 8\times 196\times 10^3}}\text{mm}=89.6\text{mm}$$

取 $b=90\text{mm}$，$h=180\text{mm}$

（3）根据强度和刚度设计结果，确定截面尺寸 比较以上两个计算结果，应取刚度设计得到的尺寸作为梁的最终设计尺寸，即 $b=90\text{mm}$，$h=180\text{mm}$。

【例 8-7】 图 8-11(a) 所示某车床主轴受力简图，若工作时最大主切削力 $F_1=2\text{kN}$，齿轮给轴的径向力 $F_2=1\text{kN}$，空心轴外径 $D=80\text{mm}$，内径 $d=40\text{mm}$，$l=400\text{mm}$，$a=200\text{mm}$，$E=210\text{GPa}$，截面 C 处许用挠度 $[y]=0.0001l$。试校核其刚度。

解 图8-11(a)简化为图8-11(b)，相当于图(c)和图(d)两种受力情况的叠加。

(1) 截面惯性矩

$$I = \frac{\pi}{64}(D^4 - d^4) = \frac{\pi}{64}(80^4 - 40^4)\text{mm}^4 = 189 \times 10^4 \text{mm}^4$$

(2) 在集中力 F_1 单独作用下，外伸梁的大致变形曲线如图(c)所示，由表8-1查得

$$y_1 = \frac{F_1 a^2}{3EI}(l + a)$$
$$= \frac{2 \times 10^3 \times 200^2}{3 \times 210 \times 10^3 \times 189 \times 10^4}$$
$$\times (400 + 200)\text{mm}$$
$$= 4.03 \times 10^{-2} \text{mm}$$

(3) 在集中力 F_2 单独作用下，简支梁的大致变形曲线如图(d)所示，由表8-1查得

$$\theta_{B2} = -\frac{F_2 l^2}{16EI}$$
$$y_2 = \theta_{B2} a = -\frac{F_2 l^2 a}{16EI}$$
$$= -\frac{1 \times 10^3 \times 400^2 \times 200}{16 \times 210 \times 10^3 \times 189 \times 10^4}\text{mm}$$
$$= -0.504 \times 10^{-2} \text{mm}$$

图 8-11 外伸梁

(4) 叠加以上结果，得到截面 C 的挠度为

$$y_C = y_1 + y_2 = (4.03 \times 10^{-2} - 0.504 \times 10^{-2})\text{mm} = 3.53 \times 10^{-2}\text{mm}$$

(5) 许用挠度

$$[y] = 0.0001 l = 0.0001 \times 400 \text{mm} = 4 \times 10^{-2} \text{mm}$$

因为 $y_C < [y]$，所以车床主轴满足刚度条件。

如果图8-11(a)中齿轮受的径向力 F_2 指向向下，这时 F_2 力将使 C 点向上移动，即

$$y_2 = 0.504 \times 10^{-2} \text{mm}$$

这样 C 点的挠度为

$$y_C = y_1 + y_2 = (4.03 \times 10^{-2} + 0.504 \times 10^{-2})\text{mm} = 4.53 \times 10^{-2}\text{mm}$$

此值大于 $[y]$，若主轴这样受力，刚度条件则不能满足。

二、提高梁刚度的措施

所谓提高梁的刚度，是指在外载荷作用下产生尽可能小的弹性位移。由表8-1可见，梁的挠度和转角除了与梁的载荷情况有关外，还与梁长度、抗弯刚度及约束条件有关。因此，通过考虑这些因素，可以找到提高梁弯曲刚度的措施。

1. 增大截面惯性矩

因为各类钢材的弹性模量 E 的数值极为接近，采用优质钢材对提高弯曲刚度意义不大，而且还造成浪费。所以，一般选择合理的截面形状，以增大截面的惯性矩。在工程上，常采

用工字形、箱形、空心圆轴等形状的截面，这样既提高了梁的强度，又提高了刚度。

2. 减小梁的跨度

梁的挠度和转角与梁的跨度长 l 的 n 次幂成正比，因此如能设法缩短梁的跨度，将能显著减小其挠度和转角。这是提高梁刚度很有效的措施之一。例如桥式起重机的箱形钢梁或桁架钢梁，通常采用两端外伸的结构。

3. 增加支座

增加支座也是提高梁刚度的有效措施之一。在梁的跨度不能缩短时，可采用增加支座的办法，以提高梁的刚度。例如在悬臂梁的自由端或简支梁的跨度中点增加一个支座，都可以使梁的挠度显著减小。但采用这种措施后，原来的静定梁就变成了超静定梁。有关超静定梁将在下单元中讨论。

4. 合理布置载荷，减小弯矩

弯矩是引起变形的主要因素。变更载荷位置或方式，减小梁内弯矩，可达到减小变形，提高刚度的目的。有关内容，在单元七研究提高弯曲强度的措施时已讨论过，这里不再赘述。

课题五　简单超静定梁

工程中为了提高梁的强度和刚度，或者由于结构上的其他要求，常在静定梁上增加支承，使之变成超静定梁。增加的支承，对于在载荷作用下保持梁的平衡并不是必需的，而是多余的，故属于多余约束，与之相应的约束反力称为多余约束反力。多余约束的个数，称为梁的超静定次数。

解超静定梁的方法很多，这里仅介绍解简单超静定梁常用的变形比较法。与解拉压超静定问题相似，解超静定梁问题的关键是建立变形补充方程。现举例说明解超静定梁的方法。

【例 8-8】 图 8-12（a）所示一等截面梁，若 q、l、EI 均已知，求全部约束反力，并绘出梁的剪力图和弯矩图。

解 （1）确定梁的超静定次数　在 A、B 处共有四个约束反力，根据静力平衡条件可列三个平衡方程，故为一次超静定梁。

（2）选择基本静定梁，建立相当系统　除去梁上多余的约束，使原来的超静定梁变为静定梁，此静定梁称为基本静定梁。例如对图 8-12（a）中的梁，若取支座 B 为多余约束并解除之，则得到图 8-12（b）所示的悬臂梁，此为相应的基本静定梁。

在基本静定梁上加上作用在原超静定梁上

图 8-12　超静定梁

的全部外载荷,即除原来的均布载荷外,还应加上多余约束反力 F_B,如图 8-12(c) 所示,此系统称为原超静定梁的相当系统。

(3) 列变形补充方程,求多余约束反力 为保证相当系统与原超静定梁完全等效,即二者的受力和变形应完全相同,所以相当系统在多余约束处的变形必须符合原超静定梁的约束条件,即满足变形协调条件。由图 8-12(a) 知,原超静定梁在 B 点处为铰支座,不可能产生挠度,所以挠度应为零。即

$$y_B = 0 \tag{a}$$

根据叠加法,由表 8-1 查得在外力 q 和 F_B 作用下,相当系统在截面 B 的挠度为

$$y_B = y_{Bq} + y_{BF} = -\frac{ql^4}{8EI} + \frac{F_B l^3}{3EI} \tag{b}$$

将式(b) 代入式(a),得到变形补充方程为

$$-\frac{ql^4}{8EI} + \frac{F_B l^3}{3EI} = 0$$

由此式解得多余约束反力

$$F_B = \frac{3}{8}ql$$

(4) 列静力平衡方程,求其余约束反力 由相当系统的平衡,图 8-12(c) 所示,列平衡方程

$$\sum m_A = 0 \quad M - ql\frac{l}{2} + F_B l = 0$$
$$\sum F_y = 0 \quad F_A + F_B - ql = 0$$

解得 $F_A = \frac{5}{8}ql$,$M = \frac{1}{8}ql^2$

(5) 绘剪力图和弯矩图 从剪力图 8-12(f) 知,最大剪力 $F_{Q_{max}} = \frac{5}{8}ql$,从弯矩图(图 g) 知,最大弯矩 $M_{max} = \frac{1}{8}ql^2$。若与没有支座 B 的静定梁相比,超静定梁的最大剪力和最大弯矩比静定梁分别减小了 $\frac{3}{8}ql$ 和 $\frac{3}{8}ql^2$。可见超静定梁由于增加了支座,其强度和刚度都提高了。

应该指出,相当系统的选取不是唯一的。例如图 8-12(a) 也可将固定端处限制横截面 A 转动的约束作为多余约束,并以多余约束反力偶矩 M 代替其作用,则原梁的相当系统如图 8-12(h) 所示。此时变形协调条件为截面 A 的转角为零,即

$$\theta_A = 0$$

由此求得的约束反力与上述完全相同。

对于解超静定梁的问题,其关键在于确定多余约束反力。多余约束反力确定后,作用在相当系统上的所有外载荷均为已知,由此即可按照分析静定梁的方法,继续进行内力、强度、刚度的计算。

【例 8-9】 图 8-13(a) 所示圆截面梁,已知:$F = 20\text{kN}$,$l = 500\text{mm}$,直径 $d = 60\text{mm}$,$[\sigma] = 160\text{MPa}$。试校核此梁的强度。

解 (1) 确定超静定次数 此梁有三个约束反力,根据平面平行力系平衡条件可列两个

平衡方程，故为一次超静定梁。

(2) 选择基本静定梁，建立相当系统　取支座 B 为多余约束，相应的基本静定梁为一简支梁。在此简支梁上受集中力 $\boldsymbol{F}$ 和多余约束反力 $\boldsymbol{F}_B$ 作用，相当系统如图 8-13(b) 所示。

(3) 列变形补充方程，求多余约束反力　由超静定梁支座 B 的约束条件得，B 点处的挠度应为零，即变形协调条件为

$$y_B = 0 \qquad (a)$$

根据叠加法，由表 8-1 查得在外力 $\boldsymbol{F}$ 和 $\boldsymbol{F}_B$ 作用下，相当系统截面 B 的挠度为

$$\begin{aligned}y_B &= y_{BF} + y_{BFB} \\ &= -\frac{F\dfrac{l}{2}l}{6\times 2lEI}\left[(2l)^2-(l^2)-\left(\dfrac{l}{2}\right)^2\right]+\dfrac{F_B(2l)^3}{48EI} \\ &= -\dfrac{11Fl^3}{96EI}+\dfrac{F_Bl^3}{6EI} \end{aligned} \qquad (b)$$

图 8-13　超静定梁

将式(b) 代入式(a)，得到变形补充方程为

$$-\frac{11Fl^3}{96EI}+\frac{F_Bl^3}{6EI}=0$$

由此式得

$$F_B=\frac{11}{16}F=\frac{11}{16}\times 20\mathrm{kN}=13.75\mathrm{kN}$$

(4) 列静力平衡方程，求其余约束反力　由图 8-13(b) 所示，列平衡方程

$$\sum m_A=0 \quad F_Bl-F\left(l+\frac{l}{2}\right)+F_C 2l=0$$

$$\sum F_y=0 \quad F_A+F_B+F_C-F=0$$

解得

$$F_A=-\frac{3F}{32}=-\frac{3\times 20}{32}\mathrm{kN}=-1.88\mathrm{kN}$$

$$F_C=\frac{13F}{32}=\frac{13\times 20}{32}\mathrm{kN}=8.13\mathrm{kN}$$

(5) 绘弯矩图，确定最大弯矩　从弯矩图 8-13(e) 知，梁的最大弯矩

$$M_{\max}=2.03\mathrm{kN}\cdot\mathrm{m}$$

(6) 梁的强度校核　梁的最大正应力为

$$\sigma_{\max}=\frac{M_{\max}}{W_z}=\frac{32M_{\max}}{\pi d^3}=\frac{32\times 2.03\times 10^6}{\pi\times 60^3}=95.7\mathrm{MPa}<[\sigma]$$

综合上述计算，此梁的强度符合要求。

 习题

一、选择题

1. 用____度量梁的弯曲变形。

A. 挠度和转角　　　　　　　B. 单位长度扭转角　　　　　　C. 角应变

2. 梁的变形叠加原理适用的条件是_____。
A. 梁的变形是小变形
B. 梁的变形是小变形，且梁内的正应力不超过弹性极限
C. 梁的变形是小变形，且梁内的正应力不超过比例极限

二、计算题

1. 已知 $M=Fl$，EI 为常量。（1）试画出各梁的弯矩图，并根据弯矩图及支承情况画出挠曲线的大致形状；（2）写出确定积分常数的条件。

图 8-14 题二、1 图

2. 试用积分法求图 8-15 所示梁的挠曲线方程和转角方程，并确定其最大挠度和最大转角。设 EI 为常数。

图 8-15 题二、2 图

3. 用叠加法求图 8-16（a）梁截面 B 的挠度和转角，图 8-16（b）梁截面 A 的转角和截面 B 的挠度。

图 8-16 题二、3 图

4. 用叠加法求图 8-17 各梁截面 B 的挠度和转角。

5. 图 8-18 所示为一工字钢简支梁。已知：$q=4\text{kN/m}$，$M=4\text{kN·m}$，材料弯曲许用应力 $[\sigma]=160\text{MPa}$，许用挠度 $[y]=\dfrac{l}{400}$，$E=200\text{GPa}$。试按强度条件选择型号，并校核梁的刚度。

图 8-17 题二、4 图

6. 试求图 8-19 所示梁的支座反力,并画出剪力图和弯矩图。

图 8-18 题二、5 图

图 8-19 题二、6 图

7. 图 8-20 所示为圆截面梁。已知 $q=15\text{kN/m}$,$l=4\text{m}$,直径 $d=100\text{mm}$,许用应力 $[\sigma]=100\text{MPa}$,试校核梁的强度。

图 8-20 题二、7 图

8. 图 8-21 所示结构由 AB 梁和 CD 杆组成。设梁的抗弯刚度为 EI,杆的抗拉刚度为 EA。试求杆 CD 所受的力。

图 8-21 题二、8 图

9. 一受均布载荷 q 作用的悬臂梁如图 8-22 所示,其自由端与一垂直的拉杆以铰链相联。设梁的抗弯刚度为 EI,杆的抗拉刚度为 EA。试求拉杆所受的拉力。

图 8-22 题二、9 图

单元九
应力状态分析和强度理论

 知识目标

理解应力状态的概念
掌握一点应力状态的研究方法
掌握平面应力状态的分析方法
掌握三向应力状态的分析方法以及最大切应力的确定
理解平面应力状态下的应力-应变关系
掌握强度理论

 技能目标

能够运用解析法和图解法进行平面应力状态分析
具备分析三向应力状态的能力
具有应用强度理论解决工程实际问题的能力

 素养目标

提升学生解决工程实际问题的技能水平
培养学生树立正确的世界观和科学的思维能力
培养学生的创新精神、实践能力和职业素养

 由扭转破坏性试验发现：塑性材料制成的试样破坏时，断口垂直于试样的轴线；而脆性材料制成的试样断口却为 45°螺旋面。由此会提出这样的两个问题：一是试样在破坏之前断口处应力具有什么特征，其应力数值是多少；二是试样破坏的原因是什么，破坏形式如何。把关于研究前者的理论称为应力状态分析，关于后者的理论或学说称为强度理论。

课题一　点的应力状态

一、应力状态的概念

在受力杆件的同一个横截面内，点的位置不同应力也不同，应力是点所在位置的函数。如平面弯曲的梁其横截面上的正应力是按线性规律变化的。但更值得注意的是，在同一个点的不同截面上的应力会随着截面的方位的变化而变化。如图 9-1(a) 所示，直杆在拉伸时，横截面 $a—a$ 上 K 点的应力为

$$\sigma_{0°} = \sigma = \frac{F}{A} \quad \tau_{0°} = 0$$

其中 A 为拉杆的横截面面积；而 [图 9-1(b)] b—b 截面上同一个 K 点的应力却为

$$\sigma_{45°} = \frac{\sigma}{2} = \frac{F}{2A} \quad \tau_{45°} = \frac{\sigma}{2} = \frac{F}{2A}$$

图 9-1 轴向拉伸杆不同截面的应力

所谓点的应力状态，就是指受力构件内某一点的各个方向截面上的应力情况。

二、一点应力状态的研究方法

研究一点处的应力状态时，需从所研究的点处切取一个微立方体，此微立方体称为单元体。此单元体具备下列特点和要求。

① 单元体各侧面上的应力均为已知。一般情况下，杆件横截面上的应力均可以求得，所以，只要以横截面为基础，必能从杆件中切取一个各侧面上的应力均为已知的单元体。

② 单元体各边尺寸极小。单元体边长为无穷小量，因此，可认为各侧面上的应力均匀分布，而且相对的一对侧面上应力相等。

【例 9-1】 一圆截面杆同时受拉伸和扭转（图 9-2），试切取其危险点单元体，并表示其应力状态。

图 9-2 圆截面杆同时受拉伸和扭转

解 （1）求内力　由截面法可知，杆的任一横截面上都有两个内力 [图 9-2(b)]，即轴力 $N = F$ 和扭矩 $T = M_O$。

（2）计算横截面上的应力并确定危险点　在横截面上，轴力 N 引起均匀分布的正应力 $\sigma = \frac{N}{A}$，同时，扭矩 T 引起扭转切应力，根据扭转切应力分布规律，$\tau_{max} = \frac{T}{W_P}$ 发生在周边各点。

据此判定，截面上周边各点为危险点。

（3）切取危险点单元体　以任一点 A 为代表，在 A 点左右取一对横截面，前后取两层圆柱面，上下取一对径向纵截面，切出单元体如图 9-2(c) 所示。其左右两侧面同时存在拉应力 σ 和扭转切应力 τ_{max}，并根据切应力互等定理，上下侧面也有与侧面数值相等的切应力，而其前后两侧面上应力为零。故所切取的单元体各侧面应力均为已知。

如图 9-3 所示，从轴向拉伸杆内 A 点截取单元体，即围绕该点沿杆的横向、纵向及前后截取单元体，左右侧面仅有正应力 $\sigma = \frac{F}{A}$，其他各面上无应力作用，故该单元体即可以充分反映 A 点的应力状态。由于前后侧面应力为零,所以将图 9-3(b) 单元体用平面单元体表示,如图 9-3(c) 所示。

图 9-3 受拉杆取单元体

图 9-4 所示悬臂梁,其 A、B、C 点的应力状态亦可用相应的单元体予以表示。正应力 $\sigma = \dfrac{M}{I_z}y$,切应力 $\tau = \dfrac{QS_z^*}{I_z b}$。

图 9-4 悬臂梁取单元体

三、主平面和主应力

在单元体上,切应力等于零的平面称为主平面,主平面上的正应力称为主应力。可以证明,通过任何受力构件内任一点,都可以找到三对互相垂直的主平面及相应的三组主应力,分别用 σ_1、σ_2、σ_3 表示,其大小按代数值顺序排列为 $\sigma_1 \geqslant \sigma_2 \geqslant \sigma_3$。

若单元体的三组正交平面都是主平面,这个单元体称为主单元体。

四、应力状态的分类

习惯上将应力状态作如下分类。

单向应力状态:三个主应力中只有一个不为零的应力状态,如单向拉压。

二向应力状态:三个主应力中两个不为零,另一个为零的应力状态。

三向应力状态:三个主应力皆不为零的应力状态。

只受切应力作用的应力状态,称为纯剪应力状态。所有应力作用线都处于同一平面内的应力状态,称为平面应力状态(二向应力状态)。单向应力状态与纯剪应力状态都是平面应力状态的特例。三向应力状态也称空间应力状态。

课题二 平面应力状态分析

平面应力状态是工程中最常见的应力状态。对构件进行强度计算时,常需要知道构件在危险点处主应力的大小及其方位,这就要求首先能够确定过单元体的任一斜截面上的应力。分析平面应力状态的常用方法有两种——解析法和图解法。

一、解析法

图 9-5(a) 所示的单元体为平面应力状态最一般的情况。三组正交平面的法线分别与 x、y、z 轴平行,则三组截面(按法线的平行轴)分别称为 x 截面、y 截面和 z 截面。各截面上的应力分别用截面法线的平行轴为脚标以示区别,x 截面上的正应力和切应力分别记为 σ_x 和 τ_{xy}(或 τ_x);y 截面上的正应力和切应力分别记为 σ_y 和 τ_{yx}(或 τ_y);z 截面为主平面,

且对应的主应力为零。将这个单元体向主平面内投影,简化为图 9-5(b) 所示的平面单元。根据切应力互等定理,$\tau_{xy}=\tau_{yx}$。应力的符号规定为:正应力以拉应力为正而压应力为负;切应力对单元体内任意点为顺时针转向为正,反之为负。按照上述符号规定,在图 9-5(a) 中,σ_x、σ_y 和 τ_{xy} 皆为正,而 τ_{yx} 为负。

图 9-5 平面应力状态分析

1. 斜截面上的应力

取任意斜截面 ef,其外法线 n 与 x 轴正向的夹角为 α。规定:由 x 轴转到截面外法线 n 为逆时针转向时,α 为正。以截面 ef 把单元体分成两部分,并研究 aef 部分的平衡[图 9-5(c)]。斜截面 ef 上的应力由正应力 σ_α 和切应力 τ_α 来表示。

设 ef 面的面积为 dA[图 9-5(d)],则 af 面的面积为 $dA\sin\alpha$,ae 面的面积为 $dA\cos\alpha$。将各个面上的应力乘以各自的作用面积,便得到各个面上的受力。因为单元体是平衡的,从单元体上截开的任意部分也必须是平衡的。把作用于 aef 部分上的力投影于 ef 面的外法线 n 和切线 τ 的方向并考虑其平衡。

$$\sum F_n = 0 \quad \sigma_\alpha dA + (\tau_{xy} dA\cos\alpha)\sin\alpha - (\sigma_x dA\cos\alpha)\cos\alpha + (\tau_{yx} dA\sin\alpha)\cos\alpha - (\sigma_y dA\sin\alpha)\sin\alpha = 0 \tag{a}$$

$$\sum F_\tau = 0 \quad \tau_\alpha dA - (\tau_{xy} dA\cos\alpha)\cos\alpha - (\sigma_x dA\cos\alpha)\sin\alpha + (\sigma_y dA\sin\alpha)\cos\alpha + (\tau_{yx} dA\sin\alpha)\sin\alpha = 0 \tag{b}$$

利用三角公式

$$\sin^2\alpha = \frac{1-\cos 2\alpha}{2}, \quad \cos^2\alpha = \frac{1+\cos 2\alpha}{2}, \quad \sin 2\alpha = 2\sin\alpha\cos\alpha$$

将式(a)、式(b)整理后得到

$$\sigma_\alpha = \frac{\sigma_x + \sigma_y}{2} + \frac{\sigma_x - \sigma_y}{2}\cos 2\alpha - \tau_{xy}\sin 2\alpha \tag{9-1}$$

$$\tau_\alpha = \frac{\sigma_x - \sigma_y}{2}\sin 2\alpha + \tau_{xy}\cos 2\alpha \tag{9-2}$$

以上两式表明,斜截面上的正应力 σ_α 和切应力 τ_α 随 α 角的改变而变化,即 σ_α 和 τ_α 都是 α 的函数。式(9-1)、式(9-2) 就是求以 α 为参数的任意斜截面上的正应力和切应力公式。它适用于所有平面应力状态。

【例 9-2】 试用解析法求图 9-6(a)中指定截面上的正应力和切应力,并把结果标在图上。

解 根据图中标出的应力可知

图 9-6 某点的单元体

$$\sigma_x = -40\text{MPa} \quad \sigma_y = 0 \quad \tau_{xy} = 20\text{MPa}$$

如图 9-6(b) 画出指定截面的外法线 n，它与 x 轴的正向成 $60°$ 角，所以 $\alpha = 60°$，由式 (9-1) 得

$$\sigma_{60°} = \frac{-40+0}{2} + \frac{-40-0}{2}\cos(2\times 60°) - 20\sin(2\times 60°) \approx -27.32\text{MPa}$$

由式 (9-2) 得

$$\tau_{60°} = \frac{-40-0}{2}\sin(2\times 60°) + 20\cos(2\times 60°) \approx -27.32\text{MPa}$$

斜截面上的应力如图 9-6(b) 所示。

2. 主应力

将式 (9-1) 对 α 求一阶导数，并令其为零，即

$$\frac{\text{d}\sigma_\alpha}{\text{d}\alpha} = -2\left(\frac{\sigma_x - \sigma_y}{2}\sin 2\alpha + \tau_{xy}\cos 2\alpha\right) = 0 \tag{a}$$

若 $\alpha = \alpha_0$ 时，能使导数 $\dfrac{\text{d}\sigma_\alpha}{\text{d}\alpha} = 0$，则在 α_0 所确定的截面上，正应力达到极值。以 α_0 代入式(a)，得到

$$\frac{\sigma_x - \sigma_y}{2}\sin 2\alpha_0 + \tau_{xy}\cos 2\alpha_0 = 0 \tag{b}$$

将式(b) 与式(9-2) 比较，可知式(b) 正是 α_0 截面上的切应力 τ_{α_0}，即正应力为极值时，该截面上的切应力恒等于零。因此，正应力的极值平面是主平面，正应力的极值是主应力。

由式(b) 可以确定主平面法线与 x 轴所夹的方位角 α_0：

$$\tan 2\alpha_0 = -\frac{2\tau_{xy}}{\sigma_x - \sigma_y} \tag{9-3}$$

因为正切函数是周期为 $180°$ 的周期函数，所以由式(9-3) 能够算出相差 $180°$ 的两个 $2\alpha_0$，即相差 $90°$ 的两个 α_0。因此主应力有两个，且分别作用于相差 $90°$ 的两个截面上：α_0 和 $(\alpha_0 + 90°)$。说明两个主平面是互相垂直的。

α_0 确定了两个正交主平面的法线方位，也确定了两个正交主应力的方位。

利用图 9-7 中三角形关系，求出 $\sin 2\alpha_0$ 和 $\cos 2\alpha_0$，代入式(9-1) 中，化简后得到两个主应力为

图 9-7 式（9-3）三角关系

$$\left.\begin{array}{l}\sigma'\\ \sigma''\end{array}\right\} = \frac{\sigma_x+\sigma_y}{2} \pm \sqrt{\left(\frac{\sigma_x-\sigma_y}{2}\right)^2+\tau_{xy}^2} \qquad (9\text{-}4)$$

其他截面上的正应力满足　$\sigma'' \leqslant \sigma_a \leqslant \sigma'$

由式(9-4)显然有

$$\sigma'+\sigma''=\sigma_x+\sigma_y$$

按式(9-3)可得出两个主平面的方位角,在主平面上标注主应力可按下列规则进行:σ'的作用线总是在两切应力矢量箭头所指向的那一侧。

【例 9-3】 已知某一点的单元体如图 9-8(a)所示,单位为 MPa,试求该点的主平面及主应力,并在图上画出主单元体。

解 由图 9-8(a)所示的应力知

$$\sigma_x = 100\text{MPa} \qquad \sigma_y = 160\text{MPa} \qquad \tau_{xy} = -40\text{MPa}$$

(1) 先由式(9-3)求出主平面的法线方向

$$\tan 2\alpha_0 = -\frac{2\tau_{xy}}{\sigma_x-\sigma_y} = -\frac{2\times(-40)}{100-160} = -\frac{4}{3}$$

所以　　　　　　　　　　$\alpha_0 = -26.57°,\ \alpha_0+90° = 63.43°$

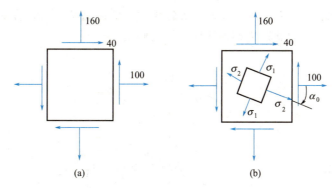

图 9-8　某点的单元体

(2) 求主应力

$$\left.\begin{array}{l}\sigma'\\ \sigma''\end{array}\right\} = \frac{\sigma_x+\sigma_y}{2} \pm \sqrt{\left(\frac{\sigma_x-\sigma_y}{2}\right)^2+\tau_{xy}^2}$$

$$= \frac{100+160}{2} \pm \sqrt{\left(\frac{100-160}{2}\right)^2+(-40)^2}$$

$$= (130\pm 50)\text{MPa}$$

所以 $\sigma' = 180\text{MPa}$, $\sigma'' = 80\text{MPa}$。因前后侧面的应力为零,所以主应力分别为 $\sigma_1 = \sigma' = 180\text{MPa}$, $\sigma_2 = \sigma'' = 80\text{MPa}$, $\sigma_3 = 0$。

(3) 画主单元体　由单元体上切应力箭头矢量的指向可知,$\alpha_0+90° = 63.43°$ 的平面为 σ_1 作用的主平面,$\alpha_0 = -26.57°$ 的平面为 σ_2 作用的主平面。因此该点处的主单元体如图 9-8(b)所示。

二、图解法

平面应力状态分析的图解法也称应力圆法。

1. 应力圆方程

将一点处任意斜截面上的应力公式(9-1) 和公式(9-2) 改写成下面形式

$$\sigma_\alpha - \frac{\sigma_x + \sigma_y}{2} = \frac{\sigma_x - \sigma_y}{2}\cos 2\alpha - \tau_{xy}\sin 2\alpha$$

$$\tau_\alpha = \frac{\sigma_x - \sigma_y}{2}\sin 2\alpha + \tau_{xy}\cos 2\alpha$$

以上两式等号两边平方，然后相加，得 σ_α 和 τ_α 的函数关系式

$$\left(\sigma_\alpha - \frac{\sigma_x + \sigma_y}{2}\right)^2 + \tau_\alpha^2 = \left(\frac{\sigma_x - \sigma_y}{2}\right)^2 + \tau_{xy}^2 \tag{9-5}$$

因为 σ_x、σ_y、τ_{xy} 皆为已知量，所以式(9-5) 是一个以 σ_α 和 τ_α 为变量的圆的方程。若以横坐标表示 σ，纵坐标表示 τ，则圆心坐标为 $\left(\frac{\sigma_x + \sigma_y}{2},\ 0\right)$，半径为 $\sqrt{\left(\frac{\sigma_x - \sigma_y}{2}\right)^2 + \tau_{xy}^2}$，这个圆称为应力圆。

2. 应力圆的画法

上述分析表明，对于平面应力状态，根据单元体 x 截面和 y 截面上的应力，由圆心坐标及圆的半径即可画出与给定的平面应力状态相对应的应力圆。但这样做并不方便。现以图 9-9(a) 所示的平面应力状态为例说明应力圆的画法。

图 9-9 应力圆

① 建立 σ-τ 直角坐标系。

② 按选定的比例尺在 σ-τ 坐标系中定出 $D(\sigma_x,\ \tau_{xy})$ 点和 $D'(\sigma_y,\ \tau_{yx})$ 点，则 D 和 D' 两点分别代表单元体上的 x 截面和 y 截面。

③ 连接 D、D' 两点，其连线 DD' 与横坐标轴相交，得交点 C。以 C 点为圆心，CD 为半径作圆，此圆即为图 9-9(a) 所示单元体的应力圆。

由此可以得到，平面应力状态单元体相互垂直的一对截面上的应力，与应力圆上点的坐标值之间有如下对应关系。

① 应力圆上的纵坐标和横坐标与单元体上截面的切应力和正应力有着一一对应的关系，

这种关系简称为"点面对应"关系。如应力圆上的 D 点对应于单元体的 x 截面，D' 点对应于 y 截面。

② 应力圆半径旋转时，半径端点的坐标随之改变，单元体上截面的法线沿相同方向旋转，这样才能保证单元体截面上的应力与应力圆上半径端点的坐标值相对应。

③ 应力圆上半径转过的角度，等于单元体截面法线旋转角度的 2 倍。

3. 斜截面上的应力

如图 9-9(a) 所示的单元体，欲求单元体 α 斜截面上的应力，可将应力圆的半径 CD 与单元体上 α 同转向旋转 2α 角，转至 CE 处，则 E 点的横坐标 OH 及纵坐标 HE 分别为该斜截面上的正应力 σ_α 和切应力 τ_α 之值。

证明如下：

$$OH = OC + CE\cos(2\alpha + 2\alpha_0) = OC + CE\cos2\alpha_0\cos2\alpha - CE\sin2\alpha_0\sin2\alpha$$

因为 CE 和 CD 都是同一个圆的半径，所以

$$CE\cos2\alpha_0 = CD\cos2\alpha_0 = CA = \frac{\sigma_x - \sigma_y}{2}$$

$$CE\sin2\alpha_0 = CD\sin2\alpha_0 = AD = \tau_{xy}$$

因此

$$OH = \sigma_\alpha = \frac{\sigma_x + \sigma_y}{2} + \frac{\sigma_x - \sigma_y}{2}\cos2\alpha - \tau_{xy}\sin2\alpha$$

同理可以证明

$$HE = \tau_\alpha = \frac{\sigma_x - \sigma_y}{2}\sin2\alpha + \tau_{xy}\cos2\alpha$$

4. 主应力和最大切应力

利用应力圆可以很方便地确定主应力的大小及主平面的方位。在图 9-9(b) 中，A_1 和 B_1 两点分别代表了单元体内的两个主平面，因此 A_1 和 B_1 点的横坐标 OA_1 和 OB_1 即为单元体的两个主应力 σ_1 和 σ_2（这里 $\sigma_3 = 0$）。大小与解析法中得到的结果相同，即

$$\sigma_1 = \sigma' = OA_1 = OC + CA_1 = \frac{\sigma_x + \sigma_y}{2} + \sqrt{\left(\frac{\sigma_x - \sigma_y}{2}\right)^2 + \tau_{xy}^2}$$

$$\sigma_2 = \sigma'' = OB_1 = OC - CB_1 = \frac{\sigma_x + \sigma_y}{2} - \sqrt{\left(\frac{\sigma_x - \sigma_y}{2}\right)^2 + \tau_{xy}^2}$$

由图 9-9(b) 可知，从 D 点顺时针转 $2\alpha_0$ 角即到 A_1 点。这意味着，在单元体上从 x 轴顺时针转 α_0 角，就可以得到主应力 σ_1 所在的主平面的外法线位置，如图 9-9(c) 所示。应力圆上从 CA_1 绕 C 点转到 CB_1 正好是 $180°$，所以单元体上两个主平面的夹角应为 $90°$，主单元体如图 9-9(c) 所示。

同样，由图 9-9(b) 可得单元体最大切应力为应力圆的半径，其所在的平面与主平面的夹角为 $45°$。

【例 9-4】 一点处的应力状态如图 9-10(a) 所示。试求：(1) 主应力和主平面的位置；(2) 最大切应力。

解 （1）作出坐标系 σ-τ，按比例尺取 $D(30, 35)$ 和 $D'(70, -35)$。连接 DD' 与 σ 轴相交于 C。以 CD 为半径作出应力圆 [图 9-10(b)]。

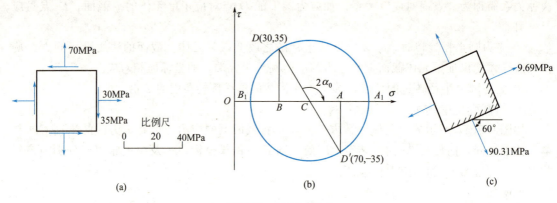

图 9-10 平面应力状态

量得 $\sigma_1 = OA_1 = 90\text{MPa}$，$\sigma_2 = OB_1 = 9.7\text{MPa}$，$\sigma_3 = 0$，$2\alpha_0 = \angle DCA_1 = 120°$，所以 $\alpha_0 = -60°$，$\alpha_0 + 90° = 30°$。主平面的位置如图 9-10(c) 所示。

(2) 由应力圆上量取最大切应力即为圆的半径 $\tau_{\max} = 40\text{MPa}$。

本题也可借助应力圆用解析法进行精确计算。计算过程如下：

C 点的横坐标 $\dfrac{\sigma_x + \sigma_y}{2} = \dfrac{1}{2}(30 + 70) = 50\text{MPa}$

应力圆的半径 $\sqrt{\left(\dfrac{\sigma_x - \sigma_y}{2}\right)^2 + \tau_{xy}^2} = \sqrt{20^2 + 35^2}\ \text{MPa} = 40.31\text{MPa}$

所以 $\sigma_1 = 50 + 40.31 = 90.31\text{MPa}$，$\sigma_2 = 50 - 40.31 = 9.69\text{MPa}$，$\sigma_3 = 0$

因为 $\angle B_1 CD = \arctan\dfrac{35}{20} = 60.3°$，所以 $2\alpha_0 = \angle DCA_1 = 180° - 60.3° = 119.7°$，$\alpha_0 = -119.7° \div 2 = -59.85°$，$\alpha_0 + 90° = -59.85° + 90° = 30.15°$

最大切应力等于应力圆半径 40.31MPa。

【例 9-5】 试求圆轴扭转时表面上任一点单元体的主应力和最大切应力，并分析试样破坏的主要原因。

解 圆轴扭转时 [图 9-11(a)]，最大切应力发生在圆轴外表面上各点处。任取外表面上

图 9-11 圆轴的扭转破坏

一点 K 进行分析，其中 K 点的单元体如图 9-11(b) 所示。单元体上下及两侧表面上只作用有切应力 $\tau_x = M/W_P$。因此，圆轴扭转时，其上任意一点的应力状态都是纯剪应力状态。

在 σ-τ 直角坐标系中，按比例尺分别取点 $D_1(0, \tau_x)$ 和 $D_2(0, -\tau_y)$。连接点 D_1 和 D_2，D_1D_2 与横坐标轴交于 O 点，以 O 为圆心，OD_1（或 OD_2）为半径作圆，此圆即为该单元体的应力圆 [图 9-11(c)]。

由应力圆可以看出

$$\sigma_1 = \tau, \ \sigma_2 = 0, \ \sigma_3 = -\tau, \ \tau_{max} = \tau$$

应力圆上从 D_1 到 A_1 顺时针转 $2\alpha_0 = 90°$，则主应力 σ_1 所在的主平面应从 x 截面顺时针转 $\alpha_0 = 45°$，如图 9-11(b) 所示。

低碳钢试样扭转试验时，沿横截面破坏，因此，可以认为这种破坏是由最大切应力引起的，说明塑性材料的抗剪能力差 [图 9-11(d)]。

铸铁试样扭转试验时，沿最大拉应力作用面（—45°螺旋面）断开，因此，可以认为这种脆性破坏是由最大拉应力引起的，说明脆性材料抗拉能力差 [图 9-11(e)]。

课题三　三向应力状态及最大切应力

工程实际中，有时也会遇到三向应力状态问题，如低碳钢拉伸实验中，缩颈部分处于三向拉伸的应力状态 [图 9-12(a)]；球轴承的滚珠与内圈接触处，处于三向压缩的应力状态 [图 9-12(b)]。

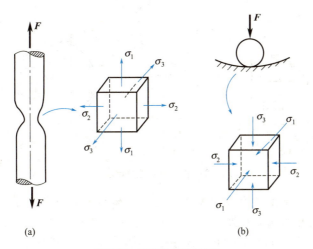

图 9-12　三向应力状态实例

若一点处的主单元体和三个主应力已求出，如图 9-13(a) 所示，则可以由 σ_1、σ_2、σ_3 作出一点的三向应力圆：在 σ 轴上找到与 σ_1、σ_2、σ_3 对应的三点 A_1、A_2、A_3，分别以线段 A_1A_2、A_2A_3、A_1A_3 为直径作圆，如图 9-13(b) 所示，即为这点的三向应力圆。三个应力圆与 σ 轴的交点对应三个主应力（$\sigma_1 \geqslant \sigma_2 \geqslant \sigma_3$）；三个应力圆有各自对应的切应力极值点 E_1、E_2、E_3，但最大切应力为

$$\tau_{max} = \frac{\sigma_1 - \sigma_3}{2} \tag{9-6}$$

其作用面与 σ_1、σ_3 的主平面夹角为 45°。如图 9-13(a) 所示。

图 9-13 三向应力圆

如图 9-14(a) 所示，σ_z 为主应力，可将该单元体向已知主平面投影，简化为平面单元体，如图 9-14(b) 所示，用平面应力状态的分析方法求出平面内的两个主应力，与已知主应力 σ_z 一起，排出这点的 σ_1、σ_2、σ_3，并可画出对应的三向应力圆，确定 $\tau_{\max}$。

【例 9-6】 如图 9-15(a) 所示单元体，图中应力单位为 MPa，试求该单元体的主应力、三向应力圆和最大切应力。

图 9-14 一个主应力已知的三向应力状态

图 9-15 三向应力状态

解 已知单元体一个主应力为 50MPa，将单元体向该主平面投影，得图 9-15(b) 所示平面单元体，该单元体为纯剪应力状态，可知两个主应力为 ± 30MPa，因此，该点处的三个主应力为：$\sigma_1 = 50$MPa，$\sigma_2 = 30$MPa，$\sigma_3 = -30$MPa。由此可作出该点的三向应力圆如图 9-15(c) 所示。最大切应力由下式确定

$$\tau_{\max} = \frac{\sigma_1 - \sigma_3}{2} = \frac{50 - (-30)}{2} = 40 \text{MPa}$$

课题四　平面应力状态下的应力-应变关系

一般工程中的受力构件，其应力值都限制在材料的线弹性范围内。材料在线弹性范围内工作时应力与应变的关系通常称为胡克定律。单向应力状态的胡克定律为

$$\sigma = E\varepsilon \text{ 或 } \varepsilon = \frac{\sigma}{E}$$

以及横向应变 ε' 与纵向应变 ε 关系为

$$\varepsilon' = -\nu\varepsilon = -\nu\frac{\sigma}{E}$$

而在纯剪切的情况下，当切应力不超过剪切比例极限时，切应力和切应变之间的关系服从剪切胡克定律

$$\tau = G\gamma \text{ 或 } \gamma = \frac{\tau}{G}$$

单向应力状态单元体和纯剪切状态单元体是应力单元体的基本形式。各种复杂的应力状态单元体都可视为是这两种基本形式沿不同方向正交组合而成，因此可由此导出各种复杂应力状态的应力-应变关系，称为广义胡克定律。

一、广义胡克定律

主单元体可视为三个单向应力状态单元体的组合，如图 9-16 所示，因而主单元体沿三个主应力方向的线应变可视为这三个单向应力状态单元体在相应方向线应变的叠加。主应力方向的线应变称为主应变，主应变是代数量，以伸长为正，缩短为负。设 σ_1、σ_2、σ_3 方向的主应变分别记为 ε_1、ε_2、ε_3。

图 9-16　三向应力状态的分解

当单元体上只作用 σ_1 时，在 σ_1 方向产生的线应变为 $\frac{\sigma_1}{E}$；当单元体上只作用 σ_2 时，在 σ_1 方向产生的线应变为 $-\nu\frac{\sigma_2}{E}$；当单元体上只作用 σ_3 时，在 σ_1 方向产生的线应变为 $-\nu\frac{\sigma_3}{E}$。所以当 σ_1、σ_2 和 σ_3 同时作用在单元体上时，在 σ_1 方向产生的线应变为

$$\varepsilon_1 = \frac{\sigma_1}{E} - \nu\frac{\sigma_2}{E} - \nu\frac{\sigma_3}{E}$$

同样的办法可得到另外两个主应变 ε_2 和 ε_3。经过整理，得到广义胡克定律

$$\left.\begin{aligned}\varepsilon_1 &= \frac{1}{E}[\sigma_1 - \nu(\sigma_2 + \sigma_3)] \\ \varepsilon_2 &= \frac{1}{E}[\sigma_2 - \nu(\sigma_3 + \sigma_1)] \\ \varepsilon_3 &= \frac{1}{E}[\sigma_3 - \nu(\sigma_1 + \sigma_2)]\end{aligned}\right\} \quad (9\text{-}7)$$

二、平面应力状态下的应力-应变关系

平面应力状态是三向应力状态的特殊情况，若设 $\sigma_3 = 0$，则由式 (9-7) 可得

$$\left.\begin{array}{l}\varepsilon_1 = \dfrac{1}{E}(\sigma_1 - \nu\sigma_2)\\[6pt]\varepsilon_2 = \dfrac{1}{E}(\sigma_2 - \nu\sigma_1)\end{array}\right\} \qquad (9\text{-}8)$$

设单元体 x 和 y 方向产生的线应变为 ε_x 和 ε_y，实验证明，对线弹性小变形的各向同性材料，线应变只与正应力有关，而切应变只与切应力有关，剪切胡克定律仍然成立。因此式(9-7)和式(9-8)不仅适用于主单元体，对于非主单元体也同样适用。例如图9-17所示的单元体（$\sigma_z=0$），x、y 方向的线应变为

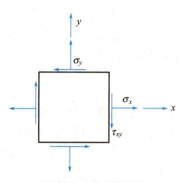

图 9-17　平面应力状态

$$\left.\begin{array}{l}\varepsilon_x = \dfrac{1}{E}(\sigma_x - \nu\sigma_y)\\[6pt]\varepsilon_y = \dfrac{1}{E}(\sigma_y - \nu\sigma_x)\end{array}\right\} \qquad (9\text{-}9)$$

需要指出的是，弹性常数 E、G、ν 并不是互相独立的，它们之间存在如下关系

$$G = \dfrac{E}{2(1+\nu)} \qquad (9\text{-}10)$$

【例 9-7】 图9-18(a)为一受扭的圆轴，直径为 d，材料的弹性模量为 E，泊松比为 ν，现用应变仪测得圆轴表面任意点 A 与轴线成 45°方向的线应变为 ε_A，试求作用在轴上的外力偶矩 m。

图 9-18　受扭圆轴

解　取 A 点的单元体如图9-18(b)所示，为纯剪应力状态，画应力圆如图9-18(c)所示。由应力圆可得

$$\sigma_{-45°} = \sigma_1 = \tau$$
$$\sigma_{45°} = \sigma_3 = -\tau$$

应用广义胡克定律

$$\varepsilon_A = \dfrac{1}{E}(\sigma_{45°} - \nu\sigma_{-45°}) = \dfrac{1}{E}[-\tau - \nu\tau] = -\dfrac{1+\nu}{E}\tau$$

所以

$$\tau = \dfrac{E}{1+\nu}\varepsilon_A$$

因为
$$\tau = \frac{m}{W_P} = \frac{16m}{\pi d^3}$$

由此得
$$m = \frac{\pi d^3 \tau}{16} = -\frac{\pi d^3 \varepsilon_A E}{16(1+\nu)}$$

课题五　强度理论

在材料的拉伸实验和扭转实验中，通过测定和观察，材料的破坏大致有两种形式：塑性材料沿最大切应力作用面滑移而导致屈服破坏，如低碳钢在拉伸时为单向应力状态，与横截面成 45°角的斜截面为 τ_{max} 的作用面，因此屈服时产生 45°的滑移线，扭转时为纯剪切状态，横截面上有 τ_{max}，因此沿横截面屈服；脆性材料则沿最大正应力 σ_1 作用平面发生断裂破坏，如铸铁试样拉伸时沿 σ_1 作用的横截面断裂，而在扭转时，σ_1 作用平面与横截面成 45°角，因而断面为 45°的螺旋面。

在复杂的受力构件中，引起破坏的原因一直是人们寻找的答案。通过长期的生产实践和试验研究，人们在观察、分析了大量的数据后逐渐认识到，材料破坏一般有两种形式：塑性的屈服破坏和脆性的断裂破坏。引起这两种破坏的因素很多，人们通过观察、试验，对引起破坏的主要因素提出了一些观点和假说，并通过实践验证，建立了几种较为合理的解释材料破坏原因的假说，即强度理论。由于材料性质不同，应力状态不同，构件的工作环境不同，会产生不同的破坏形式，使得强度理论还不能全面、准确地概括所有的破坏形式，但它们却在一定的范围内得到较广泛的应用。随着科学的发展，新材料的不断出现和运用，强度理论也随之发展、完善。本课题仅介绍几种工程中常用的经典强度理论。

1. 最大拉应力理论（第一强度理论）

这一理论认为，最大拉应力是引起断裂失效的主要因素。认为无论材料处于什么应力状态，只要最大拉应力达到单向拉伸时的强度极限 σ_b，材料就发生断裂。于是得到材料断裂破坏的条件是

$$\sigma_1 = \sigma_b$$

将 σ_b 除以安全系数得到许用应力 $[\sigma]$，所以由第一强度理论建立的强度条件是

$$\sigma_1 \leqslant [\sigma] \tag{9-11}$$

铸铁等某些脆性材料在单向拉伸状态下，断裂发生于拉应力最大的横截面上。脆性材料扭转时也会沿拉应力最大的斜截面发生断裂。这些都与最大拉应力理论相符。这一理论有不足之处，如没有考虑其他两个应力的影响，且在三个主应力都不大于零的应力状态（如单向压缩，三向压缩等）时无法应用。

2. 最大伸长线应变理论（第二强度理论）

这一理论认为，最大伸长线应变是引起材料脆性断裂的主要因素。该理论认为，无论材料处于何种应力状态，只要最大伸长线应变 ε_1 达到单向拉伸断裂时的伸长线应变的极限值 $\varepsilon_u = \frac{\sigma_b}{E}$，材料即发生断裂。因此，断裂准则为

$$\varepsilon_1 = \frac{\sigma_b}{E}$$

由广义胡克定律，复杂应力状态下的主应变 ε_1 为

$$\varepsilon_1 = \frac{1}{E}[\sigma_1 - \nu(\sigma_2 + \sigma_3)]$$

得到断裂准则为

$$\sigma_1 - \nu(\sigma_2 + \sigma_3) = \sigma_b$$

将 σ_b 除以安全系数得到许用应力 $[\sigma]$，于是按第二强度理论建立的强度条件为

$$\sigma_1 - \nu(\sigma_2 + \sigma_3) \leqslant [\sigma] \tag{9-12}$$

由于第二强度理论考虑了三个主应力的共同影响，所以曾被广泛应用。但在实践中发现，这个理论也有较大缺陷。首先是与塑性屈服破坏结果不符，还与脆性材料在双向拉伸或三向压缩时的试验结果不尽相同。因此，第二强度理论一般也只适用于脆性材料。

3. 最大切应力理论（第三强度理论）

这一理论认为，最大切应力是引起材料屈服失效的主要因素。即认为无论材料处于何种应力状态下，只要最大切应力 τ_{max} 达到材料在单向拉伸时发生屈服破坏的最大切应力值 $\tau_{max} = \frac{\sigma_s}{2}$，材料就会发生屈服破坏。由应力状态分析理论可知，在任意应力状态下，最大切应力为

$$\tau_{max} = \frac{\sigma_1 - \sigma_3}{2}$$

所以屈服条件为

$$\frac{\sigma_1 - \sigma_3}{2} = \frac{\sigma_s}{2}$$

也就是

$$\sigma_1 - \sigma_3 = \sigma_s$$

考虑安全系数后，第三强度理论的强度条件为

$$\sigma_1 - \sigma_3 \leqslant [\sigma] \tag{9-13}$$

该理论比较满意地说明了塑性材料的屈服现象。在平面应力状态下，几种塑性材料的薄壁圆筒试验结果与最大切应力屈服准则比较吻合。但这一理论没有考虑到主应力 σ_2 对屈服的影响，在二向应力状态下使用这一理论偏于安全。这一理论概念明确，形式简单，在工程中得到了广泛的应用。

4. 形状改变比能理论（第四强度理论）

单位体积内的变形能称为应变比能，其值为

$$u = \frac{1}{2}\sigma_1\varepsilon_1 + \frac{1}{2}\sigma_2\varepsilon_2 + \frac{1}{2}\sigma_3\varepsilon_3 = \frac{1}{2E}[\sigma_1^2 + \sigma_2^2 + \sigma_3^2 - 2\nu(\sigma_1\sigma_2 + \sigma_2\sigma_3 + \sigma_3\sigma_1)]$$

其中含有两种变形能，即体积改变比能 u_V 和形状改变比能 u_d。

体积改变比能为

$$u_V = \frac{1-2\nu}{6E}(\sigma_1 + \sigma_2 + \sigma_3)^2$$

形状改变比能为

$$u_d = u - u_V = \frac{1+\nu}{6E}[(\sigma_1 - \sigma_2)^2 + (\sigma_2 - \sigma_3)^2 + (\sigma_3 - \sigma_1)^2]$$

这一理论认为，形状改变比能是引起材料屈服的主要因素。即认为材料无论处于何种应力状态，只要形状改变比能 u_d 达到材料在单向拉伸屈服时的形状改变比能，材料就会发生

屈服破坏。在单向拉伸状态下，$\sigma_1=\sigma_s$，$\sigma_2=\sigma_3=0$ 时，材料发生屈服，此时材料的形状改变比能为

$$u_d = \frac{1+\nu}{6E}[(\sigma_s-0)^2+(0-0)^2+(0-\sigma_s)^2] = \frac{1+\nu}{6E}(2\sigma_s^2)$$

故形状改变比能屈服准则为

$$\sqrt{\frac{1}{2}[(\sigma_1-\sigma_2)^2+(\sigma_2-\sigma_3)^2+(\sigma_3-\sigma_1)^2]} = \sigma_s$$

把 σ_s 除以安全系数得许用应力 $[\sigma]$，于是按第四强度理论得到的强度条件是

$$\sqrt{\frac{1}{2}[(\sigma_1-\sigma_2)^2+(\sigma_2-\sigma_3)^2+(\sigma_3-\sigma_1)^2]} \leqslant [\sigma] \tag{9-14}$$

很多塑性材料的实验资料表明，形状改变比能屈服准则与实验资料吻合，它比第三强度理论更符合实验结果。

综合式(9-11)、式(9-12)、式(9-13) 和式(9-14)，把四个强度理论的强度条件写成以下统一形式

$$\sigma_{xd} \leqslant [\sigma] \tag{9-15}$$

式中，σ_{xd} 称为相当应力。各强度理论的相当应力分别为

$$\left.\begin{aligned}
\sigma_{xd1} &= \sigma_1 \\
\sigma_{xd2} &= \sigma_1 - \nu(\sigma_2+\sigma_3) \\
\sigma_{xd3} &= \sigma_1 - \sigma_3 \\
\sigma_{xd4} &= \sqrt{\frac{1}{2}[(\sigma_1-\sigma_2)^2+(\sigma_2-\sigma_3)^2+(\sigma_3-\sigma_1)^2]}
\end{aligned}\right\} \tag{9-16}$$

以上介绍了四种常用的强度理论。铸铁、石料、混凝土、玻璃等脆性材料，通常以断裂的形式失效，宜采用第一和第二强度理论。碳钢、铜、铝等塑性材料，通常以屈服的形式失效，宜采用第三和第四强度理论。

应该指出，不同材料固然可以发生不同形式的失效，但即使是同一材料，在不同的应力状态下也可能有不同的失效形式。例如，碳钢在单向拉伸状态下以屈服的形式失效，但碳钢制成的螺钉受拉时，螺纹根部因应力集中引起三向拉伸，就出现断裂。这是因为当三向拉伸的三个主应力数值接近时，屈服将很难出现，这说明，材料的失效形式还与应力状态有关。

习题

一、选择题

1. 一点的应力状态是指_____。
   A. 受力构件横截面上各点的应力情况
   B. 受力构件各点横截面上的应力情况
   C. 受力构件内某一点在不同横截面上的应力情况

2. 一实心均质钢球，当其外表面迅速均匀加热，则球心 O 点处的应力状态是_____。
   A. 单向拉伸应力状态
   B. 三向等值拉伸应力状态
   C. 平面应力状态

3. 受力物体内一点处，其最大应力所在平面上的正应力_____。
   A. 一定为最大   B. 一定为零   C. 不一定为零

4. 单向应力状态下所对应的应变状态是_____。

A. 单向应变状态　　　B. 单向拉伸应变状态　　　C. 三向应变状态

5. 低碳钢制成的螺杆受拉时，在螺杆根部发生破坏，其原因是_____。

A. 螺杆根部的最大剪应力达到材料剪切极限而发生破坏

B. 螺杆根部的轴向拉应力达到材料拉伸极限而发生破坏

C. 螺杆根部引起三向拉伸，使塑性变形难以发生而导致材料发生脆性断裂

6. 铸铁试件在单向压缩时，其破坏面与压力轴线约成 40°角，这种破坏原因是_____。

A. 40°角斜截面上存在最大拉应力

B. 40°角斜截面上存在最大拉应变

C. 剪应力和正应力共同作用的结果

二、综合题

1. 简支梁受力如图 9-19 所示。试定性地从梁上点 1、2、3、4、5 处取出单元体，并绘制单元体图。

图 9-19　题二、1 图

2. 在图 9-20 所示的应力状态下，试用解析法和图解法求出指定斜截面上的应力（应力单位为 MPa）。

图 9-20　题二、2 图

3. 已知单元体的应力状态如图 9-21 所示，图中的应力单位为 MPa。试用解析法和图解法求：（1）主应力大小及主平面方位；（2）在单元体上绘出主平面位置及主应力方向。

图 9-21　题二、3 图

4. 试求图 9-22 所示单元体的主应力和最大切应力（应力单位为 MPa）。

5. 如图 9-23 所示，若 $F=20\text{kN}$，$T=600\text{N}\cdot\text{m}$，且 $d=50\text{mm}$，$\delta=2\text{mm}$，试求：

(1) A 点在指定斜截面上的应力；(2) A 点主应力的大小及方向（用单元体表示）。

6. 在一体积较大的钢块上开一个贯穿的槽，其宽度和深度都是 10mm，如图 9-24 所示。在槽内紧密无隙地嵌入一铝质立方块，它的尺寸是 10mm×10mm×10mm。当铝块受到力 $F=6$kN 的作用时，假设钢块不变形，铝的弹性模量 $E=70$GPa，$\nu=0.33$。试求铝块的三个主应力及相应的变形。

图 9-22 题二、4 图

图 9-23 题二、5 图

7. 已知一圆轴受轴向拉伸和扭转的联合作用如图 9-25 所示。为了用实验方法测定拉力 P 和外力偶矩 m_0 的值，可沿轴向及与轴向成 45°方向测出线应变。现测得轴向应变 $\varepsilon_0=500\times 9^{-6}$，45°方向的应变为 $\varepsilon_{45}=400\times 9^{-6}$。若轴的直径 $D=100$mm，弹性模量 $E=200$GPa，泊松比 $\nu=0.3$。试求 P 和 m_0 的值。

8. 某点的应力状态如图 9-26 所示，材料的泊松比 $\nu=0.3$，试计算相当应力（应力单位为 MPa）。

图 9-24 题二、6 图

图 9-25 题二、7 图

图 9-26 题二、8 图

9. 有一铸铁制成的构件，其危险点处的应力状态如图 9-27 所示。材料的许用拉应力 $[\sigma_t]=35$MPa，试按第一强度理论校核构件的强度。

10. 一铸铁构件中危险点的应力状态如图 9-28 所示。若材料的许用拉应力 $[\sigma_t]=30$MPa，泊松比 $\nu=0.25$。试用第二强度理论校核构件的强度。

图 9-27 题二、9 图

图 9-28 题二、10 图

11. 薄壁圆筒如图 9-29 所示。若 $F=16$kN，$T=480$N·m，截面内径 $d=50$mm，$\delta=2$mm。若 $[\sigma]=120$MPa，试按第三强度理论和第四强度理论校核圆筒的强度。

图 9-29 题二、11 图

12. 图 9-30 所示圆截面杆，$F=15\text{kN}$，$M=12\text{kN}\cdot\text{m}$，$d=50\text{mm}$，圆杆的 $[\sigma]=100\text{MPa}$，试按第三强度理论校核圆杆的强度。

图 9-30 题二、12 图

单元十
组合变形

知识目标

理解组合变形的概念
掌握拉伸（压缩）与弯曲组合变形的强度计算
掌握弯曲与扭转组合变形的强度计算

技能目标

能进行拉伸（压缩）与弯曲组合变形的强度计算
能进行弯曲与扭转组合变形的强度计算

素养目标

培养学生分析问题、解决问题的能力
培养学生树立正确的世界观和科学的思维能力
培养学生的创新精神、实践能力和职业素养
培养学生团队合作意识和精益求精的科学态度

前面几个单元讨论了杆件在拉伸（压缩）、剪切、扭转和弯曲等基本变形下的强度和刚度的计算问题。但在工程实际中，一些杆件往往同时产生两种或两种以上的基本变形，这些变形形式称为组合变形。如图 10-1 所示的车刀，同时受到压缩与弯曲的作用；图 10-2 所示卷扬机轴同时受到弯曲与扭转的作用。本单元只介绍工程中常见的两种组合变形，即拉伸（压缩）与弯曲的组合变形，弯曲与扭转的组合变形。

图 10-1　车刀

图 10-2　卷扬机轴

课题一 拉伸(压缩)与弯曲的组合变形

拉伸或压缩与弯曲的组合变形是工程上常见的变形形式。这类变形的受力特点有两种形式:一种是构件同时受与轴线垂直的横向力和与轴线重合的轴向力作用,构件产生弯曲与拉伸(压缩)的组合变形;另一种是载荷与轴线平行,但是不通过构件截面形心,构件也将产生弯曲与拉伸(压缩)组合变形。后种情况称偏心拉伸(压缩),载荷作用线至截面形心的垂直距离称偏心距。因为工作状态下的杆件一般都处于线弹性范围内,而且变形很小,因而作用在杆件上的任一载荷引起的应力一般不受其他载荷的影响。所以,可应用叠加原理来分析计算。现以图10-3所示的矩形截面悬臂梁为例进行说明。

图 10-3 拉弯组合变形

一、外力分析

图10-3所示矩形截面悬臂梁,一端固定,另一端自由,在自由端受集中力 F 作用,该力位于构件纵向对称平面内且与轴线 x 成 φ 角,将 F 沿 x、y 轴分解成两分力 F_x,F_y,则

$$F_x = F\cos\varphi, \quad F_y = F\sin\varphi$$

在轴向分力 F_x 单独作用下,构件产生轴向拉伸变形;在横向分力 F_y 单独作用下使构件产生弯曲变形。可见,梁在 F 力作用下发生轴向拉伸与弯曲的组合变形。

二、内力和应力分析

梁任一横截面的轴力 $N = F_x$,横截面上有均布的正应力,如图10-3(c)所示,其值为

$$\sigma' = \frac{N}{A}$$

在横向分力 F_y 单独作用下,构件将在 Oxy 平面内发生平面弯曲,任一横截面上的弯矩 M 为

$$M = F_y(l-x)$$

横截面上弯曲正应力为

$$\sigma'' = \frac{My}{I_z}$$

σ''沿截面高度分布规律如图 10-3（d）所示。

因此构件是一个拉伸与弯曲的组合变形构件，设变形很小，故可将拉伸正应力 σ' 与弯曲正应力 σ'' 代数叠加，得到横截面上的总应力 σ

$$\sigma = \sigma' + \sigma'' = \frac{N}{A} + \frac{My}{I_z}$$

设横截面上边缘最大弯曲压应力大于拉伸拉应力，则总应力 σ 沿截面高度方向的分布情况如图 10-3（e）所示。

三、强度条件

从弯矩图知，固定端截面弯矩最大，构件任一横截面的轴力又相同，所以固定端截面为危险截面。从图 10-3（e）可知，危险点可能在危险截面的上、下边缘处，且为单向拉伸或单向压缩。下边缘点产生最大拉应力，上边缘点产生最大压应力，可据材料的许用应力建立强度条件

$$\sigma_{\text{tmax}} = \frac{N}{A} + \frac{M_{\max}}{W_z} \leqslant [\sigma_t] \tag{10-1}$$

$$\sigma_{\text{cmax}} = \frac{N}{A} - \frac{M_{\max}}{W_z} \leqslant [\sigma_c] \tag{10-2}$$

$[\sigma_t]$、$[\sigma_c]$ 分别为材料的许用拉应力和许用压应力。对压缩与弯曲组合，$\frac{N}{A}$ 应取负号。

对于低碳钢这类抗压和抗拉强度相等的塑性材料，只需校核构件应力绝对值最大处的强度即可。

对于抗压和抗拉强度不相等的脆性材料，应分别校核最大拉应力和最大压应力。

对于偏心拉伸构件，上述两式仍然成立，只需将式中的 $M_{\max}$ 改成因偏心产生的弯矩 $M = Fe$（e 为偏心矩）。对于偏心压缩构件，上述公式中 $\frac{N}{A}$ 应取负号。

【例 10-1】 图 10-4 所示钻床，钻床立柱为空心铸铁管，管的外径为 $D = 140$mm，内、外径之比 $d/D = 0.75$。铸铁的拉伸许用应力 $[\sigma_t] = 35$MPa，压缩许用应力 $[\sigma_c] = 90$MPa。钻孔时钻头和工作台面受到力 F 为 15kN 的作用，力 F 与立柱轴线之间的距离（偏心距）$e = 400$mm。试校核立柱的强度。

解 （1）内力分析

用假想截面 m—m 将立柱截开，取上半部为研究对象，如图 10-4（b）所示。由平衡条件得截面上的轴力和弯矩分别为

$$N = F = 15\text{kN（拉力）}$$
$$M = Fe = 15 \times 10^3 \times 400 \times 10^{-3}\text{N} \cdot \text{m} = 6000\text{N} \cdot \text{m}$$

（2）确定危险截面并校核立柱强度

立柱是一个拉伸与弯曲的组合变形构件，因为立柱内所有横截面上的轴力和弯矩都是相同的，所以，所有横截面的危险程度是相同的。由式（10-1）、式（10-2）知，$|\sigma_{\text{tmax}}| > |\sigma_{\text{cmax}}|$，又铸铁的 $[\sigma_t] < [\sigma_c]$，故应对最大拉应力进行强度计算

图 10-4　钻床

即

$$\sigma_{tmax} = \frac{N}{A} + \frac{M}{W_z} = \frac{N}{\frac{1}{4}\pi \times (D^2 - d^2)} + \frac{M}{\frac{\pi D^3}{32}(1-\alpha^4)}$$

$$= \frac{4 \times 15 \times 10^3}{\pi \times [140^2 - (0.75 \times 140)^2]} + \frac{32 \times 6000 \times 10^3}{\pi \times 140^3 (1-0.75^4)} = 34.84 \text{MPa} < [\sigma_t]$$

故立柱满足强度要求。

【例 10-2】 图 10-5 所示悬臂吊车由 16 号工字钢 AC 和拉杆 BD 组成，起吊重量 $F=10\text{kN}$，横梁 AC 材料的许用应力 $[\sigma]=100\text{MPa}$，求 AC 梁中最大拉应力和最大压应力，并校核 AC 梁的强度。

解 （1）外力计算　绘 AC 梁的受力图，如图 10-5（b）所示

$$\sum M_A = 0 \quad N_y \times 2.5 - F \times 4 = 0$$

$$N_y = 16\text{kN}$$

因

$$\frac{N_x}{N_y} = \frac{2.5}{0.8}$$

得

$$N_x = 50\text{kN}$$

（2）内力分析，确定危险截面

分别绘 AC 梁的轴力图和弯矩图如图 10-5（c）、（d）所示。由图可知，梁 BC 段受弯，梁 AC 段受压缩和弯曲。最大轴力为 $N_x = 50\text{kN}$，最大弯矩 $M_{max} = 15\text{kN·m}$，因此最大拉应力在 B^+ 截面上边缘，最大压应力在 B^- 截面下边缘处。

图 10-5　悬臂吊车

（3）计算最大应力并校核梁的强度

对 16 号工字钢，查型钢表得

$$W_z = 141\text{cm}^3, A = 26.1\text{cm}^2$$

$$\sigma_{tmax} = \frac{M_{max}}{W_z} = \frac{15 \times 10^6}{141 \times 10^3} = 106.4\text{MPa} > [\sigma]$$

$$\sigma_{cmax} = \frac{N}{A} + \frac{M_{max}}{W_z} = \left(\frac{50 \times 10^3}{26.1 \times 10^2} + \frac{15 \times 10^6}{141 \times 10^3}\right)\text{MPa} = 125.6\text{MPa} > [\sigma]$$

所以 AC 梁不满足强度要求。

【例 10-3】 图 10-6（a）所示矩形截面木梁，截面尺寸如图所示，中段下侧开一槽深度 $a=40\text{mm}$，已知：$F=18\text{kN}$，$[\sigma_t]=2\text{MPa}$，$[\sigma_c]=6\text{MPa}$，试校核该木梁的强度。

解 （1）外力分析　中段截面形心 O 距上侧边缘为 100mm，外力 F 的作用线距上侧边缘为 120mm，则偏心距 e 为

$$e = \frac{a}{2} = 20\text{mm}$$

（2）内力分析　用假想 $m-m$ 截面将梁在中部截开，取左侧部分为研究对象 [图 10-6（b）]，其上轴力 F 和弯矩 M 分别为

$$F = 18\text{kN}, M = Fe = 18 \times 10^3 \times 20 = 360 \times 10^3 \text{N·mm}$$

（3）应力分析和强度校核　在 $m-m$ 截面上，弯矩 M 为逆时针转向，因此上边缘各点

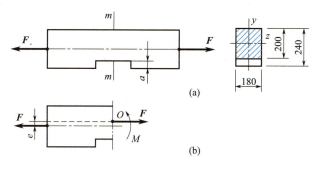

图 10-6　矩形截面木梁

弯曲正应力为压应力，下边缘各点为拉应力，叠加后得

下边缘各点为最大拉应力的点，其值为

$$\sigma_{tmax}=\frac{F}{A}+\frac{M}{W_z}=\frac{18\times10^3}{180\times200}+\frac{6\times360\times10^3}{180\times200^2}=0.8\text{MPa}<[\sigma_t]=2\text{MPa}$$

上边缘各点可能为出现的最大压应力，其值为

$$\sigma_{cmax}=\frac{F}{A}-\frac{M}{W_z}=\frac{18\times10^3}{180\times200}-\frac{6\times360\times10^3}{180\times200^2}=0.2\text{MPa}<[\sigma_c]=6\text{MPa}$$

故该木梁的强度足够。

课题二　弯曲与扭转的组合变形

弯曲与扭转的组合变形是机械工程最为重要的一种组合变形。根据构件所受外力不同，可分为两种情况：第一种是一个平面内的弯曲与扭转的组合变形；第二种是二个平面内的弯曲和扭转的组合变形。下面分别举例说明。

1. 一个平面内的弯曲与扭转的组合变形

如图 10-7 所示，处于水平位置的曲拐，AB 段为等截面圆杆，A 端固定，在自由端 C 作用着集中载荷 F。下面讨论 AB 杆的强度计算。

（1）外力分析

将 C 端的集中载荷 F 向截面 B 平移，得到一个作用于 B 端的横向力 F 和一个力偶矩为 Fa 的力偶 T，如图 10-7（b）所示。横向力 F 使 AB 杆产生平面弯曲，力偶 T 使 AB 杆产生扭转，因此，AB 杆为弯曲与扭转的组合变形。

（2）内力分析

先绘制 AB 杆的弯矩和扭矩图［图 10-7（c）、（d）］。由图可知，固定端 A 截面上的弯矩最大，而 AB 杆各截面上的扭矩均相等，故截面 A 为危险截面。

（3）应力分析

现分析截面 A 的应力情况。对于弯矩 M，横截面有正应力 σ，其分布图如图 10-7（e）所示。在此截面的最上边缘点 k_1 和最下边缘点 k_2 均有最大正应力，其值为

$$\sigma=\frac{M}{W_z} \qquad (a)$$

对应于扭矩 T，横截面上有切应力 τ，其分布图如图 10-7（e），在此截面上，圆周各点处的 τ 达到最大值。即

图 10-7 弯扭组合变形

$$\tau = \frac{T}{W_P} \qquad \text{(b)}$$

由上面分析知，横截面 A 上的 k_1 和 k_2 点均为危险点。对于抗拉强度和抗压强度相同的材料制成的杆，如低碳钢，可取其中任一点如 k_1 点来研究。

k_1 点处于平面应力状态 [图 10-7(f)]，根据应力状态分析理论，该点单元体的主应力为

$$\left.\begin{array}{c}\sigma_1 \\ \sigma_3\end{array}\right\} = \frac{\sigma}{2} \pm \sqrt{\left(\frac{\sigma}{2}\right)^2 + \tau^2} \qquad \sigma_2 = 0 \qquad \text{(c)}$$

(4) 强度计算

工程中，轴类零件多用塑性材料制造，常采用第三和第四强度理论。

若按第三强度理论

$$\sigma_{xd3} = \sigma_1 - \sigma_3 \leqslant [\sigma]$$

将式（c）代入，得

$$\sigma_{xd3} = \sqrt{\sigma^2 + 4\tau^2} \leqslant [\sigma] \qquad (10\text{-}3)$$

若按第四强度理论

$$\sigma_{xd4} = \sqrt{\frac{1}{2}[(\sigma_1-\sigma_2)^2 + (\sigma_2-\sigma_3)^2 + (\sigma_3-\sigma_1)^2]} \leqslant [\sigma]$$

将（c）代入，得

$$\sigma_{xd4} = \sqrt{\sigma^2 + 3\tau^2} \leqslant [\sigma] \qquad (10\text{-}4)$$

应该注意的是：拉伸（压缩）与扭转的组合变形中危险点的应力状态，与弯扭组合变形危险点的应力状态 [图 10-19(f)] 是相同的，所以都可用上述强度理论进行强度计算。

对于圆截面杆，$W_P = 2W_z \left(W_z = \frac{1}{32}\pi D^3\right)$

将式（a）、式（b）代入式（10-3），得

$$\sigma_{xd3} = \frac{\sqrt{M^2+T^2}}{W_z} \leqslant [\sigma] \qquad (10\text{-}5)$$

将式 (a)、式 (b) 代入式 (10-4), 得

$$\sigma_{xd4} = \frac{\sqrt{M^2+0.75T^2}}{W} \leqslant [\sigma] \qquad (10\text{-}6)$$

以上公式也适用于空心圆轴，只需以空心圆轴的弯曲截面系数代替实心圆轴的弯曲截面系数。但它们不适用于非圆截面轴。

【例 10-4】 电动机如图 10-8 所示，带轮直径 $D=250\text{mm}$，电动机外伸轴长度 $l=120\text{mm}$，轴直径 $d=40\text{mm}$，轴材料的许用应力 $[\sigma]=60\text{MPa}$，皮带紧边拉力是松边拉力的 2 倍，若电动机功率为 $P=9\text{kW}$，转速 $n=715\text{r/min}$，试按第三强度理论校核轴的强度。

解 (1) 受力分析 先计算外力偶矩

$$M_0 = 9550\frac{P}{n} = 9550 \times \frac{9}{715} = 120.2\text{N} \cdot \text{m}$$

然后计算带的拉力 F

$$F = \frac{2M_0}{D} = \left(\frac{2\times120.2}{250\times10^{-3}}\right)\text{N} = 961\text{N}$$

图 10-8 电动机外伸轴

将带的拉力向轴的截面形心平移。把轴上水平方向的横向力 $3F$ 转动 90°后，轴的受力情况如图 10-8 (b) 所示。外力偶矩使轴发生扭转，横向力使轴弯曲。故轴的变形为扭转与弯曲的组合变形。

(2) 作内力图 作此轴的弯矩图和扭矩图如图 10-8 (c)、(d) 所示。

(3) 确定危险截面 由图 10-8 (c)、(d) 知，B 截面为危险截面

$$M = 346\text{N} \cdot \text{m}$$
$$T = 120.2\text{N} \cdot \text{m}$$

(4) 计算相当应力并校核强度

$$\sigma_{xd3} = \frac{\sqrt{M^2+T^2}}{W_z} = \frac{32\sqrt{(346\times10^3)^2+(120.2\times10^3)^2}}{\pi\times40^3} = 58.3\text{MPa} < [\sigma]$$

此轴满足强度要求。

【例 10-5】 如图 10-9 所示的直角曲柄把手。AB 段为圆截面，BC 段为矩形截面，其高度 h 与圆截面直径相等，材料的许用应力 $[\sigma]=60\text{MPa}$。试用第三强度理论设计圆截面的直径 d，并设计矩形截面的高度 h 和宽度 b。

解 作曲柄的内力图，可知 BC 段为平面弯曲变形，AB 段为弯扭组合变形，需分段设计。

AB 段危险截面在固定端截面 A 处

$$M = 150\text{N} \cdot \text{m}, T = 300\text{N} \cdot \text{m}$$

危险点在 A 截面上下边缘处，由第三强度理论的强度条件

图 10-9 直角曲柄把手

$$\sigma_{xd3} = \frac{\sqrt{M^2 + T^2}}{W_z} \leqslant [\sigma]$$

$$d \geqslant \sqrt[3]{\frac{32\sqrt{M^2+T^2}}{\pi[\sigma]}} = \sqrt[3]{\frac{32 \times \sqrt{(150 \times 10^3)^2 + (300 \times 10^3)^2}}{\pi \times 60}} = 38.5 \text{mm}$$

所以取 $d = 40$mm。

BC 段危险截面在 B 截面处，危险点是 B 截面的上下边缘点，为单向应力状态，用正应力强度条件

$$\sigma_{max} = \frac{M_B}{W_z} = \frac{6M_B}{bh^2} \leqslant [\sigma]$$

由于高度 $h = d = 40$mm，所以

$$b \geqslant \frac{6M_B}{h^2[\sigma]} = \frac{6 \times 300 \times 10^3}{40^2 \times 60} = 18.75 \text{mm}$$

所以取 $b = 20$mm。

故 AB 段 $d = 40$mm，BC 段 $h = 40$mm，$b = 20$mm 可满足强度要求。

2. 两个相互垂直平面弯曲与扭转的组合变形

如图 10-10 所示，齿轮传动轴 A 端受外力偶矩 M_A，C 截面有一直齿圆柱齿轮，齿轮分度圆直径为 D，啮合力可分解为切向力 F_t 和径向力 F_r。下面研究轴 AB 的强度计算。

(1) 外力分析　将作用在齿轮上的外力向轴线简化。得到轴 AB 的受力图如图 10-10 (b) 所示，外力偶 M_A 和 M_C 使轴的 AC 段产生扭转变形；径向力 F_r 使轴在铅垂平面内（xy 平面）产生弯曲变形；切向力 F_t 使轴在水平面内（xz 平面）产生弯曲变形。故转轴为两个互相垂直的平面弯曲和扭转组合变形构件。

(2) 内力分析　绘制轴在铅垂平面的弯矩图 M_z [图 10-10 (c)] 和水平面内的弯矩图 M_y [图 10-10 (d)] 以及轴的扭矩图 [图 10-10 (e)]。

显然，C 截面为危险截面。在危险截面上，xy 平面的弯矩

$$M_{z\max} = \frac{F_r ab}{l}$$

xz 平面的弯矩

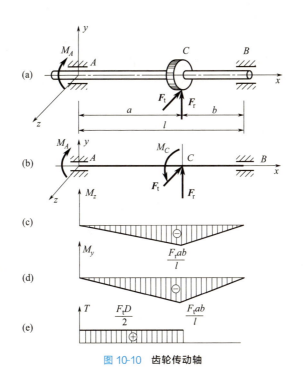

图 10-10 齿轮传动轴

$$M_{y\max}=\frac{F_t ab}{l}$$

扭矩 $\quad T=M_A=M_C=\dfrac{F_t D}{2}$

因轴为圆截面，通过圆心的直径平面都是纵向对称面，不管截面内的弯矩作用在哪个直径平面上，都只产生平面弯曲，都可用平面弯曲的正应力公式计算。因此在求出竖直平面弯矩和水平弯矩后，可按矢量合成方法求出其合成弯矩

$$M_n=\sqrt{M_{z\max}^2+M_{y\max}^2}=\frac{ab}{l}\sqrt{F_r^2+F_t^2}$$

（3）强度条件　因危险点处的应力状态与一个平面弯曲与扭转的组合变形的应力状态相同，所以只需将式（10-5）和式（10-6）中的 M 换成合成弯矩 M_n 即可进行强度计算。

【例 10-6】带传动轴 AD 如图 10-11 所示，C 轮上带的拉力都是铅垂的，D 轮上带的拉力都是水平的，轴的许用应力 $[\sigma]=160\mathrm{MPa}$，不计自重，试选择实心圆轴直径 d。

解　（1）外力分析　将两轮上带的拉力分别向轮心 C 和 D 简化，得轴 AD 的受力图，如图 10-11（b）所示。

其中 $\quad F_1=F_2=10+4=14\mathrm{kN}$

图 10-11　带传动轴

$$M_1 = M_2 = (10-4) \times 250 \text{kN} \cdot \text{mm} = 1.5 \text{kN} \cdot \text{m}$$

由受力图可知,轴的变形为两个互相垂直平面上的弯曲和扭转的组合变形。

(2) 内力分析 分别作轴 AD 的扭矩图 T [图 10-11 (c)] 和两个正交平面上的弯矩图 M_z 和 M_y [图 10-11 (d)、(e)],将每一截面上的两个弯矩 M_z、M_y 按下式合成。可得合成弯矩 M_n

$$M_n = \sqrt{M_z^2 + M_y^2}$$

合成弯矩 M_n 的图形如图 10-11 (f) 所示。

由扭矩图和合成弯矩图可知,B 截面是危险截面,其中

$$T = 1.5 \text{kN} \cdot \text{m}$$
$$M_n = 4.2 \text{kN} \cdot \text{m}$$

(3) 选择截面尺寸 对塑性材料,可用第三强度理论建立强度条件,即

$$d \geqslant \sqrt[3]{\frac{32\sqrt{M_n^2 + T^2}}{\pi[\sigma]}} = \sqrt[3]{\frac{32 \times \sqrt{(4.2 \times 10^6)^2 + (1.5 \times 10^6)^2}}{\pi \times 160}} = 65.7 \text{mm}$$

若采用第四强度理论

$$d \geqslant \sqrt[3]{\frac{32\sqrt{M_n^2 + 0.75T^2}}{\pi[\sigma]}} = \sqrt[3]{\frac{32 \times \sqrt{(4.2 \times 10^6)^2 + 0.75 \times (1.5 \times 10^6)^2}}{\pi \times 160}} = 65.4 \text{mm}$$

由计算可知,按这两个强度理论计算,其结果是非常接近的。

综上所述,对组合变形构件,进行强度计算的步骤为:

(1) 外力分析 将外力向截面形心平移,使每组外力只产生一种基本变形。

(2) 内力分析 计算构件在每一种基本变形下的内力,作内力图,确定危险截面的位置。

(3) 应力分析 由危险截面上的应力分布,确定危险点的位置及其应力状态。

(4) 强度计算 根据构件危险点的应力状态,选择合适的强度理论计算。

习题

一、判断题

1. 构件在载荷作用下,同时发生两种或两种以上的基本变形称为组合变形。（　）
2. 圆形截面悬臂梁,其自由端只要作用有不与轴线垂直但与轴线相交的力,则该梁一定产生拉伸（压缩）与弯曲的组合变形。（　）
3. 矩形截面悬臂梁,其自由端作用有不与轴线垂直但与轴线相交的力,只要该力位于纵向对称面内,则梁一定产生拉伸（压缩）与弯曲的组合变形。（　）
4. 圆形截面悬臂梁,只要在其与轴线垂直的平面内作用有不与轴线相交的力,则悬臂梁一定发生扭转与弯曲的组合变形。（　）
5. 组合变形某截面上的最大应力是该截面上各种应力的代数和。（　）
6. 同一截面、同种性质、不同点的应力不能求其代数和。（　）
7. 同一截面、同一点、不同性质的应力不能求其代数和。（　）
8. 相当应力是弯曲正应力与扭转切应力的代数和。（　）

二、选择题

1. 如图 10-12 所示的 AB 杆,将发生_____变形。
   A. 压弯组合　　　　　　B. 拉弯组合　　　　　　C. 弯扭组合

图 10-12 题二、1图

2. 图 10-13 所示的各梁，发生弯扭组合变形的是_____图中的梁。

图 10-13 题二、2图

3. 拉伸（压缩）与弯曲的组合变形杆件的应力的计算过程是：先分别计算各自基本变形引起的应力，然后再叠加。这样做的前提条件是杆件为_____。

A. 线弹性　　　　　　B. 小变形　　　　　　C. 线弹性、小变形

4. 圆轴弯扭组合变形时，危险点的相当应力计算公式是_____。

A. $\sigma_{xd3}=\dfrac{\sqrt{M^2+T^2}}{W_z}$　　B. $\sigma_{xd3}=\dfrac{\sqrt{M^2+0.75T^2}}{W_z}$　　C. $\sigma_{xd3}=\dfrac{\sqrt{M^2+T^2}}{W_z}$

三、综合题

1. 如图 10-14 所示，带槽的钢板受拉力 $F=80$kN，钢板宽 $b=80$mm，厚 $\delta=10$mm，边缘上半圆形槽半径 $r=10$mm，钢板的 $[\sigma]=140$MPa，试对钢板进行强度校核。

2. 求图 10-15（a）、（b）两种情况下，链环中段横截面上的最大拉应力。$F=10$kN，$a=60$mm，链环用 $d=40$mm 圆钢制成。

图 10-14 题三、1图

(a)

(b)

图 10-15 题三、2图

3. 小型铆钉机如图 10-16 所示，在铆钉时，受力 $F=10$kN 作用，求截面 I—I 处的最大压应力和最大拉应力。

图 10-16　题三、3 图

4. 悬臂吊车如图 10-17 所示，横梁采用 25a 工字钢，梁长 $l=4\mathrm{m}$，$\alpha=30°$，电葫芦重 $F_1=4\mathrm{kN}$，横梁重 $F_2=20\mathrm{kN}$，横梁材料的许用应力 $[\sigma]=100\mathrm{MPa}$，试校核横梁的强度。

5. 夹具如图 10-18 所示，$F=2\mathrm{kN}$，偏心距 $e=60\mathrm{mm}$，竖杆为矩形截面，$b=10\mathrm{mm}$，$h=22\mathrm{mm}$，材料的 $\sigma_s=240\mathrm{MPa}$，规定的安全系数 $n=1.5$，试校核竖杆的强度。

图 10-17　题三、4 图　　　　　图 10-18　题三、5 图

6. 图 10-19 所示铁道路标的信号板，装在外径 $D=60\mathrm{mm}$ 的空心柱上，信号板上作用的最大风载压强 $p=2000\mathrm{Pa}$，若 $[\sigma]=60\mathrm{MPa}$，试按第三强度理论选择空心柱的厚度。

7. 手摇绞车车轴横截面为圆形，直径 $d=30\mathrm{mm}$（图 10-20）。已知其许用应力 $[\sigma]=80\mathrm{MPa}$，试按第四强度理论计算最大的起吊重量。

图 10-19　题三、6 图　　　　　图 10-20　题三、7 图

8. 如图 10-21 所示，带传动由电动机带动，带的拉力分别为 2.5kN 和 5kN，带轮自重 $F=10\mathrm{kN}$，轴的 $[\sigma]=80\mathrm{MPa}$，按第四强度理论选择轴的直径 d。

9. 钢制圆轴上装有两个带轮 A 和 B，直径均为 $D=1\mathrm{m}$ 及各重 $F=5\mathrm{kN}$，A 轮上带的张力为水平方向，B 轮上带的张力为铅垂方向，尺寸如图 10-22 所示，圆轴的 $[\sigma]=80\mathrm{MPa}$，试按第三强度理论求轴的直径。

图 10-21 题三、8 图

图 10-22 题三、9 图

单元十一 压杆稳定

 知识目标

理解压杆稳定的概念
掌握细长压杆的临界载荷以及临界应力的确定方法
掌握压杆的稳定性计算
掌握提高压杆承载能力的措施

 技能目标

具备确定细长压杆的临界载荷以及临界应力的能力
能够进行压杆的稳定性计算
具备应用提高压杆承载能力的措施指导工程实际的能力

 素养目标

培养学生分析问题、解决问题的能力
提升学生解决工程实际中力学问题的技能水平
培养学生踏实严谨、吃苦耐劳、追求卓越的优秀品质

课题一　压杆稳定的概念

对于压杆的强度问题，只要满足强度条件就能保证安全工作。这个结论对短粗压杆是正确的，但对于细长的压杆就不适用了。例如，一根宽 30mm，厚 2mm，长 400mm 的钢板条，设其材料的许用应力 $[\sigma]=160$MPa，按压缩强度条件计算，它的承载能力为

$$F \leqslant A[\sigma] = 30 \times 2 \times 160 = 9600\text{N}$$

但实验发现，压力还没达到 70N 时，它已开始弯曲，若压力继续增大，则弯曲变形急剧增加，丧失工作能力。此时的压力远小于 9600N，丧失工作能力的原因是由于它不能保持原来的直线形状。可见细长压杆的承载能力不取决于它的压缩强度条件，而取决于它保持直线平衡状态的能力。压杆保持原有直线平衡状态的能力，称为压杆的稳定性。反之压杆丧失直线平衡状态而破坏，这种现象称为丧失稳定或失稳。

工程结构中有许多受压的细长直杆。例如内燃机配气机构中的挺杆［图 11-1(a)］，磨床液压装置的活塞杆［图 11-1(b)］，内燃机、空气压缩机、蒸汽机的连杆［图 11-1(c)］，桁架结构中的压杆等。这些压杆，必须保证它们具有足够的稳定性。

图 11-1 细长压杆实例

现以图 11-2(a) 所示的细长压杆为例来说明压杆的稳定性问题。假设载荷的作用线与直杆的轴线重合。在载荷小于某个极限时，杆件一直保持着直线形状的平衡状态，即单向压缩状态。现用微小的侧向干扰力使其暂时发生微小的变形，干扰力解除后，压杆经过几次摆动后仍将恢复到原来的直线平衡位置 [图 11-2(b)]。这表明压杆原来的平衡状态是稳定的，称为稳定平衡状态。但当载荷超过某一个极限值的时候，只要用微小的侧向力干扰它，直杆立刻就弯曲，即使解除干扰力后，也不能恢复到原来的直线平衡状态，而保持着弯曲变形状态，甚至产生过大的弯曲变形或使杆件折断，以致完全丧失了承载能力即失稳 [图 11-2(d)]。因此，这种平衡状态是暂时的、不稳定的，称为不稳定平衡状态。当作用在直杆上的压力正好为某一极限值时，压杆能处于直线平衡状态。若给一侧向干扰力使其产生弯曲，当干扰力解除后，弯曲变形不能完全消失，还保留很微小的弯曲变形。直杆一般都处于很微小的曲线形状的平衡状态，把这种状态称为临界状态 [图 11-2(c)]。把上述所说的载荷的极限值称为临界载荷（或称为临界力），并记为 F_{cr}。现将上述三种状态总结如下：

图 11-2 细长压杆

当 $F < F_{cr}$ 时，压杆处于稳定的直线平衡状态；
当 $F > F_{cr}$ 时，压杆处于不稳定的直线平衡状态；
当 $F = F_{cr}$ 时，压杆处于临界状态。

临界状态是压杆从稳定平衡向不稳定平衡转化的极限状态。对一个具体的压杆来说，临界载荷是一个确定的值。只要压杆所受的实际载荷小于该杆的临界载荷，此杆就是稳定的。由此可见，掌握临界载荷的计算是解决压杆稳定性的关键。

课题二 细长压杆的临界载荷

一、两端铰支细长压杆的临界载荷

设细长压杆的两端为铰链支座（图 11-3），轴线为直线，载荷 F 与轴线重合。当载荷达

到临界值 F_{cr} 时，该压杆经干扰后处于曲线形状平衡状态。

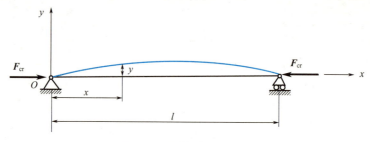

图 11-3　两端铰支细长压杆

选取坐标系，距坐标原点为 x 的任意截面的挠度为 y，弯矩的大小为 Fy，而符号与挠度 y 反号。所以

$$M(x) = -F_{cr}y \tag{a}$$

对于小变形，杆内应力不超过比例极限时，挠曲线的近似微分方程为

$$\frac{d^2y}{dx^2} = \frac{M(x)}{EI} \tag{b}$$

将式(a)代入式(b)，得

$$\frac{d^2y}{dx^2} = -\frac{F_{cr}y}{EI} \tag{c}$$

令 $k^2 = \dfrac{F_{cr}}{EI}$，式(c)可简化为

$$\frac{d^2y}{dx^2} + k^2 y = 0 \tag{d}$$

式(d)为二阶常系数线性齐次微分方程，它的通解为

$$y = A\sin kx + B\cos kx \tag{e}$$

式中，A 和 B 为积分常数。根据压杆的边界条件：当 $x=0$ 及 $x=l$ 时，$y=0$。将此边界条件代入到式(e)中，得

$$B = 0,\ A\sin kl = 0$$

因为满足 $A\sin kl = 0$，必须 $A=0$ 或 $\sin kl = 0$。若 $A=0$，则 $y \equiv 0$，这表示杆件轴线任意点的挠度皆为零，即仍是直线。这就与压杆有微小弯曲变形这一前提相互矛盾。因此只能

$$\sin kl = 0 \tag{f}$$

满足式(f)的条件是

$$kl = n\pi \quad (n = 0, 1, 2, \cdots)$$

由此可得

$$k = \frac{n\pi}{l} = \sqrt{\frac{F_{cr}}{EI}} \tag{g}$$

或

$$F_{cr} = \frac{n^2 \pi^2 EI}{l^2}$$

因为 n 为 $0,1,2,\cdots$，整数中的任一个，故上式表明，使杆件保持为曲线形状平衡的载荷，理论上是多值的。在这些载荷中，使杆件保持微小弯曲的最小压力，才是真正的临界载荷，如取 $n=0$，则 $F_{cr}=0$，表示杆件上并无载荷，自然不是所需要的。这样只有取 $n=1$，才能使载荷为最小值。于是得临界载荷为

$$F_{cr} = \frac{\pi^2 EI}{l^2} \qquad (11\text{-}1)$$

这是两端铰支细长压杆临界力的计算公式,也称为两端铰支细长压杆的欧拉公式。两端铰支压杆是工程实际中最常见的压杆。例如上一课题中提到的挺杆、活塞杆和桁架结构中的压杆等,一般都可以简化成两端铰支的压杆。

由式(11-1)可以看出:压杆的临界载荷与其抗弯刚度 EI 成正比,与杆长 l^2 成反比,即压杆愈细长,临界载荷愈小,压杆愈容易失稳。另外,压杆失稳时总是在抗弯能力最小的纵向平面内发生,所以惯性矩 I 应取最小值。

在临界载荷作用下,$kl = \pi$,挠曲线方程为

$$y = A\sin kx = A\sin\frac{\pi}{l}x$$

式中,A 为压杆的最大挠度。

压杆的挠曲线是一条具有"半个波长"的正弦曲线。

二、其他约束情况下细长压杆的临界载荷

对于其他约束情况下的细长压杆,临界载荷可用上述同样的方法确定。也可通过与两端铰支细长压杆挠曲线形状对比的方法确定。综合各种不同的约束情况,可将欧拉公式写成统一的形式

$$F_{cr} = \frac{\pi^2 EI}{(\mu l)^2} \qquad (11\text{-}2)$$

式中,μ 为长度系数,它取决于压杆端部的约束情况;μl 称为相当长度,即相当于两端铰支细长压杆的长度或半波正弦曲线的长度。几种理想杆端约束情况下的 μ 值列于表 11-1 中。式(11-2)仍称为欧拉公式。

表 11-1 细长压杆不同支承情况下的长度系数

支承情况	两端铰支	一端固定 一端铰支	两端固定	一端固定 一端自由
μ 值	1.0	0.7	0.5	2
挠曲线形状				

由表中各图可见,欲使长为 l 的一端固定另一端自由的压杆失稳,相当于使长度为 $2l$ 的两端铰支的压杆失稳。两端固定的压杆,挠曲线有两个拐点,分别在距离两端 $l/4$ 处,故相当长度为 $0.5l$。一端固定一端铰支的压杆,拐点在离铰支端 $0.7l$ 处,故相当长度为 $0.7l$。应该指出,表中所列的杆端约束都是典型的理想约束,实际上,工程实际中的约束情况是复杂的,有时难以简单地将其归纳为哪一种理想约束。这应根据实际情况作具体分析,

看其与哪种理想约束情况接近，从而定出近于实际的长度系数。压杆的长度系数在设计规范中都有具体的规定。

【例 11-1】 柴油机的挺杆是钢制空心圆管，外径和内径分别为 12mm 和 10mm，杆长 383mm，钢材的弹性模量 $E=210$GPa。试求挺杆的临界载荷（假定挺杆为细长压杆）。

解 挺杆横截面的惯性矩为

$$I = \frac{\pi}{64}(D^4 - d^4) = \frac{\pi}{64}(12^4 - 10^4) = 526.7 \text{mm}^4$$

因为挺杆可简化为两端铰支的压杆，故挺杆的临界载荷为

$$F_{cr} = \frac{\pi^2 EI}{l^2} = \frac{\pi^2 \times 210 \times 10^3 \times 526.7}{383^2} = 7434\text{N} = 7.4\text{kN}$$

【例 11-2】 一端固定另一端自由的细长压杆如图 11-4 所示，已知其弹性模量 $E=200$GPa，杆长 $l=2$m，矩形截面 $b=40$mm，$h=90$mm。试计算此压杆的临界载荷。若 $b=h=60$mm，长度不变，此压杆的临界载荷又为多少？

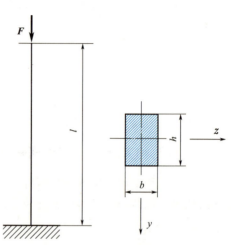

图 11-4 矩形截面压杆

解 （1）计算惯性矩 因为 $I_z > I_y$，压杆必绕 y 轴发生失稳，故计算惯性矩为

$$I_y = \frac{hb^3}{12} = \frac{90 \times 40^3}{12} = 48 \times 10^4 \text{mm}^4$$

（2）计算临界载荷 由表 11-1 得 $\mu=2$，由此得临界载荷为

$$F_{cr} = \frac{\pi^2 EI}{(\mu l)^2} = \frac{\pi^2 \times 200 \times 10^3 \times 48 \times 10^4}{(2 \times 2 \times 10^3)^2} = 59 \times 10^3 \text{N} = 59\text{kN}$$

（3）计算第二种情况下的临界载荷

$$I_z = I_y = \frac{bh^3}{12} = \frac{60^4}{12} = 108 \times 10^4 \text{mm}^4$$

临界载荷为

$$F_{cr} = \frac{\pi^2 EI}{(\mu l)^2} = \frac{\pi^2 \times 200 \times 10^3 \times 108 \times 10^4}{(2 \times 2 \times 10^3)^2} = 133 \times 10^3 \text{N} = 133\text{kN}$$

比较以上计算结果，两杆所用材料和截面面积都相同，但后者的临界载荷是前者的 2.25 倍。可见条件相同的情况下，采用正方形截面能提高压杆的临界载荷。

课题三 压杆的临界应力

一、细长压杆的临界应力

将压杆的临界载荷 F_{cr} 除以横截面面积 A，便得到横截面上的应力，称为临界应力，用 σ_{cr} 表示

$$\sigma_{cr} = \frac{F_{cr}}{A} = \frac{\pi^2 EI}{(\mu l)^2 A} \tag{a}$$

令上式中的 $I/A=i^2$，i 称为压杆截面的惯性半径。这样式(a) 就可以写成

$$\sigma_{cr}=\frac{\pi^2 E}{\left(\dfrac{\mu l}{i}\right)^2} \tag{b}$$

令 $\lambda=\dfrac{\mu l}{i}$，代入上式得

$$\sigma_{cr}=\frac{\pi^2 E}{\lambda^2} \tag{11-3}$$

λ 是一个无量纲的量，称为压杆的柔度或长细比。它集中地反映了压杆的长度、约束条件、截面尺寸和形状等因素对临界应力 σ_{cr} 的影响。

式(11-3)是欧拉公式(11-2)的另一种表达形式，两者并无实质性差别，只是表示方式不同，而

$$F_{cr}=A\sigma_{cr}$$

二、欧拉公式的适用范围

欧拉公式是由弯曲变形的挠曲线近似微分方程 $\dfrac{d^2 y}{dx^2}=\dfrac{M(x)}{EI}$ 推导出来的，而材料服从胡克定律又是上述微分方程的基础，所以，只有临界应力小于比例极限 σ_p 时，式(11-2) 或式(11-3) 才能应用。即

$$\frac{\pi^2 E}{\lambda^2}\leqslant\sigma_p \text{ 或写成 } \lambda\geqslant\sqrt{\frac{\pi^2 E}{\sigma_p}}$$

令 $\lambda_p=\sqrt{\dfrac{\pi^2 E}{\sigma_p}}$，则欧拉公式的应用范围为

$$\lambda\geqslant\lambda_p$$

λ_p 只与材料的性质有关，材料不同，λ_p 的数值也不同，以 Q235 钢为例，$E=206\text{GPa}$，$\sigma_p=200\text{MPa}$，则

$$\lambda_p=\sqrt{\frac{\pi^2\times 206\times 10^9}{200\times 10^6}}\approx 100$$

所以，用 Q235 钢制成的压杆，只有当 $\lambda\geqslant 100$ 时，才可以使用欧拉公式。又如 $E=70\text{GPa}$，$\sigma_p=175\text{MPa}$ 的铝合金材料，$\lambda_p=62.8$，表示由这类铝合金材料制成的压杆，只有当 $\lambda\geqslant 62.8$ 时，才能使用欧拉公式。$\lambda\geqslant\lambda_p$ 的压杆，一般称为大柔度压杆或细长杆。

三、经验公式

若压杆的柔度 λ 的值小于 λ_p，则临界应力 σ_{cr} 就必然大于材料的比例极限 σ_p，这时如果还是用欧拉公式(11-2)计算临界载荷或用式(11-3)计算压杆的临界应力就是错误的。当 λ 小于 λ_p 时，压杆属于超过比例极限的稳定性问题。在实际工程中，有很多压杆都是超过比例极限后的压杆失稳问题。对这类压杆的失稳问题也有理论分析的结果，但工程中对这类压杆的计算，一般使用以试验结果为依据的经验公式。这里仅介绍经常使用的直线公式，即

$$\sigma_{cr}=a-b\lambda \tag{11-4}$$

式中，a 和 b 为与材料性质有关的常数，单位与应力单位相同。在表 11-2 中列出了一

些常用工程材料的 a 和 b 的数值。此时临界载荷为

$$F_{cr}=A\sigma_{cr}=A(a-b\lambda)$$

表 11-2　常用工程材料的 a 和 b 数值

材料(σ_a, σ_b 的单位为 MPa)	a/MPa	b/MPa
Q235 钢($\sigma_a=235, \sigma_b\geqslant 372$)	304	1.12
优质碳素钢($\sigma_a=306, \sigma_b\geqslant 417$)	461	2.568
硅钢($\sigma_a=353, \sigma_b=510$)	578	3.744
铬钼钢	9807	5.296
铸铁	332.2	1.454
强铝	373	2.15
木材	28.7	0.19

式(11-4)也有其适用范围，即临界应力不应超过材料的压缩极限应力。这是由于当临界应力达到压缩极限应力时，压杆已因强度不足而失效。对于由塑性材料制成的压杆，其临界应力不允许超过材料的屈服点 σ_s，即

$$\sigma_{cr}=a-b\lambda\leqslant\sigma_s$$

或

$$\lambda\geqslant\frac{a-\sigma_s}{b}$$

令

$$\lambda_s=\frac{a-\sigma_s}{b} \tag{11-5}$$

则

$$\lambda\geqslant\lambda_s$$

式中，λ_s 表示当临界应力等于材料的屈服点 σ_s 时压杆的柔度值。和 λ_p 一样，它也是一个与材料性质有关的常数。因此直线公式的适用范围为

$$\lambda_s<\lambda<\lambda_p$$

一般把满足上式柔度条件的压杆称为中柔度杆或中长杆。柔度小于 λ_s 的压杆称为小柔度杆或短粗杆。

小柔度杆的失效是因压缩强度不足造成的，如果将这类压杆也以稳定问题的形式处理，则对于塑性材料制成的压杆，其临界应力 $\sigma_{cr}=\sigma_s$。

综上所述，压杆按柔度可分为三类，图 11-5 为临界应力 σ_{cr} 随压杆柔度 λ 的变化情况，称为临界应力总图。对 $\lambda\leqslant\lambda_s$ 的小柔度杆，应按强度问题计算，在图 11-5 中表示为水平线。对 $\lambda\geqslant\lambda_p$ 的大柔度杆，用欧拉公式(11-3)计算临界应力，在图 11-5 中表示为曲线。柔度介于 λ_s 和 λ_p 之间的压杆（$\lambda_s<\lambda<\lambda_p$）即中柔度杆，用经验公式(11-4)计算临界应力，在图 11-5 中表示为斜直线。

图 11-5　临界应力总图

【例 11-3】　三根圆形截面压杆，材料相同，皆由 Q235 钢制成，材料的 $E=200\text{GPa}$，$\sigma_p=200\text{MPa}$，$\sigma_s=240\text{MPa}$，$a=304\text{MPa}$，$b=1.12\text{MPa}$。三根压杆的两端均为铰支，直径均为 $d=160\text{mm}$。第一根压杆长为 $l_1=5\text{m}$，第二根压杆的长为 $l_2=2.5\text{m}$，第三根压杆长为 $l_3=1.25\text{m}$。试求各杆的临界载荷。

解 （1）因为三根压杆的材料相同，杆的直径相同，约束条件也相同，所以三根杆相同的参数为

$$\lambda_p = \sqrt{\frac{\pi^2 E}{\sigma_p}} = \sqrt{\frac{\pi^2 \times 200 \times 10^3}{200}} = 99.34$$

$$\lambda_s = \frac{a - \sigma_s}{b} = \frac{304 - 240}{1.12} = 57.14$$

$$A = \frac{\pi d^2}{4} = \frac{\pi \times 160^2}{4} = 20096 \text{mm}^2$$

$$i = \sqrt{\frac{I}{A}} = \frac{d}{4} = \frac{160}{4} = 40 \text{mm}$$

$$\mu = 1$$

（2）求第一根压杆的临界载荷

$$\lambda = \frac{\mu l_1}{i} = \frac{1 \times 5000}{40} = 125 > \lambda_1 = 99.34$$

所以

$$\sigma_{cr} = \frac{\pi^2 E}{\lambda^2} = \frac{\pi^2 \times 200 \times 10^3}{125^2} = 126.3 \text{MPa}$$

$$F_{cr} = \sigma_{cr} A = 126.3 \times 20106 \approx 2540 \times 10^3 \text{N} = 2540 \text{kN}$$

（3）求第二根压杆的临界载荷

$$\lambda = \frac{\mu l_2}{i} = \frac{1 \times 2500}{40} = 62.5$$

因为柔度 λ 介于 λ_p 与 λ_s 之间，所以应使用直线公式求临界应力

$$\sigma_{cr} = a - b\lambda = 304 - 1.12 \times 62.5 = 234 \text{MPa}$$

$$F_{cr} = \sigma_{cr} A = 234 \times 20106 \approx 4705 \times 10^3 \text{N} = 4705 \text{kN}$$

（4）求第三根压杆的临界载荷

$$\lambda = \frac{\mu l_3}{i} = \frac{1 \times 1250}{40} = 31.25 < \lambda_s = 57.14$$

该杆为小柔度杆，临界应力应取材料的屈服极限

$$\sigma_{cr} = \sigma_s = 240 \text{MPa}$$

$$F_{cr} = \sigma_{cr} A = 240 \times 20106 \approx 4825 \times 10^3 \text{N} = 4825 \text{kN}$$

课题四　压杆的稳定性计算

根据前面所述，要使压杆不发生失稳现象，必须使其轴向压力 F 小于临界力 F_{cr}。在工程实际中，为安全起见，还需考虑压杆应有必要的稳定性储备，使压杆具有足够的稳定性，因此，压杆的稳定性条件为

$$F \leqslant \frac{F_{cr}}{n_{st}}$$

式中，F 为实际工作压力；n_{st} 为规定的稳定安全系数。若把临界载荷 F_{cr} 与工作压力 F 的比值 n 称为压杆的工作安全系数，可以得到用安全系数表示的压杆稳定性条件

$$n = \frac{F_{cr}}{F} \geqslant n_{st} \tag{11-6}$$

或

$$n = \frac{\sigma_{cr}}{\sigma} \geqslant n_{st} \tag{11-7}$$

式中，σ 为压杆横截面上的工作应力。

用式(11-6) 或式(11-7) 计算压杆稳定性的方法，称为安全系数法。

稳定安全系数 n_{st} 一般规定得要比强度安全系数高。这是因为压杆失稳大都具有突发性，很多因素是难以避免的，且危害性比较大。杆件可能存在初始挠度，载荷也会存在偏心，材料也不是十分均匀，对压杆起约束作用的支座也会存在缺陷等，这些都严重影响压杆的稳定性，使压杆的实际临界载荷降低。在静载荷作用下，一般规定：钢类压杆，$n_{st}=1.8\sim3.0$；铸铁压杆，$n_{st}=5.0\sim5.5$；木材压杆，$n_{st}=2.8\sim3.2$。在具体计算压杆的稳定性问题时，一般可以从手册或规范中查到相关的稳定安全系数 n_{st} 的值。

还需指出，压杆的临界载荷是以整个杆件的弯曲变形来决定的，局部的削弱在稳定计算中不必考虑。如杆上开有小孔或沟槽等对临界载荷的影响很小，但对于这类压杆还应对削弱部分的横截面进行强度校核。

【例 11-4】 图 11-6(a) 所示托架中的 AB 杆，外径 $D=50$mm，内径 $d=40$mm，两端为铰链，材料为 Q235 钢，弹性模量 $E=200$GPa，$\sigma_p=200$MPa，托架承受载荷 $q=6.5$kN/m。若规定的稳定安全系数 $n_{st}=2.3$，试校核 AB 杆的稳定性。

图 11-6 托架

解 (1) 计算 AB 杆所受的力 取 CD 杆为研究对象，受力如图 11-6(b) 所示，列平衡方程

$$\sum M_C = 0 \quad F_B \sin\alpha \times 2 - \frac{1}{2}q \times 3^2 = 0$$

解得

$$F_B = \frac{q \times 9}{2 \times 2\sin\alpha} = \frac{6500 \times 9}{4 \times 1.5/\sqrt{2^2+1.5^2}} = 24.38\text{kN}$$

(2) 计算柔度

$$\lambda_p = \sqrt{\frac{\pi^2 E}{\sigma_p}} = \sqrt{\frac{\pi^2 \times 200 \times 10^9}{200 \times 10^6}} \approx 99.3$$

AB 杆长

$$l = \sqrt{2^2+1.5^2} = 2.5\text{m}$$

惯性半径 $i=\sqrt{\dfrac{I}{A}}=\sqrt{\dfrac{\dfrac{\pi}{64}(D^4-d^4)}{\dfrac{\pi}{4}(D^2-d^2)}}=\dfrac{\sqrt{D^2+d^2}}{4}=\dfrac{1}{4}\sqrt{50^2+40^2}\approx 16\text{mm}$

柔度 $\lambda=\dfrac{\mu l}{i}=\dfrac{1\times 2.5\times 10^3}{16}=156.25>\lambda_p$

所以 AB 属于细长杆。

（3）求临界载荷

$$F_{cr}=\dfrac{\pi^2 E}{\lambda^2}A=\dfrac{\pi^2\times 200\times 10^3}{156.25^2}\times\dfrac{\pi(50^2-40^2)}{4}=57\times 10^3\text{N}=57\text{kN}$$

（4）校核稳定性

$$n=\dfrac{F_{cr}}{F_B}=\dfrac{57}{24.38}=2.34>n_{st}$$

所以杆 AB 具有足够的稳定性。

【例 11-5】 图 11-7(a) 所示结构的 AB 杆为刚性杆，CD 杆是可变形的受压杆件，A、C 两点为铰支座，D 点为固定端支座。结构尺寸及 CD 杆横截面尺寸如图所示。CD 杆的材料为 Q235 钢，其 $E=200\text{GPa}$，$\sigma_s=240\text{MPa}$，$\sigma_p=200\text{MPa}$。若给定的稳定安全系数为 $n_{st}=8$，试只考虑 CD 杆的稳定性来确定结构的许可载荷 $[F]$。

图 11-7 支架

解 （1）求压杆的 λ_p 和 λ_s

$$\lambda_p=\sqrt{\dfrac{\pi^2 E}{\sigma_p}}=\sqrt{\dfrac{\pi^2\times 200\times 10^3}{200}}=99.3$$

$$\lambda_s=\dfrac{a-\sigma_s}{b}=\dfrac{304-240}{1.12}\approx 57.1$$

（2）计算柔度 由于 $I_z<I_y$，压杆必绕 z 轴在图示平面内失稳，所以只需要求 λ_z。压杆 CD 关于 z 轴的惯性矩为

$$I_z = \left(\frac{60 \times 40^3}{12}\right) \text{mm}^4 = 320 \times 10^3 \text{mm}^4$$

惯性半径为
$$i_z = \sqrt{\frac{I_z}{A}} = \sqrt{\frac{320 \times 10^3}{40 \times 60}} \text{mm} \approx 11.55 \text{mm}$$

压杆绕 z 轴的柔度为
$$\lambda_z = \frac{\mu l}{i_z} = \frac{0.7 \times 1000}{11.55} \approx 60.6$$

(3) 计算压杆的临界载荷 因为 $\lambda_s < \lambda_z < \lambda_p$，所以用直线公式计算临界应力
$$\sigma_{cr} = a - b\lambda_z = 304 - 1.12 \times 60.6 \approx 236 \text{MPa}$$

压杆 CD 的临界载荷为
$$F_{cr} = \sigma_{cr} A = 236 \times 40 \times 60 = 566 \times 10^3 \text{N} = 566 \text{kN}$$

根据稳定条件 $n = \dfrac{F_{cr}}{F_1} \geq n_{st}$，得
$$F_1 \leq \frac{F_{cr}}{n_{st}} = \frac{566}{8} = 70.75 \text{kN}$$

(4) 计算结构的许可载荷 取 AB 杆为研究对象。受力图如图 11-7(b) 所示。
$$\sum M_A = 0 \qquad F_1 \times 1.2 - F \times 1.6 = 0$$

解得
$$F = \frac{1.2}{1.6} F_1 = \left(\frac{1.2}{1.6} \times 70.75\right) \text{kN} \approx 53.06 \text{kN}$$

即结构的许可载荷为 $[F] = 53.06 \text{kN}$

【例 11-6】 一搓丝机的连杆如图 11-8 所示。材料为 Q235 钢，$E = 200 \text{GPa}$，$\sigma_p = 200 \text{MPa}$，$\sigma_s = 240 \text{MPa}$。在 xy 平面内，连杆的两端为铰支 [图 11-8(a)]；在 xz 平面内连杆两端视为固定端 [图 11-8(b)]。已知 $b = 25 \text{mm}$，$h = 60 \text{mm}$，$l_1 = 880 \text{mm}$，$l = 940 \text{mm}$，连杆最大轴向载荷为 $F = 120 \text{kN}$。若给定稳定安全系数 $n_{st} = 2$，试校核连杆的稳定性。

图 11-8 搓丝机的连杆

解 (1) 计算 λ_p 和 λ_s
$$\lambda_p = \sqrt{\frac{\pi^2 E}{\sigma_p}} = \sqrt{\frac{\pi^2 \times 200 \times 10^9}{200 \times 10^6}} = 99.3$$

$$\lambda_s = \frac{a - \sigma_s}{b} = \frac{304 - 240}{1.12} \approx 57.1$$

(2) 计算柔度 连杆可能在 xy 平面内失稳，也可能在 xz 平面内失稳。连杆在 xy 平面内的柔度

$$I_z = \left(\frac{25 \times 60^3}{12}\right) \text{mm}^4 = 450 \times 10^3 \text{mm}^4$$

$$i_z = \sqrt{\frac{I_z}{A}} = \sqrt{\frac{450 \times 10^3}{25 \times 60}} \text{mm} \approx 17.32 \text{mm}$$

所以

$$\lambda_z = \frac{\mu_z l_z}{i_z} = \frac{1 \times 940}{17.32} \approx 54.27$$

连杆在 xz 平面内的柔度

$$I_y = \left(\frac{60 \times 25^3}{12}\right) \text{mm}^4 = 78125 \text{mm}^4$$

$$i_y = \sqrt{\frac{I_y}{A}} = \sqrt{\frac{78125}{25 \times 60}} \text{mm} \approx 7.22 \text{mm}$$

所以

$$\lambda_y = \frac{\mu_y l_y}{i_y} = \frac{0.5 \times 880}{7.22} \approx 60.94$$

(3) 计算临界载荷　因为 $\lambda_y > \lambda_z$，所以连杆在 xz 平面内失稳。由于 $\lambda_s < \lambda_y < \lambda_p$，所以用直线公式计算压杆的临界应力

$$\sigma_{cr} = a - b\lambda_y = 304 - 1.12 \times 60.94 \approx 235.7 \text{MPa}$$

连杆的临界载荷为

$$F_{cr} = \sigma_{cr} A = 235.7 \times 25 \times 60 = 353.6 \times 10^3 \text{N} = 353.6 \text{kN}$$

连杆的工作安全系数为

$$n = \frac{F_{cr}}{F} = \frac{353.6}{120} \approx 2.95 > n_{st} = 2$$

故搓丝机连杆的稳定性足够。

课题五　提高压杆承载能力的措施

提高压杆的承载能力，关键在于提高压杆的临界载荷或临界应力。不同材料的力学性质也不相同，也会影响压杆的临界应力；对于同一种材料，由临界应力总图可知，临界应力随着压杆柔度的增加而减小，故减小压杆的柔度可以提高其临界应力。

因此，提高压杆的承载能力应从合理选择材料和减小压杆柔度这两方面考虑。

一、合理选择材料

由欧拉公式可知，对于细长压杆，其临界载荷的大小与材料的弹性模量 E 成正比，因而选择弹性模量较高的材料，可以提高大柔度杆的稳定性。然而，就钢材而言，由于各种钢材的 E 值大致相等，所以选用优质钢材或低碳钢并无很大的区别。也就是说，对于细长压杆，选用优质钢材对提高压杆的稳定性并不起多大的作用。但对于中等柔度的压杆来说，无论是根据经验公式或理论分析，都说明临界应力与材料的强度有关，所以优质钢材在一定程度上可以提高临界应力的数值。对于柔度很小的短粗压杆，本来就是强度问题，优质钢材的强度高，其优越性自然是明显的。

二、减小压杆柔度

从柔度计算公式 $\lambda = \dfrac{\mu l}{i}$ 可知，柔度与惯性半径（截面形状与大小）、压杆长度及杆端约束有关，故可从这三方面考虑减小压杆的柔度。

1. 选择合理的截面形状

增大惯性半径可降低压杆的柔度。由 $i = \sqrt{\dfrac{I}{A}}$ 可知，在横截面面积不变的情况下，增大惯性矩 I 就可增大惯性半径 i，使压杆的临界应力增大，提高压杆的稳定性。这表明应尽可能地把材料远离形心，以取得较大的惯性矩，因此空心截面要比实心截面合理，如图 11-9 所示。

图 11-9 实心截面与空心截面

有些压杆则采用型钢组合截面，在考虑组合方案时，也应注意增大惯性矩的原则。如用四根等边角钢组合一个压杆时，可以有两种组合方案，如图 11-10 所示。显然，方案（b）比方案（a）合理。

所谓合理截面还有一层意思，就是如果在两个互相垂直的平面内，约束条件相同，则要求在这两个方向的惯性矩相等（$I_z = I_y$）。这是因为压杆首先在惯性矩小的平面内失稳，而当 $I_z = I_y$ 时，压杆就在这两个方向具有相同的稳定性。

图 11-10 型钢组合截面

基于这种考虑，工程中的压杆多采用圆截面或正方形截面。在组合截面中，如用两根槽钢组成一根柱时，可不采用图 11-11(a) 所示的组合方案，而采用图 (b) 或图 (c) 的组合方案。

图 11-11 槽钢组合截面

2. 改善约束条件

约束条件对压杆的临界载荷的影响较大，在其他条件不变的情况下，支座对压杆的约束刚性越强，长度系数 μ 就越小，因而使压杆的柔度减小，临界载荷提高。其中，以固定端约束的刚性最好，铰支约束次之，自由端最差。因此，压杆与其他构件连接时，应尽可能制成刚性连接或采用较紧密的配合。

3. 减小压杆的长度

因柔度与长度成正比，因此在条件许可的情况下，应尽可能减小压杆的长度或在压杆之间增设支座，都可以降低柔度，提高压杆的稳定性。例如，钢铁厂无缝钢管车间的穿孔机的顶杆（图 11-12），为了提高其稳定性，在顶杆中段增加一个抱辊装置，提高顶杆的稳定性。

图 11-12　钢管穿孔机顶杆

对于某些结构，在可能条件下，将压杆转换成拉杆，从根本上消除稳定性问题。如图 11-13 所示，将图 11-13(a) 中的 AC 压杆变成图 11-13(b) 中的 AB 拉杆，从而提高了结构的稳定性。

图 11-13　三脚架结构

习题

一、判断题

1. 压杆从稳定平衡状态过渡到不稳定平衡状态，载荷的临界值称为临界载荷。　　　　（　　）
2. 临界载荷只与压杆的长度及两端的支承有关。　　　　（　　）
3. 对于细长压杆，临界应力的值不应大于比例极限。　　　　（　　）
4. 压杆的临界载荷与作用于压杆的载荷大小有关。　　　　（　　）
5. 压杆的长度系数 μ 代表支承方式对临界力的影响，压杆的杆端约束越强，其值越小，临界压力越大。　　　　（　　）
6. 欧拉公式只适用于大柔度杆。　　　　（　　）
7. 压杆的柔度 λ 与压杆的长度，横截面的形状和尺寸以及两端的支承情况有关。
　　　　（　　）
8. 稳定安全系数 n_{st} 一般都大于强度计算时的安全系数。　　　　（　　）
9. 压杆的柔度 λ 综合反映了影响临界力的各种因素，λ 值越大，临界力越小。　　（　　）
10. 在压杆稳定性计算中，经判断应按中长杆的经验公式计算临界力时，若使用时错误地应用了细长杆的欧拉公式，则后果偏于危险。　　　　（　　）

二、选择题

1. 细长压杆，若其长度系数增加一倍，则_____。

A. F_{cr} 增加一倍   B. F_{cr} 为原来的二分之一   C. F_{cr} 为原来的四分之一

2. 两根细长杆，直径、约束均相同，但材料不同，且 $E_1 = 2E_2$，则两杆临界应力的关系是_____。

A. $(\sigma_{cr})_1 = (\sigma_{cr})_2$ B. $(\sigma_{cr})_1 = 2(\sigma_{cr})_2$ C. $(\sigma_{cr})_1 = \frac{1}{2}(\sigma_{cr})_2$

3. 下列结论中_____是正确的。

(1) 若压杆中的实际应力不大于该压杆的临界应力，则杆件不会失稳

(2) 受压杆件的破坏均由失稳引起

(3) 压杆临界应力的大小可以反映压杆稳定性的好坏

(4) 若压杆中的实际应力大于 $\sigma_{cr} = \frac{\pi^2 E}{\lambda^2}$，则压杆必定破坏

A. (1), (2)   B. (2), (4)   C. (1), (3)

4. 两端固定的细长压杆，设抗弯刚度为 EI，长为 l，则其临界力是_____。

A. $F_{cr} = \frac{\pi^2 EI}{4l^2}$ B. $F_{cr} = \frac{\pi^2 EI}{0.25 l^2}$ C. $F_{cr} = \frac{\pi^2 EI}{l^2}$

5. 下列关于压杆临界应力与柔度的叙述中，_____是正确的。

A. σ_{cr} 值必随 λ 值增大而增大

B. σ_{cr} 值一般随 λ 值增大而减小

C. 对于中长杆，σ_{cr} 与 λ 无关

三、计算题

1. 三根细长压杆如图 11-14 所示，材料均为 Q235 钢，横截面均为圆形，且面积相同。试问哪一根杆能承受的压力最大？哪一根最小？

2. 如图 11-15 所示的细长压杆，弹性模量 $E = 200$ GPa，试用欧拉公式计算其临界载荷。

(1) 圆形截面：$d = 25$ mm，$l = 1$ m；

(2) 矩形截面：$h = 2b = 40$ mm，$l = 1$ m；

(3) 16 号工字钢：$l = 2$ m。

图 11-14 题三、1 图

图 11-15 题三、2 图

3. 图 11-16 所示正方形桁架，每边长为 $a = 1$ m，$d = 40$ mm，$E = 200$ GPa，$[\sigma] = 160$ MPa，规定的稳定安全系数 $n_{st} = 2.5$。试问当 F 为何值时结构中的杆件将失稳？如果力

F 的方向改为向外，则使杆产生失稳的值为多少？

4. 图 11-17 所示细长压杆，截面为圆形，$d=30\text{mm}$，$E=200\text{GPa}$，$\sigma_\text{p}=220\text{MPa}$，为提高其承载能力，在杆的中点增加一支座，试计算在上述两种情况下的临界载荷。

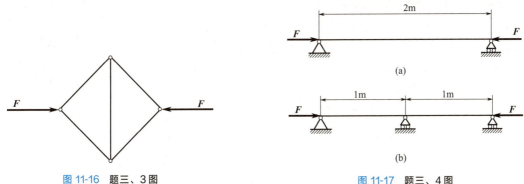

图 11-16　题三、3图　　　　　图 11-17　题三、4图

5. 图 11-18 所示压杆，$l=500\text{mm}$，$b=20\text{mm}$，$h=30\text{mm}$，材料为 Q235 钢，$E=200\text{GPa}$，$\sigma_\text{s}=235\text{MPa}$，$\sigma_\text{p}=200\text{MPa}$，有三种支承方式，试计算它们的临界载荷。

6. 图 11-19 所示为机床连杆，材料的弹性模量 $E=206\text{GPa}$，横截面面积 $A=4400\text{mm}^2$，$I_y=120\times10^4\text{mm}^4$，$I_z=797\times10^4\text{mm}^4$，在 xy 平面内，长度系数 $\mu_z=1$；在 xz 平面内，长度系数 $\mu_y=0.5$。$F=300\text{kN}$，规定的稳定安全系数 $n_\text{st}=2$，试校核连杆的稳定性。

7. 千斤顶如图 11-20 所示，丝杆长度 $l=375\text{mm}$，内径 $d=40\text{mm}$，材料为 45 号钢（$a=589\text{MPa}$，$b=3.82\text{MPa}$，$\lambda_\text{p}=100$，$\lambda_\text{s}=60$），最大起重量 $F=80\text{kN}$，规定的稳定安全系数 $n_\text{st}=4$。试校核丝杆的稳定性。

图 11-19　题三、6图

图 11-18　题三、5图　　　　　图 11-20　题三、7图

8. 图 11-21 所示横梁 AB 的截面为矩形，竖杆 CD 的截面为圆形，其直径 $d=20\text{mm}$，在 C 处用铰链连接。材料为 Q235 钢，$E=200\text{GPa}$，$\sigma_\text{s}=235\text{MPa}$，$\sigma_\text{p}=200\text{MPa}$，规定的稳定安全系数 $n_\text{st}=3$。若测得 AB 梁的最大弯曲应力 $\sigma=140\text{MPa}$，试校核 CD 杆的稳定性。

9. 某型柴油机的挺杆长度 $l=257$mm 圆形截面的直径 $d=8$mm，钢材的弹性模量 $E=210$GPa，比例极限为 $\sigma_p=240$MPa。挺杆所受的最大载荷 $F=1.76$kN。规定的稳定安全系数为 $n_{st}=3$，试校核挺杆的稳定性。

10. 图 11-22 所示蒸汽机的活塞杆 AB，所受的力 $F=120$kN，$l=1800$mm，横截面为圆形，直径 $d=75$mm。材料为 Q275，其弹性模量 $E=210$GPa，比例极限 $\sigma_p=240$MPa。规定的稳定安全系数为 $n_{st}=8$，试校核活塞杆的稳定性。

图 11-21 题三、8 图

图 11-22 题三、10 图

11. 某轧钢车间使用的螺旋推钢机的示意图如图 11-23 所示，推杆由丝杆通过螺母来带动。已知推杆横截面的直径 $d=130$mm，材料为 Q275 钢。其弹性模量 $E=210$GPa，屈服点 $\sigma_s=350$MPa，比例极限 $\sigma_p=280$MPa。当推杆全部推出时，前端可能有微小的侧移，故简化为一端固定，一端自由的压杆。这时推杆的伸出长度为最大值，$l_{max}=3$m。取稳定安全系数 $n_{st}=4$。试校核压杆的稳定性。

图 11-23 题三、11 图

12. 图 11-24 所示结构中斜撑杆 BD 用钢管制作，材料为 Q235 钢，材料的弹性模量 $E=206$GPa，$\sigma_p=200$MPa，$\sigma_s=235$MPa，$a=304$MPa，$b=1.12$MPa。钢管的外径 $D=40$mm，内径 $d=32$mm，规定的稳定安全系数为 $n_{st}=2.5$，若只考虑该结构中 BD 杆的稳定性，试确定许用载荷。

图 11-24 题三、12 图

单元十二
动载荷与交变应力简介

工程中某些构件,如加速提升重物的绳索、汽锤锻压的坯件、内燃机的连杆以及高速旋转的转轴等,当它们承受的载荷随时间明显地变化,或构件内各质点的加速度不能忽视时,工程上就称这些构件承受了动载荷,构件因动载荷而引起的应力称为动应力。本单元将讨论构件在动载荷作用下的强度问题以及在交变应力作用下的疲劳破坏等。

课题一　构件作匀加速直线运动或匀速转动时的应力计算

一、构件作匀加速直线运动时的应力计算

吊车以匀加速度 a 提升重物(图 12-1),设重物的重量为 G,钢绳的横截面面积为 A,重量不计。试求钢绳中任一截面上的正应力。

取重物为研究对象,用动静法求钢绳在动载荷作用下的轴力 F_{Nd}。画出重物的受力图,其上有重力 G,钢绳上的轴力 F_{Nd} 和重物的惯性力 F_I。其中 F_I 的方向与加速度 a 相反,大小为

$$F_I = ma = \frac{G}{g}a$$

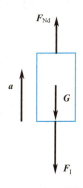

图 12-1　起吊重物

由平衡方程得

$$\sum F_y = 0 \qquad F_{Nd} - G - F_I = 0$$

即

$$F_{Nd} = G + F_I = G\left(1 + \frac{a}{g}\right) \qquad (a)$$

故钢绳横截面上的动应力为

$$\sigma_d = \frac{F_{Nd}}{A} = \frac{G}{A}\left(1 + \frac{a}{g}\right) \qquad (b)$$

式中,$\frac{G}{A} = \sigma_j$ 称为钢绳在重力 G 作用下的静应力。

令

$$K_d = 1 + \frac{a}{g} \qquad (12\text{-}1)$$

则式(b)可表示为

$$\sigma_d = K_d \sigma_j \qquad (12\text{-}2)$$

式中,K_d 称为动荷系数,它表示动应力 σ_d 与静应力 σ_j 的比值。

由此可知,构件在动载荷作用下的强度条件为

$$\sigma_{\text{dmax}} = K_d \sigma_{\text{jmax}} \leqslant [\sigma] \tag{12-3}$$

式中，σ_{dmax} 和 σ_{jmax} 分别为构件的最大动应力与最大静应力；$[\sigma]$ 为材料在静载作用下的许用应力。

图 12-2 桥式起重机

【例 12-1】 桥式起重机以等加速度 a 提升一重物，如图 12-2 所示。物体重量 $G=10\text{kN}$，加速度 $a=4\text{m/s}^2$，起重机横梁为 28a 号工字钢，跨度 $l=6\text{m}$。不计横梁和钢丝绳的重量，求此时钢丝绳所受的拉力及梁的最大正应力。

解 （1）由式（a）求得钢丝绳所受的拉力为

$$F_{\text{Nd}} = G + F_I = G\left(1 + \frac{a}{g}\right) = 10 \times \left(1 + \frac{4}{9.8}\right) \approx 14.08\text{kN}$$

（2）横梁的最大弯矩在中点处，其值为

$$M_{\text{dmax}} = \frac{F_{\text{Nd}}}{4} l = \frac{14.08}{4} \times 6 = 21.12\text{kN} \cdot \text{m}$$

查表得 28a 号工字钢 $W_z = 508.15\text{cm}^3$，故梁的最大正应力为

$$\sigma_{\text{dmax}} = \frac{M_{\text{dmax}}}{W_z} = \frac{21.12 \times 10^6}{508.15 \times 10^3} \text{MPa} \approx 41.56 \text{MPa}$$

【例 12-2】 图 12-3(a) 所示，以匀加速度 $a=10\text{m/s}^2$ 吊起一根 22a 号工字钢梁，梁的尺寸如图所示，试求梁内最大弯曲正应力。

解 （1）外力分析 梁上所受外力有重力、惯性力及绳子的张力。由型钢表查得 22a 工字钢单位长度的重量为 $q_j = 33 \times 9.8 \approx 323\text{N/m}$，于是单位长度的惯性力为 $q_I = \frac{q_j}{g} a$。工字钢梁所受的载荷集度为

$$q_d = q_j + q_I = q_j\left(1 + \frac{a}{g}\right) \approx 653\text{N/m}$$

工字钢梁的受力图如图 12-3(b) 所示，可视为在重力、惯性力、绳的张力作用下处于平衡，支座反力 $F_A = F_B = \frac{1}{2} q_d \times 12 = 3920\text{N}$。

（2）内力分析 弯矩图如图 12-3(c) 所示，最大弯矩发生在梁的中间截面上，$M_{\max} = 3926\text{N} \cdot \text{m}$。

（3）计算工字钢梁横截面上最大弯曲正应力 查型钢表 22a 工字钢的 $W_z = 309\text{cm}^3$，于是

$$\sigma_{\text{dmax}} = \frac{M_{\max}}{W_z} = \frac{3926 \times 10^3}{309 \times 10^3} \approx 12.7\text{MPa}$$

图 12-3 工字钢梁

二、构件作匀速转动时的应力计算

工程中作定轴转动的构件很多，如飞轮、皮带轮、齿轮等。当这些构件作等速转动时，构件上的各质点只有法向加速度，这类问题的应力计算仍可用动静法来解决。

如图 12-4(a) 所示的飞轮，如果不考虑轮辐的影响，可以认为飞轮的质量绝大部分集中在轮缘上，由此可将其简化成一个绕轴线旋转的圆环 [图 12-4(b)]。设圆环的横截面面积

为 A,平均直径为 D,材料的密度为 ρ,飞轮绕轴线转动的角速度为 ω。由于环壁很薄,可认为圆环上各点具有相同的法向加速度,其大小为 $a_n = D\omega^2/2$。圆环产生的惯性力集度 $q_d = A\rho a_n = \rho A D \omega^2 / 2$。

图 12-4 飞轮

取圆环的上半部分为研究对象,如图 12-4(c) 所示。设圆环横截面上的内力为 $\boldsymbol{F}_{Nd}$,由动静法得平衡方程为

$$\sum F_y = 0, \int_0^\pi q_d \frac{D}{2} \sin\theta \, d\theta - 2F_{Nd} = 0$$

$$F_{Nd} = \frac{1}{2} D q_d = \frac{\rho A D^2}{4} \omega^2$$

故圆环横截面上的应力为

$$\sigma_d = \frac{F_{Nd}}{A} = \frac{\rho D^2 \omega^2}{4} = \rho v^2$$

由此可知,圆环的强度条件为

$$\sigma_d = \rho v^2 \leqslant [\sigma] \tag{12-4}$$

式中,$[\sigma]$ 为轮缘材料的许用应力。

由式(12-4) 可见,飞轮轮缘内的应力仅与材料的密度和轮缘各点的线速度有关。为保证飞轮安全工作,轮缘允许的线速度为

$$v \leqslant \sqrt{\frac{[\sigma]}{\rho}} \tag{12-5a}$$

工程中,习惯将线速度转化为转速,即飞轮轮缘允许的临界转速为

$$n_0 = \frac{60}{\pi D} \sqrt{\frac{[\sigma]}{\rho}} \tag{12-5b}$$

【例 12-3】 一带轮的外径 $D = 600\text{mm}$,带轮材料的密度为 $\rho = 3000\text{kg/m}^3$,许用应力 $[\sigma] = 5\text{MPa}$。求带轮的临界转速。

解 带轮旋转时,其边缘的动应力最大。因此,当边缘处的材料失效时,相应的带轮转速就是其临界转速,即

$$n_0 = \frac{60}{\pi D} \sqrt{\frac{[\sigma]}{\rho}} = \frac{60}{\pi \times 0.6} \sqrt{\frac{5 \times 10^6}{3000}} \, \text{r/min} \approx 1300 \text{r/min}$$

【例 12-4】 在 AB 轴的 B 端有一个质量很大的飞轮如图 12-5 所示,与飞轮相比,轴的质量可以忽略不计。轴的另一端 A 装有刹车离合器。飞轮的转速为 $n = 100\text{r/min}$,转动惯

量 $J_z=0.5\text{kN}\cdot\text{m}\cdot\text{s}^2$，轴的直径 $d=100\text{mm}$。刹车时使轴在 10s 内按匀减速停止转动，求轴内最大动应力。

图 12-5 飞轮轴

解 （1）计算飞轮角加速度　飞轮与轴的转动初角速度为

$$\omega_0=\frac{n\pi}{30}1/s=\frac{10}{3}\pi\,1/s$$

10s 后的角速度 $\omega_1=0$，当飞轮与轴同时作匀减速转动时，其角加速度为

$$\varepsilon=\frac{\omega_1-\omega_0}{t}=-\frac{\pi}{3}\,1/s^2$$

等号右边的负号表示 ε 与 ω_0 的方向相反。

（2）计算惯性力偶矩　按动静法，在飞轮上加上方向与 ε 相反的惯性力偶矩 M_d，且

$$M_d=-J_z\varepsilon=\frac{0.5}{3}\pi\,\text{kN}\cdot\text{m}$$

设作用于轴上的摩擦力偶矩为 M_f，由平衡条件 $\sum m_z=0$，求出

$$M_f=M_d=\frac{0.5}{3}\pi\,\text{kN}\cdot\text{m}$$

（3）计算 AB 轴横截面上最大动应力　AB 轴在摩擦力偶矩 M_f 和惯性力偶矩 M_d 作用下，引起轴的扭转变形，横截面上的扭矩

$$T=M_d=\frac{0.5}{3}\pi\,\text{kN}\cdot\text{m}$$

故轴横截面上最大扭转切应力为

$$\tau_{d\max}=\frac{T}{W_P}=\frac{\frac{0.5}{3}\pi\times10^6}{\frac{\pi}{16}(100)^3}=2.67\text{MPa}$$

课题二　构件受冲击时的应力

一、冲击的概念

当两物体以很大的相对速度接触时，在极短时间内这两个物体的速度会发生急剧变化，这种现象称为冲击。例如工程中的汽锤锻造、重锤打桩和金属冲压加工等，就是利用这种冲击作用进行工作的。但是，一般的工程构件都要避免或减小冲击，以免受损。

在冲击过程中，由于冲击物的速度在短时间内发生了很大变化，而且冲击过程相当复杂，加速度不易测定，所示很难用动静法计算，通常采用能量法进行分析和计算。

二、冲击过程的假设

如图 12-6 所示，物体重量为 G，由高度 h 自由落下，冲击下面的直杆，使杆发生轴向压缩。事实上，由于冲击过程相当复杂，为便于计算，通常作如下几点假设：
① 冲击物变形很小，可视为刚体；冲击物与被冲击物一旦发生接触，不再分离；
② 直杆质量很小，可忽略不计，杆的力学性能是线弹性的；
③ 冲击时只有动能和势能的转化，而无其他能量的损耗。

三、冲击应力的计算

根据功能原理和假设，在冲击过程中冲击物所做的功 A 应等于被冲击物的变形能 U_d，即

$$A = U_d \tag{a}$$

如图 12-6 所示，当物体自由落下时，其初速度为零；当冲击直杆后，其速度还是为零，而此时杆的受力从零增加到 F_d，杆的缩短量达到最大值 δ_d。因此，在整个冲击过程中，冲击物的动能变化为零，冲击物所做的功为

$$A = G(h + \delta_d) \tag{b}$$

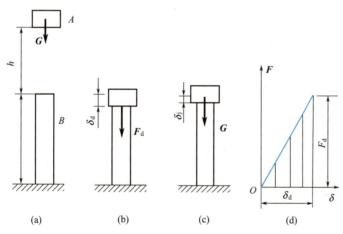

图 12-6　落体冲击

由图 12-6(d) 可知，杆的变形能为

$$U_d = \frac{1}{2} F_d \delta_d \tag{c}$$

又因假设杆的材料是线弹性的，故有

$$\frac{F_d}{\delta_d} = \frac{G}{\delta_j} \text{ 或 } F_d = \frac{\delta_d}{\delta_j} G \tag{d}$$

式中，δ_j 为直杆受静载荷 G 作用时的静位移。将式(d) 代入式(c)，得

$$U_d = \frac{1}{2} F_d \delta_d = \frac{1}{2} \frac{G}{\delta_j} \delta_d^2 \tag{e}$$

再将式(b)、式(e) 代入式(a)，得

$$G(h+\delta_d) = \frac{1}{2}\frac{G}{\delta_j}\delta_d^2$$

整理后得

$$\delta_d^2 - 2\delta_j\delta_d - 2h\delta_j = 0$$

解方程得

$$\delta_d = \delta_j \pm \sqrt{\delta_j^2 + 2h\delta_j} = \left[1 \pm \sqrt{1+\frac{2h}{\delta_j}}\right]\delta_j$$

为求冲击时杆的最大缩短量，上式中根号前应取正号，得

$$\delta_d = \delta_j + \sqrt{\delta_j^2 + 2h\delta_j} = \left[1 + \sqrt{1+\frac{2h}{\delta_j}}\right]\delta_j = K_d\delta_j \tag{12-6}$$

式中，K_d 为自由落体冲击的动荷系数。

$$K_d = 1 + \sqrt{1+\frac{2h}{\delta_j}} \tag{12-7}$$

由于冲击时材料服从胡克定律，故冲击应力为

$$\sigma_d = K_d\sigma_j \tag{12-8}$$

由式(12-7)可见，当 $h=0$ 时，$K_d=2$，即杆受突加载荷时，杆内应力和变形都是静载荷作用下的两倍。如吊车的突然启动或制动都将产生很大的动应力，严重时将造成设备的损坏。为提高构件抗冲击的能力，还应设法降低构件的刚度。

【例 12-5】 图 12-6 所示落体冲击实例。圆木桩下端固定，上端自由，直径 $d=300\text{mm}$，长度 $l=6\text{m}$。弹性模量 $E=10\text{GPa}$，锤重 $G=5\text{kN}$，重锤从离木桩高 $h=0.5\text{m}$ 处自由下落，求木桩内的冲击应力。

解 (1) 求静变形 δ_j

$$\delta_j = \frac{Gl}{EA} = \frac{5\times10^3\times6\times10^3\times4}{10\times10^3\times\pi\times300^2} \approx 0.042\text{mm}$$

(2) 求动荷系数 K_d

$$K_d = 1+\sqrt{1+\frac{2h}{\delta_j}} = 1+\sqrt{1+\frac{2\times500}{0.042}} \approx 154.3$$

(3) 求静载荷作用时的应力 σ_j

$$\sigma_j = \frac{G}{A} = \frac{5\times10^3}{\pi\times300^2/4} \approx 0.071\text{MPa}$$

(4) 求冲击应力 σ_d

$$\sigma_d = K_d\sigma_j = 154.3\times0.071 \approx 10.9\text{MPa}$$

【例 12-6】 重为 G 的物体自高度为 h 处自由下落，冲击到梁的中点 C 处，如图 12-7 所示，梁的抗弯刚度 EI 和弯曲截面系数 W_z 均为已知，试求 C 截面的最大弯曲正应力和挠度。

解 (1) 计算冲击点的静位移 G 以静载荷方式作用于梁的 C 点的静位移为

$$\delta_j = \frac{Gl^3}{48EI}$$

图 12-7 简支梁受冲击

（2）求动荷系数

$$K_d = 1 + \sqrt{1 + \frac{2h}{\delta_j}} = 1 + \sqrt{1 + \frac{96EIh}{Gl^3}}$$

（3）计算 C 截面的最大弯曲正应力　C 截面的静弯矩为 $M = \frac{Gl}{8}$，静应力为 $\sigma_j = \frac{M}{W_z} = \frac{Gl}{8W_z}$，故 C 截面的最大动应力为

$$\sigma_d = K_d \sigma_j = \left(1 + \sqrt{1 + \frac{96EIh}{Gl^3}}\right) \frac{Gl}{8W_z}$$

（4）计算受冲击时中点 C 的挠度

$$\delta_d = K_d \delta_j = \left(1 + \sqrt{1 + \frac{96EIh}{Gl^3}}\right) \frac{Gl^3}{48EI}$$

四、提高构件承受冲击载荷能力的措施

工程中，人们利用冲击载荷进行锻造、冲压等工作，另一方面也要防止一些受冲击的构件产生过大的冲击动应力，并设法提高构件抗冲击的能力，可采取如下几点措施。

1. 降低构件的刚度

对于自由落体冲击，$K_d = 1 + \sqrt{1 + \frac{2h}{\delta_j}}$，当 h 一定时，K_d 取决于静变形 δ_j 的大小。δ_j 越大，K_d 值就越小，冲击应力值也随之减小。对于轴向冲击，杆的静变形 δ_j 为

$$\delta_j = \frac{Gl}{EA}$$

可以看出，减少抗拉（压）刚度 EA 可以达到增大静变形 δ_j 的目的。这里应当注意，在增大静变形的同时，应避免造成静应力 σ_j 的增加，否则由式 $\sigma_d = K_d \sigma_j$ 可知，最终将达不到降低冲击应力的目的。卡车大梁与车轮间安装的钢板弹簧、火车车厢与车轮间的压缩弹簧都是既不增加静应力 σ_j 又降低冲击应力的实例。

2. 选择 E 值较小的材料

如木材的 E 值较钢材的小，在相同情况下，木材的抗冲击性能就优于钢材。

3. 增大等截面杆的体积

冲击应力均与构件的体积 Al 有关，如图 12-8 所示，采用长螺栓代替短螺栓紧固，就是利用增加螺栓的体积，提高螺栓的抗冲击能力。但需注意，这一结论不适用于变截面杆的情况，如图 12-9 所示，材料相同的两杆，由于图 12-9(a) 杆的体积大，静变形 δ_j 小，动荷系数大，而两杆危险截面处的面积相等，故图 12-9(a) 杆的动应力反而比图 12-9(b) 杆的大。

图 12-8　汽缸

对于螺栓这一类不可能制成等截面杆的构件，如图 12-10(a) 所示，其光杆部分的直径应制成与螺纹内径相等，如图 12-10(b) 所示，或在螺杆内钻孔，如图 12-10(c) 所示，可达到既增加了静变形，又不增加静应力大小的目的，从而降低了螺栓的应力，使螺栓的抗冲击能力得到提高。

图 12-9　受冲击的不同截面杆

图 12-10　螺栓

课题三　交变应力及其循环特征

一、交变应力的概念

在工程实际中，除前面讨论过的静载荷和动载荷外，还经常遇到随时间做周期性变化的载荷，这种载荷称为交变载荷。例如，图 12-11(a) 中的齿轮在互相啮合的过程中，齿轮上任一齿所受载荷是从零值变到最大值，然后又由最大值变到脱离啮合后的零值。齿轮每转一周，轮齿就这样重复受力一次。在交变载荷作用下，齿根上某一点 A 点的弯曲正应力也随时间做周期性的改变，这种应力称为交变应力。若以时间 t 为横坐标，弯曲正应力为纵坐标，则齿根上 A 点的应力随时间变化的曲线如图 12-11(b) 所示，此曲线称为应力循环曲线。

图 12-11　齿轮工作的交变应力

另外，还有一些转动构件，虽然受不变的载荷作用，但由于构件本身的转动，也会产生交变应力。例如图 12-12(a) 所示的列车轮轴，受对称载荷 F 的作用，其中间轴段发生纯弯曲，其弯矩 $M=Fa$。当车轮轴以角速度 ω 旋转时，中间截面周边上某点 A [图 12-12(b)] 的弯曲应力为

$$\sigma_A = \frac{M}{I_z} y_A = \frac{FaR}{I_z}\sin\omega t \tag{a}$$

式 (a) 表明，轮轴每转一周，A 点的应力就重复变化一次，其变化规律如图 12-12(c) 所示，为一正弦函数。

图 12-12　火车轮轴工作的交变应力

二、交变应力循环曲线的特征

如图 12-13 所示的应力循环曲线，其曲线的特征可以用下述参数来表示。

（1）循环次数　交变应力每重复变化一次，称为一个应力循环。完成一个应力循环所需要的时间 T，称为一个周期。交变应力重复变化的次数，称为循环次数，用 N 表示。

（2）应力极值　一个应力循环中，应力的最大值 σ_{max} 和最小值 σ_{min} 分别称为最大应力和最小应力。

图 12-13　应力循环曲线

（3）平均应力　应力循环中最大应力和最小应力的平均值，称为平均应力，用 σ_m 表示，即

$$\sigma_m = \frac{\sigma_{max} + \sigma_{min}}{2} \tag{12-9}$$

（4）应力幅　最大应力与最小应力之差的一半，称为应力幅，用 σ_a 表示。即

$$\sigma_a = \frac{\sigma_{max} - \sigma_{min}}{2} \tag{12-10}$$

（5）循环特征　应力循环中最小应力与最大应力之比，称为循环特征，用 r 表示。即

$$r = \frac{\sigma_{min}}{\sigma_{max}} \tag{12-11}$$

由式（12-11）可知，循环特征 r 表示交变应力的不对称程度，是表征交变应力特征的重要参数。

三、交变应力的类型

工程中遇到的交变应力，按其循环特征的不同，可分为表 12-1 所列的四种类型。

对于受扭构件的交变切应力 τ，上述概念和表 12-1 中的公式同样适用，只需将 σ 改为 τ 即可。

表 12-1 交变应力的类型

交变应力类型	应力循环图	σ_{max} 与 σ_{min}	循 环 特 性
对称循环		$\sigma_{max} = -\sigma_{min}$	$r = -1$
非对称循环		$\sigma_{max} = \sigma_m + \sigma_a$ $\sigma_{min} = \sigma_m - \sigma_a$	$-1 < r < 1$
脉动循环		$\sigma_{max} \neq 0, \sigma_{min} = 0$	$r = 0$
静应力		$\sigma_{max} = \sigma_{min}$	$r = 1$

课题四 疲劳破坏简介

一、疲劳破坏的特点

构件在交变应力作用下发生的破坏称为疲劳破坏。疲劳破坏与静载引起的破坏明显不同，有以下三个主要特征。

① 在最大应力低于材料的抗拉强度极限 σ_b，有时甚至低很多时，就发生断裂破坏。应力集中现象在疲劳破坏中的影响很显著。

② 塑性材料构件也和脆性材料构件一样，在并无明显塑性变形的情况下，就突然发生脆性断裂。正因为断裂前不易觉察其征兆，具有突发性，所以疲劳破坏的危险性较大。

③ 疲劳破坏的断口有独特的形态：具有光滑区和颗粒状粗糙区两个明显不同的区域。典型断口的形态如图 12-14 所示。

图 12-14 疲劳断口形态

二、疲劳破坏发生的过程

疲劳破坏形成的过程大体是这样的：当交变应力的大小超过一定限度时，经过很多次的应力循环，在构件中的应力最大（应力集中）处和材料缺陷（材质不均匀、表层刀纹、划伤）处产生了细微的裂纹，这就是裂纹源。裂纹源形成后，因裂纹尖端的应力集中严重，随着应力循环次数增加，裂纹逐渐扩大，裂纹两边的材料时合时分，不断挤压形成断口的光滑区。经过长期运转，裂纹不断扩展，有效面积逐渐缩小，当截面削弱到一定程度时，构件突然断裂，形成断口的粗糙区。

由于疲劳破坏是在构件没有明显的塑性变形时突然发生的，故产生的后果是十分严重的。

三、提高构件疲劳强度的措施

因为构件外形突变引起的应力集中和构件表面质量对其疲劳强度影响很大，故应从这两方面入手提高构件的疲劳强度。

1. 减缓构件的应力集中

设计构件时，应尽量避免出现带尖角的孔和槽。对轴类零件，在其截面突变处要有足够大的过渡圆角 R［图 12-15(a)］。若结构需要直角过渡时，可在直径大的轴段上设卸荷槽［图 12-15(b)］或退刀槽［图 12-15(c)］。

在轴与轮毂之间需要静配合时，为了减小配合处的应力集中，可开卸荷槽［图 12-16(a)］，或增加配合部分的直径，并用圆角过渡［图 12-16(b)］。

图 12-15　轴类零件　　　　　　图 12-16　轴与轮

2. 提高表面加工质量

构件表面越光滑，应力集中越小，因此适当提高构件表面的加工质量，就可以提高构件的疲劳强度。特别对高强度钢，它对表面加工质量更为敏感；相反铸铁件由于对应力集中不敏感，故没有必要提高其表面加工质量。此外还应避免构件表面的机械损伤和化学腐蚀。

3. 强化构件表面层

采用高频淬火、渗碳、氮化、滚压及喷丸等措施，使构件表面强化，可提高构件的抗疲劳破坏能力。但应注意避免强化过程中产生新的裂纹、应力腐蚀，以免产生应力集中现象。

 习题

1. 如图 12-17(a) 所示起重机的重量为 20kN，装在由两根 32a 工字钢组成的梁上，今用绳索吊起重为 60kN 的重物，并在第一秒内以等加速度上升 2.5m，试求绳内所受拉力及梁的最大正应力（梁的自重视为均布载荷）。（提示：由 $s=\dfrac{1}{2}at^2$ 求加速度）

2. 图 12-18 为一悬吊在绳索上的槽钢，以 1.8m/s 的速度下降，如下降速度在 0.2s 内均匀地减小到 0.6m/s，试求槽钢内的最大弯曲正应力。

3. 飞轮轮缘的线速度为 $v=32$m/s，飞轮材料的密度 $\rho=6000$kg/m^3，若不计轮辐的影响，试求轮缘的最大正应力。

4. 如图 12-19 所示，轴上装一钢质圆盘，盘上有一圆孔，若轴和盘以匀角速度 $\omega=50\text{s}^{-1}$ 旋转，试求轴内最大正应力。设钢的密度 $\rho=7800$kg/m^3。

5. 如图 12-20 所示，AB 轴以匀角速度 ω 转动，在轴的纵向对称面内，轴线两侧有两个重为 W 的偏心载荷，试求轴内最大弯矩。

6. 如图 12-21 所示，AB 杆材料的密度 $\rho=7800$kg/m^3，许用应力 $[\sigma]=70$MPa，试校核杆的强度。

图 12-17　题 1 图　　　　　　图 12-18　题 2 图

7. 一个体重为 700N 的跳水运动员，从 300mm 高处落到跳板上，设跳板的支承情况以及尺寸如图 12-22 所示，材料的弹性模量 $E=10\text{GPa}$，求跳板内的最大正应力。

8. 图 12-23 所示一等截面悬臂梁。已知 $h=40\text{mm}$，$l=2\text{m}$，物体重量 $P=1\text{kN}$，梁材料的弹性模量 $E=10\text{GPa}$。求当重物冲击悬臂梁自由端时，梁的最大正应力和自由端的挠度。

9. 计算图 12-24 所示交变应力的循环特征 r、平均应力 σ_m 和应力幅 σ_a。

图 12-19　题 4 图

图 12-20　题 5 图　　　　　　图 12-21　题 6 图

图 12-22　题 7 图　　　　　　图 12-23　题 8 图

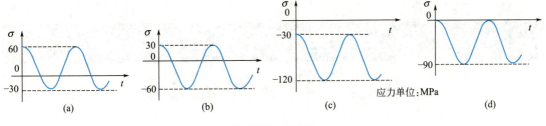

图 12-24　题 9 图

单元十三
课程实验与课程设计

课题一　设备简介

测定材料力学性能的主要设备是材料试验机。常用的材料试验机有拉力试验机、压力试验机、扭转试验机、冲击试验机、疲劳试验机等。能兼作拉伸、压缩、弯曲等多种实验的试验机称为万能材料试验机。供静力实验用的万能材料试验机有液压式、机械式、电子机械式等类型。下面将介绍完成基本实验常用的液压式、电子式万能材料试验机和扭转试验机。

一、液压式万能材料试验机

1. 加载机构

加载机构的作用是利用动力和传动装置强迫试样发生变形。由图 13-1 可见，液压式试验机的加载是依靠工作液压缸来完成的。工作液压缸装在固定横头上，由连接于底座的固定

图 13-1　油压摆式万能材料试验机原理

1—下夹头电动机；2—底座；3—固定立柱；4—螺柱；5—下夹头；6—拉伸试样；7—上夹头；8—弯曲支座；
9—活动台；10—下垫板；11—上垫板；12—固定横头；13—活动立柱；14—工作液压缸；15—工作活塞；
16—上横头；17—送油管；18—回油管；19—滚筒；20—绘图笔；21—指针；22—测力度盘；23—齿杆；
24—推杆；25—平衡砣；26—支点；27—摆杆；28—摆锤；29—测力活塞；30—测力液压缸；31—拉杆；
32—测力油管；33—回油阀；34—油箱；35—送油阀；36—拉绳；37—液压泵

立柱所支承。工作时,开动液压泵,打开送油阀,油液经送油管进入工作液压缸,推动活塞,使上横头和活动台上升,安装在上、下夹头中的试样就受到拉伸的作用。若试样安放在下垫板上,则当试样随活动台上升到与上垫板接触时,就受到压缩的作用。工作液压缸活塞上升的速度反映了试样变形的速度,即加载的速度,它可通过调节送油阀改变油量的大小来控制,所以在施加静载荷时,送油阀应缓慢地打开。试样卸载时,只要打开回油阀,油液就从工作液压缸经回油管流回油箱,活动台在自重作用下降回原位。为了便于试样装夹,下夹头的高低位置可通过开动下夹头电动机,驱动螺杆来调节,但要注意的是,下夹头电动机不是作为加载设备而设计的,因此一旦试样夹紧后,就不能再行启动,以免造成电动机过载而损坏。

2. 测力机构

测力机构是传递和指示试样所受载荷大小的装置。万能试验机的测力机构包括测力液压缸、杠杆摆锤机构、测力度盘、指针和自动绘图器等部分。其中测力液压缸和工作液压缸是相通的,当试样受载时,工作液压缸的压力传到测力液压缸,使测力液压缸活塞下降,通过杠杆机构,带动摆锤绕支点转动,其偏转的角度与测力液压缸活塞所受油压成一定比例,故试样所受载荷的大小和摆杆偏转角度亦成一定比例关系。摆杆偏转时,固连其上的推杆推动齿杆做水平滑移,啮合齿轮滑移量转换成指针的转动角度,从而在测力度盘上显示出试样承受的载荷。根据杠杆平衡原理可知,摆锤重量改变时,摆杆偏转相应的角度,测力液压缸的压力是不同的,因此测力度盘上的载荷示值与摆锤的重量有关。液压式万能材料试验机配有 A、B、C 三个不同重量的摆锤,根据不同的配置方式,测力度盘上有三种测力范围。

自动绘图器是一个可旋转的圆筒,在其一端的滑轮上绕有和活动台连接的细绳,活动台升降时,带动细绳使圆筒转动,所以圆筒表面转过的圆周长度与试样的伸长 ΔL 有一定的比例关系。又因为绘图笔是安装在齿杆上的,因此它随齿杆一起移动的距离反映了载荷的大小,于是两方面运动的合成,使绘图笔在圆筒表面的绘图纸上画出试样的 F-ΔL 曲线。

3. 操作规程和注意事项

根据万能试验机的构造原理,在操作时应按下列规程进行。

① 估计试验所需要的最大载荷,选择合适的测力范围,配置相应的摆锤。

② 关闭所有液压阀,接上电源,启动液压泵,检查运转是否正常,开关是否失灵。然后缓慢打开送油阀,使活动台上升 10mm 左右后关闭,调整平衡砣,使摆杆处于铅垂位置,再调整测力度盘指针到零点,以此消除上横头、活动立柱和活动台等部件的重量对载荷数值的影响。

③ 安装试样,视试样长短调整下夹头位置以便安装。

④ 调整自动绘图器,安放绘图纸和笔。

⑤ 做好记录数据准备后,缓慢打开送油阀,按试验要求进行加载,观察现象,记录数据。

⑥ 试验结束后,关闭液压泵,打开回油阀,切断电源,卸下摆锤,试验机全部复位。

二、电子式万能材料试验机

电子式万能材料试验机是电子技术与机械传动相结合的新型试验机。它对载荷、变形、位移的测量和控制有较高的精度和灵敏度。采用微机控制试验全过程,实时动态显示载荷值、位移值、变形值、试验速度和试验曲线;试验结果可自动保存,并对曲线进行分析等。

1. 加载控制系统

图 13-2 所示为电子式万能材料试验机的工作原理（传动系统因机型不同而异）。在加载控制系统中，由上横梁、立柱和工作平台组成门式框架。活动横梁由滚珠丝杠驱动。试样安装于活动横梁与工作平台之间。操纵速度控制单元使其发出指令，伺服电机便驱动齿轮箱带动滚珠丝杠转动；丝杠推动活动横梁向上或向下位移，从而实现对试样的加载。通过测速电机的测速反馈和旋转变压器的相位反馈形成闭环控制，以保证加载速度的稳定。

图 13-2 电子万能材料试验机的工作原理

1—上横梁；2—下垫板（传感器）；3—活动横梁；4—立柱；5—滚珠丝杠；6—拉伸试样；7—工作平台；
8—齿轮箱；9—电机；10—测速电机；11—变压器；12—引伸计；13,14—放大器；
15—光栅编码器；16—上垫板

2. 测量系统

测量系统包括载荷测量、试样变形测量和活动横梁的位移测量等三部分。其中，载荷测量是由应变式拉压力传感器、变形测量则是由应变式引伸计、活动横梁的位移是由装在滚珠丝杠上的光栅编码器，分别将微弱的电信号通过控制单元输入计算机，显示测量的数据，并由计算机算出所需要的结果。

3. 注意事项

① 计算机开机和关机要严格按照步骤，否则会损坏部分程序。
② 不能带电插拔电源线，否则会损坏电气控制部分。
③ 试验开始前，一定要调整好限位挡圈。
④ 试验过程中，不能远离试验机。
⑤ 试验结束后，关闭所有电源。

三、电子扭转试验机

电子扭转试验机（图 13-3）结构简单，操作方便，扭矩、扭角测量准确。具有自动校正、试样夹持预负荷自动消除、过载保护等功能，试验设定和试验过程可自动跟踪，使操作更加简单方便。

1. 机械结构原理

整机由主机、主动夹头、从动夹头、扭转角测量装置以及电控测量系统组成。主机由机座、机箱、传动系统和移动支座组成；主动夹头安装在减速器的出轴端，从动夹头安装在移动支座上的扭矩传感器上，试样夹持在两个夹头之间，旋动夹头上的顶杆，使夹头的钳口张开或合拢，将试样夹紧或松开；传动系统由交流伺服电机、同步齿型带和带轮、减速器、同步带张紧装置等组成；移动支座由支座和扭矩传感器组成，支座用轴承支承在机座上，与导轨的间隙由内六角螺钉调整，扭转传感器固定在支座上。

图 13-3　CTT 电子扭转试验机

1—机座；2—电控系统；3—急停开关；4—电源开关；
5—机箱；6—操作按键板；7—主动夹头；8—试样；
9—扭角测量装置；10—从动夹头；11—移动支座

2. 测量系统

（1）扭转角测量装置　由卡盘、定位环、支座、转动臂、测力辊、光电编码器组成。

卡盘固定在试样的标距位置上，试样在加载负荷的作用下而产生形变，从而带动卡盘转动，同时通过测量辊带动光电编码器转动。由光电编码器输出角脉冲信号，发送给电控测量系统处理，然后通过计算机将扭角显示在屏幕上。

（2）扭矩的测量机构　扭矩传感器固定在支座上，可沿导轨直线移动。通过试样传递过来的扭矩使传感器产生相应的变形，发出电信号，通过电缆将该信号传入电控部分。由计算机进行数据采集和处理，并将结果显示在屏幕上。

3. 注意事项

① 每次开机中间必须保证至少 1min 的间隔时间。
② 推动移动支座时，切忌用力过大，以免损坏试样或传感器。
③ 两次开机中间必须保证至少 1min 的间隔时间。
④ 禁止带电插拔电源线，否则很容易损坏电气控制部分。
⑤ 计算机开机关机要严格按照步骤，否则会损坏部分程序。

课题二　基本实验

一、低碳钢、铸铁的拉伸和压缩试验

1. 试验目的

常温、静载荷下的拉伸和压缩试验，是工程上广泛采用的测定材料拉伸和压缩力学性能的试验，而低碳钢、铸铁的拉伸和压缩试验又是工程力学实验的基本内容，通过这个试验要求达到以下目的。

① 了解万能试验机的构造原理及操作规程。
② 掌握拉伸、压缩试验的方法。
③ 观察低碳钢、铸铁在拉伸和压缩时的变形及破坏现象。
④ 测定低碳钢的强度指标（σ_s、σ_b）和塑性指标（δ、ψ）。

⑤ 测定铸铁在拉伸和压缩时的强度指标 σ_b。

⑥ 比较低碳钢和铸铁材料的力学性能特点。

2. 试验设备

电子式万能材料试验机（或液压式万能材料试验机），游标卡尺。

3. 试验步骤

（1）拉伸试验（试样和试验原理请参看单元五） 不同的试验方法与技术要求会影响试验结果，本试验按照国家标准 GB/T228—2021《金属材料 拉伸试验》中的步骤。

① 试样准备。为了便于观察试样，标距范围内沿轴向伸长的分布情况和测量拉断后的标距 l_1，在试样平行长度内涂上快干着色涂料，然后用试样画线机在标距 l_0 范围内每隔 10mm（10 倍试样）刻划一圆周线，用冲点机冲点标记，将标距 l_0 分成 10 格（上述过程只针对低碳钢拉伸试样）。用游标卡尺在试样等直段取三个有代表性的截面，沿互相垂直的两个方向各测一次直径，算出各截面的平均直径，取其中最小的一个作为原始直径 d_0，计算试样的最小原始横截面面积，取三位有效数字。

② 开机。试验机→计算机→打印机，每次开机后要预热 10min。

③ 安装夹具。根据试样情况选择好夹具，若夹具已安装到试验机上，则对夹具进行检查，并根据试样的长度及夹具的间距设置好限位装置。

④ 试验。点击试验部分里的新试验，选择相应的试验方案，输入试样的原始用户尺寸。

⑤ 安装试样。先将试样夹在接近力传感器一端的夹头上，清零消除试样自重后再夹持试样的另一端。夹好后按"试样保护"键消除夹持力。

⑥ 进行试验。按运行命令按钮，设备将按照软件设定的试验方案进行试验。试验结束后取下试样，吻合断口，测量并记录断后标距长度 l_1 和断口最小直径 d_1，d_1 为颈缩最小处两个互相垂直方向的平均直径。将量好的尺寸输入到结果参数中，按"生成报告"按钮将生成试验报告。

⑦ 试验结束关机：试验机→打印机→计算机。关闭所有电源。

对于液压式万能材料试验机，安装好试样后，按下自动绘图笔，平稳、缓慢地施加载荷，测力指针会指出载荷的变化。当测力指针停止转动或回转时，表明材料开始屈服；指针波动时达到的最小载荷即为屈服点载荷 F_s；当载荷再次稳定上升时，表明材料已进入强化，可用较快的速度加载；当测力指针再度下降则标志着颈缩现象的开始，从动指针所指示的最大载荷即为断裂极限载荷 F_b。当试样断裂后，关闭液压泵电源，取下试样，吻合断口，测量并记录断后标距长度 l_1 和断口最小直径 d_1，d_1 为颈缩最小处两个互相垂直方向的平均直径。

铸铁拉伸试验因变形小，强度低会造成测量上的困难，液压式万能材料试验机控制加载速度比电子式万能材料试验机复杂，关键是应保持载荷平稳、缓慢地上升至试样断裂，才能测到正确的 F_b 值。

（2）压缩试验

① 测量试样。用游标卡尺测量试样中部及两端面上互相垂直的两个方向的直径，取算术平均值的最小者作为原始直径 d_0，测量试样高度 h。

② 安装试样。将试样放在试验机下垫板的中心处。

③ 进行试验。当试样上表面接近试验机上垫板时，应减慢活动台上升的速度，否则会因载荷上升过快而无法观察屈服点，对于铸铁试样，缓慢加载直至破裂为止，停机后由从动指针读出最大载荷 F_b，卸力后取下试样，观察变形及破坏形式。

4. 数据处理

参照单元五计算低碳钢拉伸时的强度指标（σ_s、σ_b）和塑性指标（δ、ψ）；铸铁在拉伸和压缩时的强度指标 σ_b。

二、扭转试验

1. 试验目的

① 测定低碳钢的扭转屈服点 τ_s，抗扭强度 τ_b 及铸铁的抗扭强度 τ_b。
② 观察比较低碳钢和铸铁在受扭过程中的变形和破坏现象。

2. 试验设备

扭转试验机，游标卡尺。

3. 试样

与拉伸试验一样，铸铁和低碳钢试样各一根。

4. 试验步骤

① 测量试样直径：扭转试样直径的测量方法与拉伸试样直径的测量方法相同。
② 开主机电源，启动计算机，使机器预热时间不小于 10min。
③ 根据计算机的提示，设定试验方案，试验参数。
④ 装夹试样：先按"对正"按钮，使两夹头对正，将已装卡盘的试样的一端放入从动夹头的钳口间，扳动夹头的手柄将试样夹紧；按"扭矩清零"按键或试验操作界面上的扭矩"清零"按钮；缓慢推动移动支座移动，使试样的头部进入主动夹头的钳口间，慢速扳动夹头的手柄将试样夹紧。按"扭转角清零"按键，使操作界面上的扭转角显示值为零。
⑤ 按"运行"键开始试验。
⑥ 试验结束后，松开夹头，取下试样。根据试验的要求，输出打印试验报告。清理好机器以及夹头中的铁屑，关断试验机电源。

5. 数据处理

低碳钢试样测读 T_s 及 T_b，铸铁试样测读 T_b。T_s 为试样屈服时的扭矩，T_b 为试样断裂时的扭矩。

（1）计算低碳钢的扭转屈服点 τ_s

$$\tau_s = \frac{3}{4} \times \frac{T_s}{W_T}$$

（2）计算低碳钢的抗扭强度 τ_b

$$\tau_b = \frac{3}{4} \times \frac{T_b}{W_T}$$

（3）计算铸铁的抗扭强度 τ_b

$$\tau_b = \frac{T_b}{W_T}$$

（4）说明低碳钢的扭转屈服点 τ_s，抗扭强度 τ_b　对于低碳钢等高塑性材料，其受扭时横截面上的切应力分布规律如图 13-4 所示。图 13-4（a）所示为试样受扭时其外表面最大应力达到屈服点 τ_s 时横截面上切应力的分布图，此时扭矩以 T_p 表示，进一步增大扭矩 T，则横截面上的屈服区域自外向内扩展，如图 13-4（b）所示，随着 T 的增大，最终可使全截面进入屈服，如图 13-4(c) 所示。此时扭矩为 T_s，由静力学关系：

$$T_s = \int_A \rho \tau_s \mathrm{d}A = \tau_s \int_A \rho \mathrm{d}A = \tau_s \int_0^{\frac{d}{2}} \rho \times 2\pi\rho \mathrm{d}\rho = \tau_s \times \frac{2}{3}\pi\rho^3 \Big|_0^{\frac{d}{2}} = \frac{\pi d^3}{12}\tau_s = \frac{4}{3}W_T \tau_s$$

所以
$$\tau_s = \frac{3}{4} \times \frac{T_s}{W_T}$$

同理
$$\tau_b = \frac{3}{4} \times \frac{T_b}{W_T}$$

式中，W_T 为抗扭截面系数。

图 13-4　低碳钢在不同扭矩下切应力分布规律

对于铸铁等脆性材料，因无明显的塑性变形，不需进行上述计算。

低碳钢、铸铁试样受扭时，其 T-φ 曲线如图 13-5 所示。

图 13-5　低碳钢、铸铁试样受扭的 T-φ 曲线

三、弯曲正应力的测定

1. 实验目的
① 测定梁的弯曲正应力在横截面上的分布规律，并与理论值比较，以验证弯曲正应力公式。
② 学习电阻应变测量法的基本原理和方法。

2. 设备与仪器
① 加载实验台。
② 数字式静态电阻应变仪，测力仪。

3. 试样
被测定的为矩形等截面直梁，由低碳钢制成，梁的尺寸为：$L=480\mathrm{mm}$，$a=140\mathrm{mm}$，

$b=16\text{mm}$,$h=32\text{mm}$。材料的屈服点 $\sigma_s=235\text{MPa}$,弹性模量 $E=210\text{GPa}$。

图 13-6 为实验装置示意图,1~5 为测量电阻应变片(简称测量片),0 为温度补偿片,位于不受力的梁端,起温度补偿作用。

图 13-6　矩形截面梁弯曲正应力测定装置

4. 实验步骤

(1) 观察梁　对照实物了解梁的支承及受力方式,了解载荷的施加方法。

(2) 加载方案　施力过程分 4 次加载,载荷分别为:500N、1000N、1500N、2000N。

(3) 接线　按半桥接线法将各测量点的测量片和补偿片分别接到应变仪上,测量片应接入电桥 A、B 节点,补偿片应接入 C、D 节点。接 A 的 5 条引线是分别引出的,而接 B 的 5 条引线是在试样上连通后,由公共线 B 引出,这是因为应变仪内部各点已连通,无须一一对应。共用补偿片接 C,将传感器导线接测力仪。

(4) 调零　接通测力仪、应变仪电源,将测力仪及应变仪各测点调零,应变仪各测点电桥调平后,再逐桥检查一遍。

(5) 加载测量　逐级加载,每增加一级载荷,通过转动"测点选择"开关,依次读取各测点的应变值,加载至最终一级载荷时卸载至零。重复实验 3 次。

(6) 结束工作　整理好实验记录,关闭实验电源,拆除连接导线。

5. 实验结果

(1) 应力增量的实验值

由 $\sigma=E\varepsilon$ 得 $\Delta\sigma_{i实}=E\Delta\varepsilon_{i平均}$,$i=1,2,\cdots,5$

$\Delta\varepsilon_{i平均}$ 为第 i 点应变增量的平均值($\mu\varepsilon$)

(2) 应力增量的理论值

由 $\sigma=\dfrac{M_y}{I_z}$ 得 $\Delta\sigma_{i理}=\dfrac{\Delta M\times y_i}{I_z}$,其中 $\Delta M=\dfrac{\Delta Fa}{2}$,$I_z=\dfrac{bh^3}{12}$

四、弯扭组合变形时主应力的测定

1. 实验目的

① 学习一般二向应力状态下一点主应力和主方向的测量方法。

② 了解应变花的用法。

2. 设备与仪器

① 加载实验台。

② 数字式静态电阻应变仪、测力仪。

3. 试样

安装在加载实验台上的试样为铝或铜实心圆轴。其受力简图及测点 A 的应变花方位如图 13-7 所示。直径 $d=40\text{mm}$，扭转力臂 $a=125\text{mm}$，轴长 $l=270\text{mm}$。

弹性常数：$E=110\text{GPa}$，$\nu=0.35$（铜）；$E=70\text{GPa}$，$\nu=0.3$（铝）。

4. 试验步骤

（1）观察试样　记录试样尺寸、参数、观察应变花及引线焊接方法。

（2）加载方案　按增量法分为 4 级逐级加载。

（3）接线、调零　1、2、3 分别对应 $+45°$、$0°$、$-45°$，接在电阻应变仪的 1、2、3 引线上，4 公共端，与 B 相接，5 温度补偿，与 C 相接，所有测点均为半桥接法。（注：扭转只接 1，4，5 三个点）打开应变仪、测力仪电源后，调零。

图 13-7　弯扭组合变形受力简图及测点 A 的应变花方位

（4）加载读数　逐级加载，记录三个方向的应变 $\varepsilon_{0°}$、$\varepsilon_{45°}$、$\varepsilon_{-45°}$。重复实验 3 次。

（5）结束实验　整理好实验记录，关闭应变仪、测力仪的电源。

5. 数据处理

（1）计算实验值　由测得应变 $\varepsilon_{0°}$、$\varepsilon_{45°}$、$\varepsilon_{-45°}$ 计算主应力 σ_1 和 σ_3 的大小和方向

$$\begin{matrix}\sigma_1\\\sigma_3\end{matrix}=\frac{E}{1-\nu^2}\left[\frac{1+\nu}{2}(\varepsilon_{45°}+\varepsilon_{-45°})\pm\frac{1-\nu}{\sqrt{2}}\sqrt{(\varepsilon_{-45°}-\varepsilon_{0°})^2+(\varepsilon_{45°}-\varepsilon_{0°})^2}\right]$$

$$\tan 2\alpha_0=\frac{\varepsilon_{45°}-\varepsilon_{-45°}}{2\varepsilon_{0°}-\varepsilon_{-45°}-\varepsilon_{45°}}$$

（2）计算理论值　测点的应力状态如图 13-8 所示。

图 13-8　测点应力状态

$$\sigma_x=\frac{32Fl}{\pi d^3},\quad \tau_x=\frac{16Fa}{\pi d^3}$$

$$\begin{matrix}\sigma_1\\\sigma_3\end{matrix}=\frac{\sigma_x}{2}\pm\sqrt{\left(\frac{\sigma_x}{2}\right)^2+\tau_x^2}$$

$$\tan 2\alpha_0=-\frac{2\tau_x}{\sigma_x}$$

五、实验报告的书写

实验报告应包括下列内容。

① 实验名称，实验日期，实验者姓名及组员姓名。

② 实验目的、原理及实验装置。

③ 实验设备、仪器。

④ 实验数据：测量数据和记录数据最好制成表格，注明数据单位。

⑤ 计算：在计算中所用到的公式均须明确列出，并注明公式中各种符号所代表的意义。

⑥ 实验结果分析：除根据实验数据计算实验值外，还要计算理论值，将理论值与实验值对比，分析误差。最好用图线或图表表示。

课题三 车床主轴设计

一、设计要求

车床主轴尺寸及受力情况如图 13-9 所示。在 A、B、C 三个支座的中间支座 B 处，轴承与轴承座之间有间隙 δ，正常工作时，B 处轴承不起支承作用，此时轴处于 A、C 两支座下的静定状态。当 B 截面处弯曲变形大于间隙 δ 时，轴处于 A、B、C 三支座下的超静定状态。轴截面 E 处装有斜齿轮，其法向压力角为 α，螺旋角为 β，工作处的切削力有 F_x、F_y、F_z（在进行强度、刚度计算时，可以不计轴向力 F_x 的影响，而以弯曲、扭转变形为主）。轴的材料为优质碳素结构钢（45 钢），表面磨削加工，氮化处理。其他已知数据见表 13-1。

图 13-9 车床主轴尺寸及受力情况

表 13-1 固定数据表

$\alpha/(°)$	$\beta/(°)$	δ/m	$[\sigma]/\text{MPa}$	$[y_D]/\text{m}$	$[y_E]/\text{m}$	$[\theta_C]/\text{rad}$
20	10	0.5×10^{-4}	150	3.3×10^{-4}	3.5×10^{-4}	0.0028

1. 试按静定梁（A、C 支承）的强度、刚度条件设计等截面空心圆轴外径 D（d/D 值可见数据表），并计算这时轴上 B 截面处的实际位移。
2. 对静不定情况（A、B、C 支承），根据强度、刚度条件设计外径 D。

设计中不考虑轴的旋转静定要求和热变形的影响，并且将各轴承视为刚体，且不产生刚性位移，不考虑制造工艺和尺寸链等因素。

二、设计计算数据

设计计算数据见表 13-2 和表 13-3。

表 13-2 设计计算数据（一）

序号	l_1/m	l_2/m	l_3/m	a/m	b/m	R/m	$\theta/(°)$	$n/(r/min)$	P/kW	$\dfrac{d}{D}$	F_{Hy}/N	F_{Hz}/N
1	0.15	0.47	0.14	0.12	0.16	0.12	45	400	5.4	0.65	4000	2000
2	0.15	0.48	0.14	0.12	0.16	0.12	45	400	5.6	0.65	4000	2100
3	0.15	0.59	0.14	0.12	0.16	0.12	45	400	5.2	0.65	4000	2200
4	0.15	0.50	0.14	0.12	0.16	0.12	45	400	5.2	0.65	4000	2300
5	0.15	0.51	0.14	0.12	0.16	0.12	45	400	5.2	0.65	4000	2400
6	0.15	0.52	0.14	0.12	0.16	0.12	45	400	5.2	0.65	4000	2500
7	0.15	0.53	0.14	0.12	0.16	0.12	45	400	5.5	0.65	4000	2000
8	0.15	0.54	0.14	0.12	0.16	0.12	45	400	5.5	0.65	4000	2100
9	0.15	0.55	0.14	0.12	0.16	0.12	45	400	5.5	0.65	4000	2200
10	0.15	0.56	0.14	0.12	0.16	0.12	45	400	5.5	0.65	4000	2300
11	0.16	0.47	0.15	0.12	0.16	0.12	45	400	5.2	0.65	4000	2400
12	0.16	0.48	0.15	0.12	0.16	0.12	45	500	5.4	0.70	4000	2500
13	0.16	0.49	0.15	0.12	0.16	0.12	45	500	5.0	0.70	4200	2000
14	0.16	0.50	0.15	0.12	0.16	0.12	45	500	5.0	0.70	4200	2100
15	0.16	0.51	0.15	0.12	0.16	0.12	45	500	5.2	0.70	4200	2200
16	0.16	0.52	0.15	0.12	0.16	0.12	0	500	5.3	0.70	4200	2300
17	0.16	0.63	0.15	0.13	0.16	0.12	0	500	5.3	0.70	4200	2400
18	0.16	0.64	0.15	0.13	0.16	0.12	0	500	5.4	0.70	4200	2500
19	0.16	0.56	0.15	0.13	0.16	0.12	0	500	5.2	0.70	4300	2000
20	0.16	0.56	0.15	0.13	0.16	0.12	0	500	5.2	0.70	4300	2100
21	0.16	0.57	0.15	0.14	0.16	0.12	0	500	5.2	0.70	4300	2200
22	0.17	0.47	0.16	0.14	0.16	0.12	0	600	5.1	0.75	4300	2300
23	0.17	0.48	0.16	0.14	0.16	0.12	0	600	5.1	0.75	4300	2400
24	0.17	0.49	0.16	0.14	0.16	0.12	0	600	5.1	0.75	4300	2500
25	0.17	0.50	0.16	0.14	0.16	0.12	0	600	5.1	0.75	4400	2000
26	0.17	0.51	0.16	0.14	0.16	0.12	0	600	5.1	0.75	4400	2100
27	0.17	0.52	0.16	0.14	0.16	0.12	0	600	5.1	0.75	4400	2200
28	0.17	0.53	0.16	0.14	0.16	0.12	0	600	5.15	0.75	4400	2300
29	0.17	0.54	0.16	0.14	0.16	0.12	0	600	5.15	0.75	4400	2400
30	0.17	0.66	0.16	0.14	0.16	0.12	0	600	5.15	0.75	4400	2500
31	0.17	0.66	0.16	0.14	0.16	0.12	0	600	5.15	0.75	4500	2000
32	0.17	0.67	0.16	0.14	0.16	0.12	0	600	5.15	0.75	4500	2100

表 13-3 设计计算数据（二）

序号	l_1/m	l_2/m	l_3/m	a/m	b/m	R/m	$\theta/(°)$	$n/(r/min)$	P/kW	$\dfrac{d}{D}$	F_{Hy}/N	F_{Hz}/N
1	0.18	0.47	0.17	0.15	0.18	0.14	45	500	5.3	0.65	4500	3200
2	0.18	0.48	0.17	0.15	0.18	0.14	45	500	5.4	0.65	4500	2300
3	0.18	0.49	0.17	0.15	0.18	0.14	45	500	5.2	0.65	4500	2400
4	0.18	0.50	0.17	0.15	0.18	0.14	45	500	5.5	0.65	4500	2500
5	0.18	0.51	0.17	0.15	0.18	0.14	45	500	5.7	0.65	4600	2000

续表

序号	l_1/m	l_2/m	l_3/m	a/m	b/m	R/m	θ/(°)	n/(r/min)	P/kW	$\dfrac{d}{D}$	F_{Hy}/N	F_{Hz}/N
6	0.18	0.52	0.17	0.15	0.18	0.14	45	500	5.8	0.65	4500	2100
7	0.18	0.53	0.17	0.15	0.18	0.14	45	400	5.5	0.65	4500	2200
8	0.18	0.54	0.17	0.15	0.18	0.14	45	400	5.3	0.65	4500	2300
9	0.18	0.55	0.17	0.15	0.18	0.14	45	400	5.2	0.65	4500	2400
10	0.18	0.56	0.17	0.15	0.18	0.14	45	400	5.4	0.65	4500	2500
11	0.19	0.47	0.18	0.16	0.18	0.14	45	400	5.2	0.70	4700	2000
12	0.19	0.48	0.18	0.16	0.18	0.14	45	400	5.2	0.70	4700	2100
13	0.19	0.49	0.18	0.16	0.18	0.14	45	400	5.5	0.70	4700	2200
14	0.19	0.50	0.18	0.16	0.18	0.14	45	400	5.5	0.70	4700	2300
15	0.19	0.51	0.18	0.16	0.18	0.14	45	400	5.5	0.70	4700	2400
16	0.19	0.52	0.18	0.16	0.18	0.14	45	400	5.6	0.70	4700	2500
17	0.19	0.53	0.18	0.16	0.18	0.14	45	400	5.2	0.70	4800	2000
18	0.19	0.54	0.18	0.16	0.18	0.14	45	400	5.5	0.70	4800	2100
19	0.19	0.55	0.18	0.16	0.18	0.14	45	400	5.5	0.70	4800	2200
20	0.19	0.56	0.18	0.16	0.18	0.14	45	400	5.5	0.70	4800	2300
21	0.19	0.57	0.18	0.16	0.18	0.14	45	400	5.7	0.70	4800	2400
22	0.20	0.47	0.18	0.16	0.18	0.14	45	600	5.1	0.70	4800	2500
23	0.20	0.48	0.18	0.16	0.18	0.14	45	600	5.1	0.70	4900	2000
24	0.20	0.49	0.18	0.16	0.18	0.14	45	600	5.1	0.70	4900	2100
25	0.20	0.50	0.18	0.16	0.18	0.14	45	600	5.1	0.70	4900	2200
26	0.20	0.51	0.18	0.16	0.18	0.14	45	600	5.1	0.70	4900	2300
27	0.20	0.52	0.18	0.16	0.18	0.14	45	600	5.1	0.70	4900	2400
28	0.20	0.53	0.18	0.16	0.18	0.14	45	600	5.1	0.70	5000	2500
29	0.20	0.54	0.18	0.16	0.18	0.14	45	600	5.1	0.70	5000	2000
30	0.20	0.55	0.18	0.16	0.18	0.14	45	600	5.1	0.70	5000	2100
31	0.20	0.56	0.18	0.16	0.18	0.14	45	600	5.1	0.70	5000	2200
32	0.20	0.57	0.18	0.16	0.18	0.14	45	600	5.1	0.70	5000	2300

附录

型钢规格表

附表1 热轧工字钢（GB/T 706—2016）

符号意义：
h——高度；
b——腿宽度；
d——腰厚度；
t——腿中间厚度；
r——内圆弧半径；
r_1——腿端圆弧半径；
I——惯性矩；
W——截面系数；
i——惯性半径；

型号	截面尺寸/mm						截面面积/cm²	理论重量/(kg/m)	外表面积/(m²/m)	惯性矩/cm⁴		惯性半径/cm		截面模数/cm³	
	b	h	d	t	r	r_1				I_x	I_y	i_x	i_y	W_x	W_y
10	100	68	4.5	7.6	6.5	3.3	14.33	11.3	0.432	245	33.0	4.14	1.52	49.0	9.72
12	120	74	5.0	8.4	7.0	3.5	17.80	14.0	0.493	436	46.9	4.95	1.62	72.7	12.7
12.6	126	74	5.0	8.4	7.0	3.5	18.10	14.2	0.505	488	46.9	5.20	1.61	77.5	12.7
14	140	80	5.5	9.1	7.5	3.8	21.50	16.9	0.558	712	64.4	5.76	1.73	102	16.1
16	160	88	6.0	9.9	8.0	4.0	26.11	20.5	0.621	1130	93.1	6.58	1.89	141	21.2
18	180	94	6.5	10.7	8.5	4.3	30.74	24.1	0.681	1660	122	7.86	2.00	185	26.0
20a	200	100	7.0	11.4	9.0	4.5	35.55	27.9	0.742	2370	158	8.15	2.12	237	31.5
20b	200	102	9.0	11.4	9.0	4.5	39.55	31.1	0.746	2500	169	7.96	2.06	250	33.1
22a	220	110	7.5	12.3	9.5	4.8	42.10	33.1	0.817	3400	225	8.99	2.31	309	40.9
22b	220	112	9.5	12.3	9.5	4.8	46.50	36.5	0.821	3570	239	8.78	2.27	325	42.7
24a	240	116	8.0	13.0	10.0	5.0	47.71	37.5	0.878	4570	280	9.77	2.42	381	48.4
24b	240	118	10.0	13.0	10.0	5.0	52.51	41.2	0.882	4800	297	9.57	2.38	400	50.4
25a	260	116	8.0	13.0	10.0	5.0	48.51	38.1	0.898	5020	280	10.2	2.40	402	48.3
25b	260	118	10.0	13.0	10.0	5.0	53.51	42.0	0.902	5280	309	9.94	2.40	423	52.4
27a	270	122	8.5	13.7	10.5	5.3	54.52	42.8	0.958	6550	345	10.9	2.51	486	56.6
27b	270	124	10.5	13.7	10.5	5.3	59.92	47.0	0.962	6870	366	10.7	2.47	509	58.9
28a	280	122	8.5	13.7	10.5	5.3	55.37	43.5	0.978	7110	345	11.3	2.50	508	56.6
28b	280	124	10.5	13.7	10.5	5.3	60.97	47.9	0.982	7480	379	11.1	2.49	534	61.2
30a	300	126	9.0	14.4	11.0	5.5	61.22	48.1	1.031	8950	400	12.1	2.65	597	63.5
30b	300	128	11.0	14.4	11.0	5.5	67.22	52.8	1.035	9400	422	11.8	2.50	627	65.9
30c	300	130	13.0	14.4	11.0	5.5	73.22	57.5	1.030	9850	445	11.6	2.46	657	68.5
32a	320	130	9.5	15.0	11.5	5.8	67.12	52.7	1.084	11100	460	12.8	2.62	692	70.8
32b	320	132	11.5	15.0	11.5	5.8	73.52	57.7	1.088	11600	502	12.6	2.61	726	76.0
32c	320	134	13.5	15.0	11.5	5.8	79.92	62.7	1.092	12200	544	12.3	2.61	760	81.2

续表

型号	截面尺寸/mm						截面面积/cm²	理论重量/(kg/m)	外表面积/(m²/m)	惯性矩/cm⁴		惯性半径/cm		截面模数/cm³	
	b	h	d	t	r	r_1				I_x	I_y	i_x	i_y	W_x	W_y
36a		136	10.0				76.44	60.0	1.185	15800	552	14.4	2.69	875	81.2
36b	360	138	12.0	15.8	12.0	6.0	83.64	65.7	1.189	16500	582	14.1	2.64	919	84.3
36c		140	14.0				90.84	71.3	1.193	17300	612	13.8	2.60	962	87.4
40a		142	10.5				86.07	67.6	1.285	21700	660	15.9	2.77	1090	93.2
40b	400	144	12.5	16.5	12.5	6.3	94.07	73.8	1.289	22800	692	15.6	2.71	1140	96.2
40c		146	14.5				102.1	80.1	1.293	23900	727	15.2	2.65	1190	99.6
45a		150	11.5				102.4	80.4	1.411	32200	855	17.7	2.89	1430	114
45b	450	152	13.5	18.0	13.5	6.8	111.4	87.4	1.415	33800	894	17.4	2.84	1500	118
45c		154	15.5				120.4	94.5	1.419	35300	938	17.1	2.79	1570	122
50a		158	12.0				119.2	93.6	1.589	46500	1120	19.7	3.07	1860	142
50b	500	160	14.0	20.0	14.0	7.0	129.2	101	1.643	48600	1170	19.4	3.01	1940	146
50c		162	16.0				139.2	109	1.547	50600	1220	19.0	2.96	2080	151
55a		166	12.5				134.1	105	1.667	62900	1370	21.6	3.19	2290	164
55b	550	168	14.5				145.1	114	1.671	65600	1420	21.2	3.14	2390	170
55c		170	16.5	21.0	14.5	7.3	156.1	123	1.675	68400	1480	20.9	3.08	2490	175
56a		166	12.5				135.4	106	1.687	65600	1370	22.0	3.18	2340	165
56b	560	168	14.5				146.6	115	1.691	68500	1490	21.6	3.16	2450	174
56c		170	16.5				157.8	124	1.695	71400	1560	21.3	3.16	2550	183
63a		176	13.0				154.6	121	1.862	93900	1700	24.5	3.31	2980	193
63b	630	178	15.0	22.0	15.0	7.5	167.2	131	1.866	98100	1810	24.2	3.29	3160	204
63c		180	17.0				179.8	141	1.870	102000	1926	23.8	3.27	3300	214

注：表中 r、r_1 的数据用于孔型设计，不做交货条件。

附表 2　热轧槽钢（GB/T 706—2016）

符号意义：
h——高度；　　　　　　r_1——腿端圆弧半径；
b——腿宽度；　　　　　I——惯性矩；
d——腰厚度；　　　　　W——截面系数；
t——腿中间厚度；　　　i——惯性半径；
r——内圆弧半径；　　　Z_0——重心距离

型号	截面尺寸/mm						截面面积/cm²	理论重量/(kg/m)	外表面积/(m²/m)	惯性矩/cm⁴			惯性半径/cm		截面模数/cm³		重心距离/cm
	h	b	d	t	r	r_1				I_x	I_y	I_{y1}	i_x	i_y	W_x	W_y	Z_0
5	50	37	4.5	7.0	7.0	3.5	6.925	5.44	0.228	26.0	8.30	20.9	1.94	1.10	10.4	3.55	1.35
6.3	63	40	4.8	7.5	7.5	3.8	8.446	6.63	0.262	50.8	11.9	28.4	2.45	1.19	16.1	4.50	1.36
6.5	65	40	4.3	7.5	7.5	3.8	8.292	6.51	0.267	55.2	12.0	28.3	2.54	1.19	17.0	4.59	1.38
8	80	43	5.0	8.0	8.0	4.0	10.24	8.04	0.302	101	16.6	37.4	3.15	1.27	25.3	5.79	1.43
10	100	48	5.3	8.5	8.5	4.2	12.74	10.0	0.365	198	25.6	54.9	3.95	1.41	39.7	7.80	1.52
12	120	53	5.5	9.0	9.0	4.5	15.36	12.1	0.423	346	37.4	77.7	4.75	1.56	57.7	10.2	1.62

续表

型号	截面尺寸/mm						截面面积/cm²	理论重量/(kg/m)	外表面积/(m²/m)	惯性矩/cm⁴			惯性半径/cm		截面模数/cm³		重心距离/cm
	h	b	d	t	r	r_1				I_x	I_y	I_{y1}	i_x	i_y	W_x	W_y	Z_0
12.6	126	53	5.5	9.0	9.0	4.5	15.69	12.3	0.435	391	38.0	77.1	4.95	1.57	62.1	10.2	1.59
14a	140	58	6.0	9.5	9.5	4.8	18.51	14.5	0.480	564	53.2	107	5.52	1.70	80.5	13.0	1.71
14b	140	60	8.0	9.5	9.5	4.8	21.31	16.7	0.484	609	61.1	121	5.35	1.69	87.1	14.1	1.67
16a	160	63	6.5	10.0	10.0	5.0	21.95	17.2	0.538	866	73.3	144	6.28	1.83	108	16.3	1.80
16b	160	65	8.5	10.0	10.0	5.0	25.15	19.8	0.542	935	83.4	161	6.10	1.82	117	17.6	1.75
18a	180	68	7.0	10.5	10.5	5.2	25.69	20.2	0.596	1270	98.0	190	7.04	1.96	141	20.0	1.88
18b	180	70	9.0	10.5	10.5	5.2	29.29	23.0	0.600	1370	111	210	6.84	1.95	152	21.5	1.84
20a	200	73	7.0	11.0	11.0	5.5	28.83	22.6	0.654	1780	128	244	7.86	2.11	178	24.2	2.01
20b	200	75	9.0	11.0	11.0	5.5	32.83	25.8	0.658	1910	144	268	7.64	2.09	191	25.9	1.95
22a	220	77	7.0	11.5	11.5	5.8	31.83	25.0	0.709	2390	158	298	8.67	2.23	218	28.2	2.10
22b	220	79	9.0	11.5	11.5	5.8	36.23	28.5	0.713	2570	176	326	8.42	2.21	234	30.1	2.03
24a	240	78	7.0	12.0	12.0	6.0	34.21	26.9	0.752	3050	174	325	9.45	2.25	254	30.5	2.10
24b	240	80	9.0	12.0	12.0	6.0	39.01	30.6	0.756	3280	194	355	9.17	2.23	274	32.5	2.03
24c	240	82	11.0	12.0	12.0	6.0	43.81	34.4	0.760	3510	213	388	8.96	2.21	293	34.4	2.00
25a	250	78	7.0	12.0	12.0	6.0	34.91	27.4	0.722	3370	176	322	9.82	2.24	270	30.6	2.07
25b	250	80	9.0	12.0	12.0	6.0	39.91	31.3	0.776	3530	196	353	9.41	2.22	282	32.7	1.98
25c	250	82	11.0	12.0	12.0	6.0	44.91	35.3	0.780	3690	218	384	9.07	2.21	295	35.9	1.92
27a	270	82	7.5	12.5	12.5	6.2	39.27	30.8	0.826	4360	216	393	10.5	2.34	323	35.5	2.13
27b	270	84	9.5	12.5	12.5	6.2	44.67	35.1	0.830	4690	239	428	10.3	2.31	347	37.7	2.06
27c	270	86	11.5	12.5	12.5	6.2	50.07	39.3	0.834	5020	261	467	10.1	2.28	372	39.8	2.03
28a	280	82	7.5	12.5	12.5	6.2	40.02	31.4	0.846	4760	218	388	10.9	2.33	340	35.7	2.10
28b	280	84	9.5	12.5	12.5	6.2	45.62	35.8	0.850	5130	242	428	10.6	2.30	366	37.9	2.02
28c	280	86	11.5	12.5	12.5	6.2	51.22	40.2	0.854	5500	268	463	10.4	2.29	393	40.3	1.95
30a	300	85	7.5	13.5	13.5	6.8	43.89	34.5	0.897	6050	260	467	11.7	2.43	403	41.1	2.17
30b	300	87	9.5	13.5	13.5	6.8	49.89	39.2	0.901	6500	289	515	11.4	2.41	433	44.0	2.13
30c	300	89	11.5	13.5	13.5	6.8	55.89	43.9	0.905	6950	316	560	11.2	2.38	463	46.4	2.09
32a	320	88	8.0	14.0	14.0	7.0	48.50	38.1	0.947	7600	305	552	12.5	2.50	475	46.5	2.24
32b	320	90	10.0	14.0	14.0	7.0	54.90	43.1	0.951	8140	336	593	12.2	2.47	509	49.2	2.16
32c	320	92	12.0	14.0	14.0	7.0	61.36	48.1	0.955	8690	374	643	11.9	2.47	543	52.6	2.09
36a	360	96	9.0	16.0	16.0	8.0	60.89	47.8	1.053	11900	455	818	14.0	2.73	660	63.5	2.44
36b	360	98	11.0	16.0	16.0	8.0	68.09	53.5	1.057	12700	497	880	13.6	2.70	703	66.9	2.37
36c	360	100	13.0	16.0	16.0	8.0	75.29	59.1	1.061	13400	536	948	13.4	2.67	746	70.0	2.34

附表3 热轧等边角钢（GB/T 706—2016）

符号意义：
b——边宽度；　　　　I——惯性矩；
d——边厚度；　　　　i——惯性半径；
r——内圆弧半径；　　W——截面系数；
r_1——边端内圆弧半径；Z_0——重心距离

续表

型号	截面尺寸/mm			截面面积/cm²	理论重量/(kg/m)	外表面积/(m²/m)	惯性矩/cm⁴				惯性半径/cm			截面模数/cm³			重心距离/cm
	b	d	r				I_x	I_{x1}	I_{x0}	I_{y0}	i_x	i_{x0}	i_{y0}	W_x	W_{x0}	W_{y0}	Z_0
2	20	3	3.5	1.132	0.89	0.078	0.40	0.81	0.63	0.17	0.59	0.75	0.39	0.29	0.45	0.20	0.60
		4		1.450	1.15	0.077	0.50	1.09	0.78	0.22	0.58	0.73	0.38	0.36	0.55	0.24	0.64
2.5	25	3		1.432	1.12	0.098	0.62	1.57	1.29	0.34	0.76	0.95	0.49	0.46	0.73	0.33	0.73
		4		1.859	1.46	0.097	1.03	2.11	1.62	0.43	0.74	0.93	0.48	0.59	0.92	0.40	0.76
3.0	30	3		1.749	1.37	0.117	1.46	2.71	2.31	0.61	0.91	1.15	0.59	0.68	1.09	0.51	0.85
		4		2.276	1.79	0.117	1.84	3.63	2.92	0.77	0.90	1.13	0.58	0.87	1.37	0.62	0.89
3.6	36	3	4.5	2.109	1.66	0.141	2.58	4.68	4.09	1.07	1.11	1.39	0.71	0.99	1.61	0.76	1.00
		4		2.756	2.16	0.141	3.29	6.25	5.22	1.37	1.09	1.38	0.70	1.28	2.05	0.93	1.04
		5		3.382	2.65	0.141	3.95	7.84	6.24	1.65	1.08	1.30	0.7	1.56	2.45	1.00	1.07
4	40	3		2.359	1.85	0.157	3.59	6.41	5.69	1.49	1.23	1.55	0.79	1.23	2.01	0.96	1.09
		4		3.086	2.42	0.157	4.60	8.56	7.29	1.91	1.22	1.54	0.79	1.60	2.58	1.19	1.13
		5		3.792	2.98	0.156	5.53	10.7	8.76	2.30	1.21	1.52	0.78	1.96	3.10	1.39	1.17
4.5	45	3	5	2.659	2.09	0.177	5.17	9.12	8.20	2.14	1.40	1.76	0.89	1.58	2.58	1.24	1.22
		4		3.486	2.74	0.177	6.65	12.2	10.6	2.75	1.38	1.74	0.89	2.05	3.32	1.54	1.26
		5		4.292	3.37	0.176	8.04	15.2	12.7	3.33	1.37	1.72	0.88	2.51	4.00	1.81	1.30
		6		5.077	3.98	0.176	9.33	18.4	14.8	3.89	1.36	1.70	0.80	2.95	4.64	2.06	1.33
5	50	3	5.5	2.971	2.33	0.107	2.18	12.5	11.4	2.98	1.55	1.96	1.00	1.96	3.22	1.57	1.34
		4		3.897	3.06	0.197	9.26	16.7	14.7	3.82	1.54	1.94	0.99	2.56	4.16	1.96	1.38
		5		4.803	3.77	0.196	11.2	20.9	17.8	4.64	1.53	1.92	0.98	3.13	5.03	2.31	1.42
		6		5.688	4.46	0.196	13.1	25.1	20.7	5.42	1.52	1.91	0.98	3.68	5.85	2.63	1.46
5.6	56	3	6	3.343	2.62	0.221	10.2	17.6	16.1	4.24	1.75	2.20	1.13	2.48	4.08	2.02	1.48
		4		4.39	3.45	0.220	13.2	23.4	20.9	5.46	1.73	2.18	1.11	3.24	5.28	2.52	1.53
		5		5.415	4.25	0.220	16.0	29.3	25.4	6.61	1.72	2.17	1.10	3.97	6.42	2.98	1.57
		6		6.42	5.04	0.220	18.7	35.3	29.7	7.73	1.71	2.15	1.10	4.68	7.49	3.40	1.61
		7		7.404	5.81	0.219	21.2	41.2	33.6	8.82	1.69	2.13	1.09	5.36	8.49	3.80	1.64
		8		8.367	6.57	0.219	23.6	47.2	37.4	9.89	1.68	2.11	1.09	6.03	9.44	4.16	1.68
6	60	5	6.5	5.829	4.58	0.236	19.9	36.1	31.6	8.21	1.85	2.33	1.19	4.59	7.44	3.48	1.67
		6		6.914	5.43	0.235	23.4	43.3	36.9	9.60	1.83	2.31	1.18	5.41	8.70	3.98	1.70
		7		7.977	6.26	0.235	26.4	50.7	41.9	11.0	1.82	2.29	1.17	6.21	9.88	4.45	1.74
		8		9.02	7.08	0.235	29.5	58.0	46.7	12.3	1.81	2.27	1.17	6.98	11.0	4.88	1.78
6.3	63	4	7	4.978	3.91	0.248	19.0	33.4	30.2	7.89	1.96	2.46	1.26	4.13	6.78	3.29	1.70
		5		6.143	4.82	0.248	23.2	41.7	36.8	9.57	1.94	2.45	1.25	5.08	8.25	3.90	1.74
		6		7.288	5.72	0.247	27.1	50.1	43.0	11.2	1.93	2.43	1.24	6.00	9.66	4.46	1.78
		7		8.412	6.60	0.247	30.9	58.6	49.0	12.8	1.92	2.41	1.23	6.88	11.0	4.98	1.82
		8		9.515	7.47	0.247	34.5	67.1	54.6	14.3	1.90	2.40	1.23	7.75	12.3	5.47	1.85
		10		11.66	9.15	0.246	41.1	84.3	64.9	17.3	1.88	2.36	1.22	9.39	14.6	6.36	1.93

续表

型号	截面尺寸/mm			截面面积 /cm²	理论重量 /(kg/m)	外表面积 /(m²/m)	惯性矩/cm⁴				惯性半径/cm			截面模数/cm³			重心距离 /cm
	b	d	r				I_x	I_{x1}	I_{x0}	I_{y0}	i_x	i_{x0}	i_{y0}	W_x	W_{x0}	W_{y0}	Z_0
7	70	4	8	6.570	4.37	0.275	26.4	45.7	41.8	11.0	2.18	2.74	1.40	5.14	8.44	4.17	1.86
		5		6.876	5.40	0.275	32.2	57.2	51.1	13.3	2.16	2.73	1.39	6.32	10.3	4.95	1.91
		6		8.160	6.41	0.275	37.8	68.7	59.9	15.6	2.15	2.71	1.38	7.48	12.1	5.67	1.95
		7		9.424	7.40	0.275	43.1	80.3	68.4	17.8	2.14	2.69	1.38	8.59	13.8	6.34	1.99
		8		10.67	8.37	0.274	48.2	91.9	76.4	20.0	2.12	2.68	1.37	9.68	15.4	6.98	2.03
7.5	75	5	9	7.412	5.82	0.295	40.0	70.6	63.3	16.6	2.33	2.92	1.50	7.32	11.9	5.77	2.04
		6		8.797	6.91	0.294	47.0	84.6	74.4	19.5	2.31	2.90	1.49	8.64	14.0	6.67	2.07
		7		10.16	7.98	0.294	53.6	98.7	85.0	22.2	2.30	2.89	1.48	9.93	16.0	7.44	2.11
		8		11.50	9.03	0.294	60.0	113	95.1	24.9	2.28	2.88	1.47	11.2	17.9	8.19	2.15
		9		12.83	10.1	0.294	66.1	127	105	27.5	2.27	2.86	1.46	12.4	19.8	8.89	2.18
		10		14.13	11.1	0.293	72.0	142	114	30.1	2.26	2.84	1.46	13.6	21.5	9.56	2.22
8	80	5	9	7.912	6.21	0.315	48.8	85.4	77.3	20.3	2.48	3.13	1.60	8.34	13.7	6.66	2.15
		6		9.397	7.38	0.314	57.4	103	91.0	23.7	2.47	3.11	1.59	9.87	16.1	7.65	2.19
		7		10.86	8.53	0.314	65.6	120	104	27.1	2.46	3.10	1.58	11.4	18.4	8.58	2.23
		8		12.30	0.66	0.314	73.5	137	117	30.4	2.44	3.08	1.57	12.8	20.6	9.46	2.27
		9		13.73	10.8	0.314	81.1	154	129	33.6	2.43	3.06	1.56	14.3	22.7	10.3	2.31
		10		15.13	11.9	0.313	88.4	172	140	36.8	2.42	3.04	1.56	15.6	24.8	11.1	2.35
9	90	6	10	10.64	8.35	0.354	82.8	146	131	34.3	2.79	3.51	1.80	12.6	20.6	9.95	2.44
		7		12.30	9.66	0.354	94.8	170	150	39.2	2.78	3.50	1.78	14.5	23.6	11.2	2.48
		8		13.94	10.9	0.353	106	195	169	44.0	2.76	3.48	1.78	16.4	26.6	12.4	2.52
		9		15.57	12.2	0.353	118	219	187	48.7	2.75	3.46	1.77	18.3	29.4	13.5	2.56
		10		17.17	13.5	0.353	129	244	204	53.3	2.74	3.45	1.76	20.1	32.0	14.5	2.59
		12		20.31	15.9	0.352	149	294	236	62.2	2.71	3.41	1.75	23.6	37.1	16.5	2.67
10	100	6	12	11.93	9.37	0.393	115	200	182	47.9	3.10	3.90	2.00	15.7	25.7	12.7	2.67
		7		13.80	10.8	0.393	132	234	209	54.7	3.09	3.89	1.99	18.1	29.6	14.3	2.71
		8		15.64	12.3	0.393	148	267	235	61.4	3.08	3.88	1.98	20.5	33.2	15.8	2.76
		9		17.46	13.7	0.392	164	300	260	68.0	3.07	3.80	1.97	22.8	36.8	17.2	2.80
		10		19.26	15.1	0.392	180	334	285	74.4	3.05	3.84	1.96	25.1	40.3	18.5	2.84
		12		22.80	17.9	0.391	209	402	331	86.8	3.03	3.81	1.95	29.5	46.8	21.1	2.91
		14		26.26	20.6	0.391	237	471	374	99.0	3.00	3.77	1.94	33.7	52.9	23.4	2.99
		16		29.63	23.3	0.390	263	540	414	111	2.98	3.74	1.04	37.8	58.6	25.6	3.06
11	110	7	12	15.20	11.9	0.433	177	311	281	73.4	3.41	4.30	2.20	22.1	36.1	17.5	2.96
		8		17.24	13.5	0.433	199	355	316	82.4	3.40	4.28	2.19	25.0	40.7	19.4	3.01
		10		21.26	16.7	0.432	242	445	384	100	3.38	4.25	2.17	30.6	49.4	22.9	3.09
		12		25.20	19.8	0.431	283	535	448	117	3.35	4.22	2.15	36.1	57.6	26.2	3.16
		14		29.06	22.8	0.431	321	625	508	133	3.32	4.18	2.14	41.3	65.3	29.1	3.24

续表

型号	截面尺寸/mm			截面面积/cm²	理论重量/(kg/m)	外表面积/(m²/m)	惯性矩/cm⁴				惯性半径/cm			截面模数/cm³			重心距离/cm
	b	d	r				I_x	I_{x1}	I_{x0}	I_{y0}	i_x	i_{x0}	i_{y0}	W_x	W_{x0}	W_{y0}	Z_0
12.5	125	8		19.75	15.5	0.492	297	521	471	123	3.88	4.88	2.50	32.5	53.3	25.9	3.37
		10		24.37	19.1	0.491	362	652	574	149	3.85	4.85	2.48	40.0	64.9	30.6	3.45
		12		28.91	22.7	0.491	423	783	671	175	3.83	4.82	2.46	41.2	76.0	35.0	3.53
		14		33.37	26.2	0.490	482	916	764	200	3.80	4.78	2.45	54.2	86.4	39.1	3.61
		16		37.74	29.6	0.489	537	1050	851	224	3.77	4.75	2.43	60.9	96.3	43.0	3.68
14	140	10	14	27.37	21.5	0.551	515	915	817	212	4.34	5.46	2.78	50.6	82.6	39.2	3.82
		12		32.51	26.5	0.551	604	1100	959	249	4.31	5.43	2.76	59.8	96.9	45.0	3.90
		14		37.57	29.5	0.550	689	1280	1090	284	4.28	5.40	2.75	68.8	110	50.5	3.98
		16		42.54	33.4	0.549	770	1470	1220	319	4.26	5.36	2.74	77.5	123	55.6	4.06
15	150	8		23.75	18.6	0.592	521	900	827	215	4.69	5.90	3.01	47.4	78.0	38.1	3.99
		10		29.37	23.1	0.591	638	1130	1010	262	4.66	5.87	2.99	58.4	95.5	45.5	4.08
		12		34.91	27.4	0.591	749	1350	1190	308	4.63	5.84	2.97	69.0	112	52.4	4.15
		14		40.37	31.7	0.590	856	1580	1360	352	4.60	5.80	2.95	79.5	128	58.8	4.23
		15		43.06	33.8	0.590	907	1690	1440	374	4.59	5.78	2.95	84.6	136	61.9	4.27
		16		45.74	35.9	0.589	958	1810	1520	395	4.58	5.77	2.94	89.6	143	64.9	4.31
16	160	10		31.50	24.7	0.630	780	1370	1240	322	4.98	6.27	3.20	66.7	109	52.8	4.31
		12		37.44	29.4	0.630	917	1640	1460	377	4.95	6.24	3.18	79.0	129	60.7	4.39
		14		43.30	34.0	0.629	1050	1910	1670	432	4.92	6.20	3.16	91.0	147	68.2	4.47
		16	16	49.07	38.5	0.629	1180	2190	1870	485	4.89	6.17	3.14	108	165	75.3	4.55
18	180	12		42.24	33.2	0.710	1320	2330	2100	543	5.59	7.05	3.58	101	165	78.4	4.89
		14		48.90	38.4	0.709	1510	2720	2410	622	5.56	7.02	3.56	116	189	88.4	4.97
		16		55.47	43.5	0.709	1700	3120	2700	699	5.54	6.98	3.55	131	212	97.8	5.05
		18		61.96	48.6	0.708	1880	3500	2990	762	5.50	6.94	3.51	146	235	105	5.13
20	200	14	18	54.64	42.9	0.788	2100	3730	3340	864	6.20	7.82	3.98	145	236	112	5.46
		16		62.01	48.7	0.788	2370	4270	3760	971	6.18	7.79	3.96	164	266	124	5.54
		18		69.30	54.4	0.787	2620	4810	4160	1080	6.15	7.75	3.94	182	294	136	5.62
		20		76.51	60.1	0.787	2870	5350	4550	1180	6.12	7.72	3.93	200	322	147	5.69
		24		90.66	71.2	0.785	3340	6460	5290	1380	6.07	7.64	3.90	236	374	167	5.87
22	220	16	21	68.67	53.9	0.866	3190	5680	5060	1310	6.81	8.59	4.37	200	326	154	6.03
		18		76.75	60.3	0.866	3540	6400	5620	1450	6.79	8.55	4.35	223	361	168	6.11
		20		84.76	66.5	0.865	3870	7110	6150	1590	6.76	8.52	4.34	245	395	182	6.18
		22		92.68	72.8	0.865	4200	7830	6670	1730	6.73	8.48	4.32	267	429	195	6.26
		24		100.5	78.9	0.864	4520	8550	7170	1870	6.71	8.45	4.31	289	461	208	6.33
		26		108.3	85.0	0.864	4830	9280	7690	2000	6.68	8.41	4.30	310	492	221	6.41
25	250	18	24	87.84	69.0	0.985	5270	9380	8370	2170	7.75	9.76	4.97	290	473	224	6.84
		20		97.05	76.2	0.984	5780	10400	9180	2380	7.72	9.73	4.95	320	519	243	6.92
		22		106.2	83.3	0.983	6280	11500	9970	2580	7.69	9.69	4.93	349	564	261	7.00
		24		115.2	90.4	0.983	6770	12500	10700	2790	7.67	9.66	4.92	378	608	278	7.07
		26		124.2	97.5	0.982	7240	13600	11500	2980	7.64	9.62	4.00	406	650	295	7.15
		28		133.0	104	0.982	7700	14600	12200	3180	7.61	9.58	4.89	433	691	311	7.22
		30		141.8	11	0.981	8160	15700	12900	3380	7.58	9.55	4.88	461	731	327	7.30
		32		150.5	118	0.981	8600	16800	13600	3570	7.56	9.51	4.87	488	770	342	7.37
		35		163.4	128	0.980	9240	18400	14600	3850	7.52	9.46	4.86	527	827	364	7.48

注：截面图中的 $r_1 = 1/3d$ 及表中 r 的数据用于孔型设计，不做交货条件。

附表 4 热轧不等边角钢（GB/T 706—2016）

符号意义：
B ——长边宽度；
d ——边厚度；
b ——短边宽度；
i ——惯性半径；
r ——内圆弧半径；
r_1 ——边端内圆弧半径；
I ——惯性矩；
W ——截面系数；
X_0 ——重心距离；
Y_0 ——重心距离

型号	截面尺寸/mm				截面面积 /cm²	理论重量 /(kg/m)	外表面积 /(m²/m)	惯性矩/cm⁴					惯性半径/cm			截面模数/cm³			$\tan\alpha$	重心距离/cm	
	B	b	d	r				I_x	I_{x1}	I_y	I_{y1}	I_n	i_x	i_y	i_n	W_x	W_y	W_u		X_0	Y_0
2.5/1.6	25	16	3	3.5	1.162	0.91	0.080	0.70	1.56	0.22	0.43	0.14	0.78	0.44	0.34	0.43	0.19	0.16	0.392	0.42	0.86
			4		1.499	1.18	0.079	0.88	2.09	0.27	0.59	0.17	0.77	0.43	0.34	0.55	0.24	0.20	0.381	0.46	0.90
3.2/2	32	20	3		1.492	1.17	0.102	1.53	3.27	0.46	0.82	0.28	1.01	0.55	0.43	0.72	0.30	0.25	0.382	0.49	1.08
			4		1.939	1.52	0.101	1.93	4.37	0.57	1.12	0.35	1.00	0.54	0.42	0.93	0.39	0.32	0.374	0.53	1.12
4/2.5	40	25	3	4	1.890	1.48	0.127	3.08	5.39	0.93	1.59	0.56	1.28	0.70	0.54	1.15	0.49	0.40	0.385	0.59	1.32
			4		2.467	1.94	0.127	3.93	8.53	1.18	2.14	0.71	1.36	0.69	0.51	1.49	0.63	0.52	0.381	0.63	1.37
4.5/2.8	45	28	3	5	2.149	1.69	0.143	4.46	9.10	1.34	2.23	0.80	1.44	0.79	0.61	1.47	0.62	0.51	0.383	0.64	1.47
			4		2.806	2.20	0.143	5.69	12.1	1.70	3.00	1.02	1.42	0.78	0.50	1.91	0.80	0.66	0.380	0.68	1.51
5/3.2	50	32	3	5.5	2.431	1.91	0.161	6.24	12.5	2.02	3.31	1.20	1.60	0.91	0.70	1.84	0.82	0.68	0.404	0.73	1.60
			4		3.177	2.49	0.160	8.02	16.7	2.58	4.45	1.53	1.59	0.90	0.69	2.39	1.06	0.87	0.402	0.77	1.65
5.6/3.6	56	36	3	6	2.743	2.15	0.181	8.88	17.5	2.92	4.7	1.73	1.80	1.03	0.79	2.32	1.05	0.87	0.408	0.80	1.78
			4		3.590	2.82	0.180	11.5	23.4	3.76	6.33	2.25	1.79	1.02	0.79	3.03	1.37	1.13	0.408	0.85	1.82
			5		4.415	3.47	0.180	13.9	29.3	4.49	7.94	2.67	1.77	1.01	0.78	3.71	1.65	1.36	0.404	0.88	1.87
6.3/4	63	40	4	7	4.058	3.19	0.202	16.5	33.5	5.23	8.63	4.12	2.02	1.14	0.88	3.87	2.07	1.71	0.398	0.92	2.04
			5		4.993	3.92	0.202	20.0	41.6	6.31	10.9	3.76	2.00	1.12	0.87	4.74	2.83	1.99	0.396	0.95	2.08
			6		5.908	4.64	0.201	23.4	50.9	7.29	13.1	4.34	1.96	1.11	0.86	5.59	2.83	1.99	0.393	0.93	2.12
			7		6.802	5.34	0.201	26.5	58.1	8.24	15.5	4.97	1.98	1.10	0.86	6.40	2.78	2.29	0.389	1.03	2.15

续表

型号	截面尺寸/mm				截面面积/cm²	理论重量/(kg/m)	外表面积/(m²/m)	惯性矩/cm⁴					惯性半径/cm			截面模数/cm³			tanα	重心距离/cm	
	B	b	d	r				I_x	I_{x1}	I_y	I_{y1}	I_u	i_x	i_y	i_u	W_x	W_y	W_u		X_0	Y_0
7/4.5	70	45	4	7.5	4.553	3.57	0.226	23.2	45.9	7.55	12.8	4.40	3.26	1.29	0.98	4.86	2.17	1.77	0.410	1.02	2.24
			5		5.609	4.40	0.225	28.0	57.1	9.15	15.4	5.40	2.23	1.28	0.98	5.02	2.65	2.19	0.407	1.06	2.28
			6		6.644	5.22	0.220	32.5	68.4	10.6	18.6	6.35	2.21	1.26	0.98	6.93	3.12	2.59	0.404	1.09	2.32
			7		7.658	6.01	0.223	37.2	80.0	12.0	21.8	7.16	2.20	1.25	0.97	8.03	3.07	2.94	0.402	1.13	2.36
7.5/5	75	50	5	8	6.126	4.81	0.245	34.9	70.0	12.6	21.0	7.0	2.39	1.44	1.10	6.83	3.3	2.74	0.435	1.17	2.40
			6		7.260	5.70	0.246	41.1	84.3	14.7	26.4	8.3	2.38	1.42	1.08	8.12	3.88	3.19	0.435	1.21	2.44
			8		9.467	7.43	0.244	52.4	113	18.5	34.2	10.9	2.35	1.40	1.07	10.5	4.99	4.10	0.429	1.29	2.52
			10		11.59	9.10	0.244	62.7	141	22.0	41.4	13.1	2.33	1.38	1.06	12.8	6.04	4.99	0.423	1.36	2.60
8/5	80	50	5	8	6.376	5.00	0.255	42.0	85.2	12.8	21.1	7.56	2.56	1.42	1.10	7.78	3.32	2.74	0.388	1.14	2.60
			6		7.560	5.93	0.255	49.5	103	15.0	25.4	8.85	2.56	1.41	1.08	9.25	3.91	3.20	0.387	1.18	2.65
			7		8.724	6.85	0.233	56.2	119	17.0	29.8	10.2	2.54	1.39	1.08	10.6	4.48	3.70	0.384	1.21	2.59
			8		9.867	7.75	0.254	62.8	136	18.9	34.3	11.4	2.52	1.38	1.05	11.9	5.03	4.16	0.381	1.25	2.73
9/5.6	90	56	5	9	7.212	5.66	0.287	60.5	121	18.3	29.5	11.0	2.90	1.59	1.23	9.92	4.21	3.49	0.385	1.25	2.91
			6		8.557	6.72	0.286	71.0	146	21.4	35.6	12.9	2.88	1.58	1.23	11.7	4.96	4.13	0.384	1.29	2.95
			7		9.881	7.76	0.286	81.0	170	24.4	41.7	14.7	2.86	1.57	1.22	13.5	5.70	4.72	0.383	1.33	3.00
			8		11.18	8.78	0.286	91.0	194	27.2	47.9	16.3	2.85	1.56	1.21	15.3	6.41	5.29	0.380	1.36	3.04
10/6.3	100	63	6	10	9.618	7.55	0.320	99.1	200	30.9	50.5	18.4	3.21	1.79	1.38	14.6	6.35	5.25	0.394	1.43	3.24
			7		11.11	8.72	0.320	113	233	35.3	59.1	21.0	3.20	1.78	1.38	16.9	7.29	6.02	0.394	1.47	3.28
			8		12.58	9.88	0.319	127	266	39.4	67.9	23.5	3.18	1.77	1.37	19.1	8.21	6.78	0.391	1.50	3.32
			10		15.47	12.1	0.319	154	333	47.1	85.7	28.3	3.15	1.74	1.35	23.3	9.98	8.24	0.387	1.58	3.40
10/8	100	80	6	10	10.64	8.35	0.354	107	200	61.2	103	31.7	3.17	2.40	1.72	15.2	10.2	8.37	0.627	1.97	2.95
			7		12.30	9.66	0.354	123	233	70.1	120	36.2	3.16	2.39	1.72	17.5	11.7	9.60	0.626	2.01	3.00
			8		13.94	10.9	0.353	138	267	78.6	137	40.8	3.14	2.37	1.71	19.8	13.2	10.8	0.625	2.05	3.04
			10		17.17	13.5	0.353	167	334	94.7	172	49.1	3.12	2.35	1.69	24.2	16.1	13.1	0.622	2.13	3.12
11/2	110	70	6	10	10.64	8.35	0.354	133	266	42.9	69.1	23.4	3.54	2.01	1.54	17.9	7.90	6.53	0.403	1.57	3.53
			7		12.30	9.66	0.354	152	310	49.0	80.5	29.0	3.53	2.00	1.53	20.6	9.09	7.50	0.402	1.61	3.57
			8		13.94	10.9	0.353	172	354	54.9	92.7	32.5	3.51	1.98	1.53	23.3	10.3	8.45	0.401	1.66	3.62
			10		17.17	13.5	0.353	208	443	65.9	117	39.2	3.48	1.96	1.51	28.5	12.5	10.3	0.397	1.72	3.70
12.5/8	125	80	7	11	14.10	11.1	0.403	228	455	74.4	120	43.8	4.02	2.30	1.76	26.9	12.0	9.92	0.408	1.80	4.01
			8		15.99	12.6	0.403	257	520	83.5	138	49.2	4.01	2.28	1.75	30.4	13.6	11.2	0.407	1.84	4.06
			10		19.71	15.5	0.402	312	650	101	173	59.5	3.98	2.26	1.74	37.8	16.6	13.6	0.404	1.92	4.14
			12		23.35	18.3	0.402	364	780	117	210	69.4	3.95	2.24	1.72	44.0	19.4	15.0	0.400	2.00	4.22

续表

型号	截面尺寸/mm				截面面积/cm²	理论重量/(kg/m)	外表面积/(m²/m)	惯性矩/cm⁴					惯性半径/cm			截面模数/cm³			tanα	重心距离/cm	
	B	b	d	r				I_x	I_{x1}	I_y	I_{y1}	I_u	i_x	i_y	i_u	W_x	W_y	W_u		X_x	Y_x
14/9	140	90	8	12	18.04	14.2	0.453	366	731	121	196	70.8	4.50	2.59	1.98	38.5	17.3	14.3	0.411	2.04	4.50
			10		22.26	17.5	0.452	446	913	140	246	85.8	4.47	2.56	1.96	47.3	21.2	17.5	0.409	2.12	4.58
			12		26.40	20.7	0.451	522	1100	170	297	100	4.44	2.54	1.95	55.0	25.0	20.5	0.406	2.19	4.66
			14		30.46	23.9	0.451	594	1280	192	349	114	4.42	2.51	1.94	54.2	28.5	23.5	0.403	2.27	4.74
15/9	150	90	8	12	18.84	14.8	0.473	442	898	123	196	74.3	4.84	2.55	1.98	43.9	17.5	14.5	0.364	1.97	4.92
			10		23.26	18.3	0.472	539	1120	149	246	89.9	4.81	2.58	1.97	54.0	21.4	17.7	0.362	2.05	5.01
			12		27.60	21.7	0.471	432	1350	173	297	105	4.79	2.50	1.95	63.8	25.1	20.8	0.359	2.12	5.09
			14		31.86	25.0	0.171	721	1570	196	350	120	4.76	2.48	1.94	73.8	28.8	23.8	0.354	2.20	5.17
			15		33.95	26.7	0.471	761	1680	207	376	127	4.54	2.47	1.93	78.0	80.5	25.3	0.354	2.24	5.21
			16		36.03	28.3	0.470	806	1800	217	400	134	4.73	2.45	1.93	82.6	82.3	26.8	0.352	2.27	5.25
16/10	160	100	10	13	25.32	19.9	0.552	669	1360	200	337	122	5.14	2.85	2.19	62.1	26.6	21.9	0.390	2.23	5.24
			12		30.05	23.6	0.511	785	1640	239	406	142	5.11	2.82	2.17	78.5	31.3	25.8	0.388	2.36	5.32
			14		34.71	27.2	0.510	896	1910	271	476	162	5.08	3.80	2.16	84.6	35.8	39.6	0.385	2.43	5.10
			16		39.28	30.8	0.510	1000	2180	302	548	183	5.05	2.77	2.16	95.3	40.2	33.4	0.382	2.51	5.18
18/11	180	110	10	14	28.37	22.3	0.571	966	1940	278	447	167	5.80	3.13	2.42	79.9	32.0	26.9	0.376	2.44	5.89
			12		33.71	26.5	0.571	1120	2330	323	539	196	5.78	3.10	2.40	93.5	35.3	31.7	0.374	2.52	5.98
			14		38.97	30.6	0.570	1290	2720	370	632	222	5.75	3.08	2.39	108	44.0	36.3	0.372	2.59	6.06
			16		44.14	34.6	0.569	1440	3110	412	726	249	3.72	3.06	2.38	122	49.4	40.9	0.369	2.67	6.14
20/12.5	200	125	12	14	37.91	29.8	0.641	1570	3190	483	788	66	6.44	3.57	2.74	117	50.0	41.2	0.392	2.83	6.54
			14		43.87	31.4	0.640	1800	3790	551	922	327	6.41	3.54	2.73	135	57.4	47.3	0.390	2.91	6.62
			16		49.74	39.0	0.639	2020	4260	615	1060	366	6.38	3.52	2.71	152	61.9	53.8	0.388	2.99	6.70
			18		55.53	43.5	0.639	2240	4790	677	1200	426	6.35	3.49	2.70	169	71.7	59.2	0.385	3.06	6.78

注：截面图中的 $r_2=1/3d$ 及表中 r 的数据用于孔型设计，不做交货条件。

参 考 文 献

[1] 蔡广新. 工程力学. 北京：化学工业出版社，2016.
[2] 范钦珊. 工程力学. 北京：机械工业出版社，2018.
[3] 张秉荣. 工程力学. 北京：机械工业出版社，2020.
[4] 刘鸿文. 材料力学. 北京：高等教育出版社，2017.
[5] 吴镇. 理论力学. 上海：上海交通大学出版社，2017.
[6] 刘思俊. 工程力学. 北京：机械工业出版社，2018.
[7] 蔡广新. 机械设计基础课程设计. 北京：化学工业出版社，2016.
[8] 聂毓琴，吴宏. 材料力学实验与课程设计. 北京：机械工业出版社，2018.
[9] 王义质，李叔涵. 工程力学. 重庆：重庆大学出版社，2011.
[10] 李琴. 工程力学. 北京：化学工业出版社，2015.
[11] 柴鹏飞. 工程力学与机械设计基础. 北京：机械工业出版社，2019.
[12] 王亚双. 工程力学. 北京：机械工业出版社，2019.